普通高等教育高职高专"十二五"规划教材 电气类

电机技术与应用

主　编　马爱芳　谭振宇

副主编　王志勇　向　姿　陈小梅

主　审　丁官元

中国水利水电出版社
www.waterpub.com.cn

内 容 提 要

《电机技术与应用》共分 5 章，主要内容有：变压器，交流旋转电机的绕组、电动势和磁动势，同步电机，异步电机和直流电机。介绍使用较多的电机的基本理论、基本分析方法及应用。

为方便教学，在本教材各节前面提出了知识和技能要求，各节后面附有小结、习题和实训项目，突出实践动手操作应用。

本教材可作为高等职业院校、高等专科学校、成人高等教育的发电厂及电力系统、水电站设备管理、小型水电站及电力系统、新能源技术等专业教材用书，也可作为电气类工程技术人员的参考用书。

图书在版编目（CIP）数据

电机技术与应用 / 马爱芳，谭振宇主编. -- 北京：
中国水利水电出版社，2015.6(2023.7重印)
普通高等教育高职高专"十二五"规划教材. 电气类
ISBN 978-7-5170-3183-3

Ⅰ. ①电… Ⅱ. ①马… ②谭… Ⅲ. ①电机学－高等
职业教育－教材 Ⅳ. ①TM3

中国版本图书馆CIP数据核字(2015)第105729号

书　　名	普通高等教育高职高专"十二五"规划教材　电气类 **电机技术与应用**	
作　　者	主　编　马爱芳　谭振宇 副主编　王志勇　向変　陈小梅 主　审　丁官元	
出版发行	中国水利水电出版社 （北京市海淀区玉渊潭南路1号D座　100038） 网址：www.waterpub.com.cn E-mail：sales@mwr.gov.cn 电话：(010) 68545888（营销中心）	
经　　售	北京科水图书销售有限公司 电话：(010) 68545874、63202643 全国各地新华书店和相关出版物销售网点	
排　　版	中国水利水电出版社微机排版中心	
印　　刷	北京市密东印刷有限公司	
规　　格	184mm×260mm　16开本　13.75印张　326千字	
版　　次	2015年6月第1版　2023年7月第3次印刷	
印　　数	6001—7500册	
定　　价	**46.00元**	

前言

　　《电机技术与应用》是高等职业技术学院发电厂及电力系统、水电站设备管理、小型水电站及电力系统、新能源技术等专业学生必修的一门主干课程。本教材在编写过程中根据高职教育的特点和要求，结合当前学生的文化基础，正确处理知识传授和能力培养之间的关系。在保留课程体系的同时，注意吸收新的科技成果，在内容叙述上，力求通俗易懂，由浅入深地阐明问题。对于一些理论性较强的内容，以定性分析为主，使教材易教易学。

　　本教材特点为：

　　（1）在内容的叙述上，强调电机的结构、工作原理、主要性能和实际应用，体现应用性。

　　（2）对理论的分析采用淡化的手段，采用图解、图示方法，并强调基本理论的实际应用，体现应用性。

　　（3）直流电机在内容上进行了较大的改动，删除了直流发电机的分析内容，努力反映新技术、新元件，体现应用性。

　　（4）书中有典型例题，各节后面附有小结和习题，供学生复习和练习。题目具有典型性、规范性、启发性，能引导学生掌握主要内容，并培养学生解决工程实际问题的能力，体现应用性。

　　（5）各节附有综合实训包括实训目标和实训要求，突出实践动手操作应用，加强职业能力培养。

　　本教材将编写的重点放在使用较多的电机上，共分5章。第1章变压器由湖北水利水电职业技术学院马爱芳编写，第2章交流旋转电机的绕组、电动势和磁动势由广西水利电力职业技术学院谭振宇编写，第3章同步电机由湖北水利水电职业技术学院向娈编写，第4章异步电机由湖北水利水电职业技术学院陈小梅编写，第5章直流电机由河北工程技术高等专科学校王志勇编写。全书由马爱芳和谭振宇任主编，王志勇、向娈、陈小梅任副主编，由马爱芳统稿，湖北水利水电职业技术学院丁官元任主审，在此表示感谢！

本教材在编写时，参阅了许多同行专家编著的教材和资料，得到了不少启发和教益，在此向编著者致以诚挚的谢意！

由于编者水平有限，书中难免存在错误和不足之处，敬请读者指正。

编者

2015 年 3 月

目录

绪　论

0.1　电机的定义和分类

1. 电机的定义

电机是进行电能的传递或机电能量转换的设备。它以电磁感应和电磁力定律为基本工作原理，是工业、农业、交通运输业和家用电器等各个行业的重要设备，对国民经济发展起着重要作用。

电机只能转换或传递能量，它本身不是能源。所以，电机在能量转换过程中必须保持能量守恒原则，也就是说，电机要输出能量一定要先给电机输入能量，它不能自行产生能量。

2. 电机的分类

在实际生产应用中，有各种类型的电机。这些电机可以按不同的方法进行分类。如：按电流的种类来分，有交流电机和直流电机；按电机职能分，有变压器、发电机、电动机、控制电机。各种主要应用的电机归纳如下：

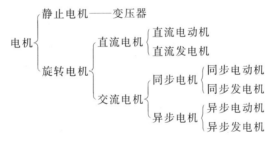

发电机把机械能转换成电能，即发电；变压器升高或降低电压，实现电能的传递；电动机把电能转换成机械能，拖动各种生产机械设备运转。

0.2　电机在国民经济中的作用

电能是现代生产和人们生活的主要能源，而电能的生产、输送、转换及使用过程中的核心设备就是电机，它不仅是工业、农业、交通运输业、国防工业、IT 技术产业的重要设备，而且在日常生活中的应用也越来越广泛。

人类早期使用的原动力是畜力、水力和风力，后来发明了蒸汽机、柴油机、汽油机，19 世纪发明了电动机，电动机有以下优点：

（1）电机的效率高，运行经济。

（2）电能的传输和分配比较方便。

（3）电能容易控制。

所以电动机的应用越来越广泛，现在绝大部分生产机械都采用电动机进行拖动，即用电动机作为原动机。

让电机运转需要电能，电能主要来自发电机，为了经济的传输和分配电能需要变压器，可见，变压器和发电机是电力工业的主要设备。而各类电动机则是工业企业中，用以拖动各类机械设备的动力之源。另外随着自动化程度的不断提高，自动控制技术得到空前的发展，出现了各种各样的控制电机，各种微特电机广泛地应用在自动控制领域，作为检测、转换、执行等元件。此外在文教、医疗卫生、信息产业及日常生活中电机的应用将会愈加广泛。

0.3 电机的发展概况

蒸汽机启动了 18 世纪第一次产业革命以后，19 世纪末到 20 世纪上半叶电机又引发了第二次产业革命，使人类进入了电气化时代。1831 年法拉第（Michael Faraday，1791—1867）发现了电磁感应现象，为电机的产生奠定了基础，1833 年楞次证明了可逆原理，1889 年多里沃-多勃罗沃尔斯基（1862—1919）提出三相制，设计和制造了第一台三相变压器和三相异步电动机。从此以后，电机技术不断发展和完善，如冷却技术、材料性能不断改进，电机的容量不断增大，性能不断提高，应用日益广泛。20 世纪下半叶的信息技术引发了第三次产业革命，使生产和消费从工业化向自动化、智能化时代转变；推动了新一代高性能电机驱动系统与伺服系统的研究与发展。

0.4 我国电机工业发展概况

新中国成立前电机工业极端落后，仅几个城市有电机制造厂。新中国成立后电机工业发展很快，第一个五年计划结束时，年产量和单机容量都较新中国成立前提高了几十倍。改革开放以来我国电机工业在引进、吸收和消化国外先进技术的基础上对原有电机进行了优化设计，使电机性能大大提高，并相继研制和开发了多种新系列电机，不仅满足了国内生产需要，而且向国外出口。目前我国已开发制成 125 个系列，900 多个品种，几千种规格的各种电机。

电机工业发展趋势是电子与电机工业结合，开展新原理、新结构、新材料电机的研制工作。

0.5 本课程的性质和内容

本课程是发电厂及电力系统、小型水电站及电力系统、水电站设备管理、新能源技术等专业的一门主干课程。它既是一门基础课，又是一门专业课。因为它既是后续专业课学习的基础，同时电机也是应用广泛的重要设备，是学生今后的工作对象。

本课程的内容主要是介绍直流电机、变压器、异步电机、同步电机的基本结构、工作原理、电磁过程、基本方程式、等效电路及相量图等内容。学会利用基本方程式、等效电路及相量图对电机进行分析计算，解决电机实际运行中遇到的各种问题。了解电机的实验方法与发展方向。

0.6　本课程的特点及学习方法

本课程既是一门理论性很强的专业基础课，又具有专业课的性质。不仅有理论的分析推导，电磁的抽象描述，还有用理论知识去分析工程实际问题。

本课程的学习方法如下：

（1）注意对基本原理的掌握和基本概念的理解。

（2）本教材每一章的小结中均列出了重点和要点，注意对这些知识点的学习，建立较系统的知识体系。

（3）注意进行比较，比如对变压器、异步电机和同步电机的相关比较，可以使我们准确把握相关基本概念，明确各类电机的特点，有利于电机理论系统化。

（4）注意与实践的结合，运用相关的知识要点解释和解决具体的生活生产中的电机问题。

0.7　本课程常用的基本定律

1. 全电流定律

电流的周围存在着磁场，即磁场总是伴随着电流而存在，而电流则永远被磁场所包围。

$$\oint H \mathrm{d}l = \sum I$$

电流磁场的方向由安培定则（右手螺旋定则）来判定。

（1）直线电流的磁场。用右手握直导体，拇指的方向指向电流方向，弯曲四指的指向即为磁场方向。

（2）环形电流的磁场。用右手握螺线管，弯曲四指表示电流方向，则拇指所指方向就是磁场方向。

2. 电磁感应定律

无论何种原因使与闭合线圈交链的磁链 ψ 随着时间 t 变化时，线圈中将会产生感应电动势 e，即法拉第电磁感应定律。

（1）变压器电动势。指线圈不动，穿过线圈的磁通 Φ 发生变化，这样在线圈内将产生感应电动势，其大小与线圈的匝数和磁通变化率成正比，方向由楞次定律决定。

对于 N 匝线圈，设通过线圈的磁通量为 Φ，其感应电势为

$$e = -N \frac{\mathrm{d}\Phi}{\mathrm{d}t}$$

线圈中感应电势的大小，决定于线圈中磁通的变化率，而不决定线圈中磁通本身的

大小。

（2）切割（运动）电动势。指磁通不变，线圈上的导体运动，使得穿过线圈的磁通随着时间的变化而变化。此时的感应电势称为切割电动势。

对于在磁场中切割磁力线的直导体来说，计算感应电势的具体公式为

$$e = Blv\sin\alpha$$

直导体中的感应电动势的方向，可用右手定则来判断，具体方法是：伸平右手，拇指与其余四指垂直，让磁力线穿过手心，当拇指指向表示导体运动方向时，四指的方向便是感生电动势的方向。

3. 电磁力定律

载流导体在磁场中要受到的作用力称为电磁力，实验证明，电磁力的大小与导体中通过的电流强度成正比，与导体的有效长度成正比，并与载流导体所在位置的磁感应强度成正比。即

$$F = BIL$$

在旋转电机中，作用在转子载流导体上的电磁力将使转子受到一个力矩，称为电磁转矩。电磁转矩是电机实现机电能量转换的重要物理量。

载流导体在磁场中所受到的作用力的方向与磁力线的方向及电流方向有关，可以用左手定则来判定：将左手伸平，拇指与四指垂直，让磁力线垂直穿过手心，四指指向电流方向，则拇指所指方向就是导体受力方向。

4. 电路定律

（1）欧姆定律

$$U = IR$$

（2）基尔霍夫第一定律（电流定律）

$$\sum I = 0$$

（3）基尔霍夫第二定律（电压定律）。在电路中，对任一回路，沿回路环绕一周，回路内所有电动势的代数和等于所有电压降的代数和，即

$$\sum e = \sum u$$

5. 磁路及磁路定律

无论是静止的电机还是旋转的电机，磁场是电机必不可缺的工作环境。电流在它周围的空间建立磁场，磁场的分布我们常用一些闭合的磁力线来描述。

（1）电路：电流流过的路径称为电路。

（2）磁路：磁力线所经过的路径称为磁路。

磁路欧姆定律

$$\Phi = \frac{Ni}{l/\mu S} = \frac{F}{R_\text{m}}$$

它与电路欧姆定律相似，磁通 Φ 相当于电流 i，磁通势 Ni 相当电动势 E，磁阻 R_m 相当电阻 R。

$$R_\text{m} = l/\mu S$$

可见，当铁芯的几何尺寸一定时，磁导率越大，则磁阻越小。因此铁芯的磁阻很小。

如果要获得一定的磁通，为了减小磁通势，应尽量选用高磁导率的铁磁材料做铁芯，而且尽可能缩短磁路中不必要的气隙长度。原因是空气磁导率小，磁阻大。

6. 磁化与磁性材料

当把一根铁棒插入原来不能吸引铁屑的载流线圈中时，我们就会发现铁屑被吸引。这是由于铁棒被磁化的缘故。使原来没有磁性的物质具有磁性的过程称为磁化。凡是铁磁材料都能被磁化。铁磁材料有如下性质：

（1）能被磁体吸引。

（2）能被磁化并且有剩磁和磁滞损耗。

（3）磁导率不是常数，每种铁磁材料都有一个最大值。

（4）磁感应强度有一个饱和值。

铁磁材料有软磁材料、硬磁材料和矩磁材料三种。硅钢片、纯铁属软磁材料，常用来做电机的铁芯。钨钢、钴钢属硬磁材料，常用来做各式永久磁铁。矩磁材料主要用来做记忆元件。

第1章 变　压　器

变压器是一种静止的电器。它通过线圈间的电磁感应作用，可以把一种电压等级的交流电能转换成同频率的另一种电压等级的交流电能。以满足高压输电、低压供电和其他用途的需要。

变压器种类很多，但各种变压器的基本工作原理是相同的，不同变压器只是加上某些约束条件而已。

1.1　变压器的基本知识和结构

【学习目标】

(1) 了解变压器的种类和用途，掌握变压器的基本工作原理。

(2) 掌握变压器各主要部件的结构及其作用，了解变压器的冷却方式。

(3) 理解变压器铭牌数据的含义，熟悉额定值之间的换算。

章节名称	能力要素	知识和技能要求	考核标准
变压器的基本知识和结构	(1) 能说出变压器的基本工作原理。 (2) 能认识电力变压器各主要部件，并知道其主要作用。 (3) 能读懂变压器的铭牌	(1) 掌握变压器的基本工作原理。 (2) 了解变压器的铁芯、绕组和主要附件的材料、结构形式和主要作用，以及正常时的状态。 (3) 了解变压器的铭牌数据	(1) 重点考核内容： 1) 变压器的基本工作原理。 2) 变压器各主要部件的结构及其主要作用。 3) 额定值之间的换算。 (2) 考核方式：口试或笔试。 (3) 占总成绩的比例：5%～10%

1.1.1　变压器的基本知识

1. 变压器的基本工作原理

变压器是利用电磁感应原理工作的，图 1.1 所示为其工作原理示意图。在一个闭合的铁芯上套有两个绕组。这两个绕组具有不同的匝数且互相绝缘，两绕组间只有磁的耦合而没有电的联系。其中，接于电源侧的绕组称为原绕组或一次绕组，一次绕组各量用下标"1"表示；用于接负载的绕组称为副绕组或二次绕组，二次绕组各量用下标"2"表示。

若将绕组 1 接到交流电源上，绕组中便有交流电流 i_1 流过，在铁芯中产生交变磁通 Φ 与原、副绕组同时交链，分别在两个绕组

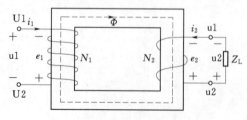

图 1.1　变压器工作原理示意图

中感应出同频率的电动势 e_1 和 e_2。

$$e_1 = -N_1 \frac{\mathrm{d}\Phi}{\mathrm{d}t} \left.\begin{array}{c} \\ \end{array}\right\}$$
$$e_2 = -N_2 \frac{\mathrm{d}\Phi}{\mathrm{d}t} \left.\begin{array}{c} \\ \end{array}\right\}$$

$$(1.1)$$

式中：N_1 为原绕组匝数；N_2 为副绕组匝数。

若把负载接于绕组 2，在电动势 e_2 的作用下，电流 i_2 将流过负载，就能向负载输出电能，即实现了电能的传递。

由式（1.1）可知，原、副绕组感应电动势的大小正比于各自绕组的匝数，而绕组的感应电动势又近似等于各自的电压，因此，只要一次和二次绕组的匝数不相等，就能达到改变电压的目的，这就是变压器的变压原理。

2. 变压器的应用与分类

（1）应用。在电力系统中，变压器是输配电能的主要电气设备。其应用如图 1.2 所示。

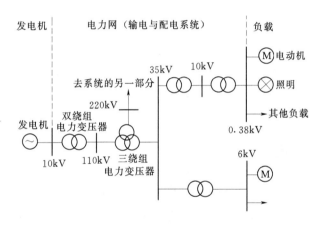

图 1.2　变压器在电力系统中的应用

发电机输出的电压，由于受发电机绝缘水平的限制，通常为 6.3kV、10.5kV，最高不超过 27kV。用这样低的电压进行远距离输电是有困难的。因为当输送一定功率的电能时，电压越低，则电流越大，电能有可能大部分消耗在输电线的电阻上。为此需要采用高压输电，即用升压变压器把电压升高到输电电压，例如 110kV、220kV 或 500kV 等，以降低输送电流，因而线路上的电压降和功率损耗明显减小，线路用铜量也可减少，以节省投资费用。一般来说，输电距离越远，输送功率越大，则要求的输电电压越高。输电线路将几万伏或几十万伏高电压的电能输送到负荷区后，由于受用电设备绝缘及安全的限制，通常大型动力设备采用 6kV 或 10kV，小型动力设备和照明则为 380/220V。所以在供用电系统中需要大量的降压变压器，将输电线路输送的高电压变换成各种不同等级的低电压，以满足各类负荷的需要。因此变压器在电力系统中得到了广泛应用，变压器的总安装容量可达发电机总装机容量的 6～8 倍，变压器对电力系统有着极其重要的意义。

用于电力系统升、降电压的变压器称为电力变压器。另外，变压器的用途还很多，如测量系统中用的仪用互感器，用于实验室调压的自耦调压器。在电力拖动系统或自动控制系统中，变压器作为能量传递或信号传递的元件，也应用得十分广泛。

（2）分类。为适应不同的使用目的和工作条件，变压器种类很多，因此变压器的分类方法有多种，通常可按用途、绕组数目、相数、铁芯结构、调压方式和冷却方式等划分类别。

1）按用途分有电力变压器和特种变压器。电力变压器又分为升压变压器、降压变压器、配电变压器、联络变压器等；特种变压器又分为试验用变压器、仪用变压器、电炉变压器、电焊变压器和整流变压器等。

2）按绕组数目分有单绕组（自耦）变压器、双绕组变压器、三绕组变压器和多绕组变压器。

3）按相数分有单相变压器、三相变压器和多相变压器。

4）按铁芯结构分有芯式变压器和壳式变压器。

5）按调压方式分有无励磁调压变压器和有载调压变压器。

6）按冷却介质和冷却方式分有干式变压器、油浸变压器（包括油浸自冷式、油浸风冷式、油浸强迫油循环式和强迫油循环导向冷却式）和充气式冷却变压器。

1.1.2　变压器的基本结构

变压器的基本结构部件有铁芯、绕组、油箱、冷却装置、绝缘套管和保护装置等，如图1.3所示。

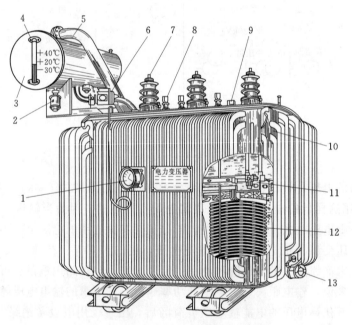

图1.3　油浸式电力变压器结构示意图

1—信号式温度计；2—吸湿器；3—储油柜；4—油表；5—安全气道；
6—气体继电器；7—高压套管；8—低压套管；9—分接开关；
10—油箱；11—铁芯；12—线圈；13—放油阀门

1. 铁芯

铁芯是变压器的主磁路，又是它的支撑骨架。铁芯由铁芯柱和铁轭两部分组成，铁芯柱上套装绕组，铁轭的作用则是使整个磁路闭合。为了提高磁路的导磁性能和减少铁芯中的磁滞和涡流损耗，铁芯用 0.35mm 厚、表面涂有绝缘漆的硅钢片叠成。

叠片式铁芯的结构型式有芯式和壳式两种。芯式铁芯结构的变压器，其铁芯被绕组包围着，如图 1.4 所示。芯式变压器结构简单，绕组的装配及绝缘设置也较容易，国产电力变压器铁芯主要用心式结构。壳式铁芯结构的变压器，它的特点是铁芯包围线圈。如图 1.5 所示，壳式变压器的机械强度好，但制造复杂、铁芯材料消耗多，只在一些特殊变压器（如电炉变压器）中采用。

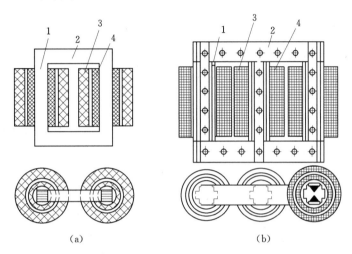

图 1.4 芯式变压器结构示意图
（a）单相；（b）三相
1—铁芯柱；2—铁轭；3—高压绕组；4—低压绕组

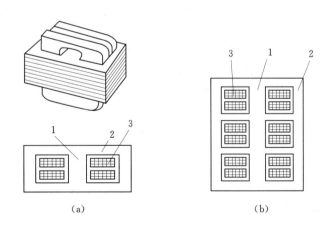

图 1.5 壳式变压器结构示意图
（a）单相；（b）三相
1—铁芯柱；2—铁轭；3—绕组

叠片式铁芯的装配，一般均采用交迭式叠装，使上、下层的接缝错开，减小接缝间隙以减小励磁电流。当采用冷轧硅钢片时，由于冷轧硅钢片顺碾压方向的导磁系数高，损耗

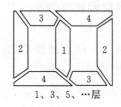
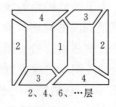

1、3、5、…层　　　　2、4、6、…层

图1.6　斜切钢片的叠装法

小，故用斜切钢片的叠装方法，如图1.6所示。

叠装好的铁芯其铁轭用槽钢（或焊接夹）及螺杆固定。铁芯柱则用环氧无纬玻璃丝黏带绑扎。铁芯柱的截面在小容量变压器中常采用方形或矩形，大型变压器为充分利用线圈内圆空间而常采用阶梯形截面，如图1.7所示。当铁芯柱直径超过380mm时，还设有冷却油道。铁轭的截面有矩形及阶梯形的，铁轭的截面通常比铁芯柱大5%～10%，以减少空载电流和损耗。

近年来，出现了一种渐开线形铁芯变压器。它的铁芯柱硅钢片是在专门的成型机上采用冷挤压成型方法轧制的，铁轭则是由同一宽度的硅钢带卷制而成，铁芯柱按三角形方式布置，三相磁路完全对称，如图1.8所示。渐开线形铁芯变压器的主要优点在于可以节省硅钢片、便于生产机械化和减少装配工时。

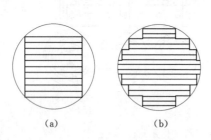

（a）　　　　　（b）

图1.7　铁芯柱截面
（a）矩形截面；（b）多级阶梯形截面

图1.8　渐开线形铁芯
1—铁轭；2—铁芯柱

2. 绕组

绕组是变压器的电路部分，它一般用绝缘铜线或铝线绕制而成。根据高、低压绕组在铁芯柱上排列方式的不同，变压器的绕组可分为同心式和交叠式两种。

同心式的高、低压绕组同心地套在铁芯柱上，如图1.4所示。为了便于绝缘，通常低压绕组靠近铁芯，高压绕组放在外面，中间用绝缘纸筒隔开。这种绕组结构简单，制造方便，国产电力变压器均采用此种线圈。

交叠式绕组的高低压绕组交替地套在铁芯柱上，如图1.9所示。这种绕组都做成饼式，高、低压绕组之间的间隙较多，绝缘比较复杂，但这种绕组漏电抗小，引线方便，机械强度好，主要用在电炉和电焊等特种变压器中。

3. 油箱和冷却装置

油浸变压器的器身浸在充满变压器油的油箱里。变压器油既是绝缘介质，又是冷却介质，它通过受热后的对流，将铁芯和绕组的热量带到箱壁及冷却装置，再散发到周围空气中。

油箱的结构与变压器的容量、发热情况密切相关。

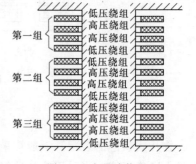

第一组
第二组
第三组

低压绕组
高压绕组
高压绕组
低压绕组
低压绕组
高压绕组
高压绕组
低压绕组
低压绕组
高压绕组
高压绕组
低压绕组

图1.9　交叠式绕组

变压器的容量越大，发热问题就越严重。在小容量变压器中采用平板式油箱；容量稍大的变压器采用排管式油箱，在油箱侧壁上焊接许多冷却用的管子，以增大油箱散热面积。当装设排管不能满足散热需要时，则先将排管做成散热器，再把散热器安装在油箱上，这种油箱称为散热器式油箱。此外，大型变压器还采用强迫油循环冷却等方式，以增强冷却效果。强迫油循环的冷却装置称为冷却器，不强迫油循环的冷却装置称为散热器。

为了检修方便，变压器器身重量大于 15t 时，通常将变压器做成钟罩式油箱，检修时只需把上节油箱吊起，避免了必须使用重型起重设备。图 1.10 所示为器身检修时的起吊状况。

4. 绝缘套管

变压器绝缘套管是将线圈的引出线对地（外壳）绝缘，又担负着固定引线的作用。套管大多数装于箱盖上，中间穿有导电杆，套管下部伸进油箱，导电杆下端与绕组引线相连；套管上部露出箱外，导电杆上端与外电路连接。

套管的结构型式，主要决定于电压等级。1kV 以下采用纯瓷套管，10～35kV 采用空心充气或充油套管，110kV 以上采用电容式套管。为增加表面放电距离，高压绝缘套管外部做成多级伞形。图 1.11 为 35kV 充油式绝缘套管的结构示意图。

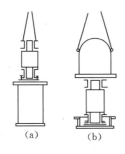

（a）　　　　　（b）

图 1.10　器身检修时的起吊　　图 1.11　35kV 充油式绝缘
（a）吊器身；（b）吊上节油箱　　　套管结构示意图

5. 分接开关

用以改变高压绕组的匝数，从而调整电压比的装置。双绕组变压器的一次绕组及三次绕组变压器的一、二次绕组一般都有 3～5 个分接头位置，相邻分接头相差 ±5%，多分接头的变压器相邻分接头相差 ±2.5%。

分接开关的操作部分装于变压器顶部，经传杆伸入变压器油箱内，以改变接头位置。分接开关分为两种：一种是无载分接开关，另一种是有载分接开关。后者可以在带负荷的情况下进行切换、调整电压。

6. 保护装置

（1）储油柜（又称油枕）。它是一种油保护装置，水平地安装在变压器油箱盖上，用弯曲联管与油箱连通，柜内油面高度随变压器油的热胀冷缩而变动。储油柜的作用是保证变压器油箱内充满油，减少油和空气的接触面积，从而降低变压器油受潮和老化的速度。

（2）吸湿器（又称呼吸器）。通过它使大气与油枕内连通。吸湿器内装有硅胶或活性氧化铝,用以吸收进入油枕中空气的水分,以防止油受潮,从而保持良好的性能。

(3)安全气道(又称防爆筒)和压力释放阀。它装于油箱顶部,如图1.3所示。它是一个长钢圆筒,上端口装有一定厚度的玻璃板或酚醛纸板,下端口与油箱连通。它的作用是当变压器内部因发生故障引起压力骤增时,让油气流冲破玻璃或酚醛纸板喷出,以免造成箱壁爆裂。现在改用压力释放阀,尤其在全密封变压器中,都广泛采用压力释放阀做保护。动作时膜盘被顶开释放压力,平时膜盘靠弹簧拉力紧贴阀座(密封圈),起密封作用。

(4)净油器(又称热虹吸净油器)。它是利用油的自然循环,使油通过吸附剂进行过滤,以改善运行中变压器油的性能。

(5)气体继电器(又称瓦斯继电器)。它装在油枕和油箱的连通管中间,见图1.3。当变压器内部发生故障(如绝缘击穿、匝间短路、铁芯事故等)产生气体时,或油箱漏油使油面降低时,气体继电器动作,发出信号以便运行人员及时处理;若事故严重,可使断路器自动跳闸,对变压器起保护作用。

此外,变压器还有测温及温度监控装置等。

1.1.3 变压器的铭牌

每台变压器上都装有铭牌,在铭牌上标明了变压器工作时规定的使用条件,主要有型号、额定值、器身重量、制造编号和制造厂家等有关技术数据,电力变压器分类和型号见表1.1。

表 1.1 电力变压器分类和型号

型号中代表 符号排列顺序	分类	类别	代表符号
1	绕组耦合方式	自耦	O
2	相数	单相	D
		三相	S
3	冷却方式	油浸自冷	—
		干式空气自冷	G
		干式浇注绝缘	C
		油浸风冷	F
		油浸水冷	S
		强迫油循环风冷	FP
		强迫油循环水冷	SP
4	绕组数	双绕组	—
		三绕组	S
5	绕组导线材质	铜	—
		铝	L
6	调压方式	无励磁调压	—
		有载调压	Z

1. 变压器型号

变压器的型号表示一台变压器的结构、额定容量、电压等级、冷却方式等内容。例如:

SL－500/10 为三相油浸自冷双绕组铝线、额定容量 500kVA、高压侧额定电压 10kV 级电力变压器。

SFPL－63000/110 表示三相强迫油循环风冷式双绕组铝线、额定容量 63000kVA、高压侧额定电压 110kV 级电力变压器。

2. 额 定 值

额定值是制造厂根据设计或试验数据，对变压器正常运行状态所作的规定值，主要有如下几项。

（1）额定容量 S_N（kVA）。指在额定使用条件下所能输出的视在功率，对三相变压器而言，额定容量指三相容量之和。由于变压器效率很高，双绕组变压器原、副边的额定容量按相等设计。

（2）额定电压 U_{1N}/U_{2N}（kV 或 V）。指变压器长时间运行时所能承受的工作电压。一次额定电压 U_{1N} 是指根据绝缘强度规定加到一次侧的工作电压；二次额定电压 U_{2N} 是指变压器一次加额定电压，分接开关位于额定分接头时的二次空载端电压。在三相变压器中，额定电压指的是线电压。

（3）额定电流 I_{1N}/I_{2N}（A）。指变压器在额定容量下，允许长期通过的电流。同样，三相变压器的额定电流也指的是线电流。

额定容量、电压、电流之间的关系是

单相变压器 $\qquad\qquad S_N = U_{1N} I_{1N} = U_{2N} I_{2N}$ $\qquad\qquad$ (1.2)

三相变压器 $\qquad\qquad S_N = \sqrt{3} U_{1N} I_{1N} = \sqrt{3} U_{2N} I_{2N}$ $\qquad\qquad$ (1.3)

（4）额定频率 f_N（Hz）。我国规定标准工频为 50Hz。

此外，还有效率、温升等额定值。除额定值外，铭牌上还标有变压器的相数、联结组别、阻抗电压（或短路阻抗标么值）、接线图等。

【例 1.1】 一台三相油浸自冷式铝线变压器，$S_N = 200$kVA，$U_{1N}/U_{2N} = 10/0.4$kV，Y，y_n 接线。求：

（1）变压器一、二次额定电流。

（2）变压器原、副绕组的额定电流和额定电压。

解：（1）$I_{1N} = \dfrac{S_N}{\sqrt{3} U_{1N}} = \dfrac{200 \times 10^3}{\sqrt{3} \times 10 \times 10^3} A = 11.55A$

$\qquad\qquad I_{2N} = \dfrac{S_N}{\sqrt{3} U_{2N}} = \dfrac{200 \times 10^3}{\sqrt{3} \times 0.4 \times 10^3} A = 288.68A$

（2）由于 Y，y_n 接线。

一次绕组的额定电压 $\qquad U_{1N\varphi} = \dfrac{U_{1N}}{\sqrt{3}} = \dfrac{10}{\sqrt{3}} = 5.77$kV

一次绕组的额定电流 $\qquad I_{1N\varphi} = I_{1N} = 11.55A$

二次绕组的额定电压 $\qquad U_{2N\varphi} = \dfrac{0.4}{\sqrt{3}} = 0.23$kV

二次绕组的额定电流 $\qquad I_{2N\varphi} = I_{2N} = 288.68A$

小　结

变压器是一种传递交流电能的静止电气设备，它利用一、二次绕组匝数的不同，通过电磁感应作用，改变交流电的电压、电流数值，但频率不变。

变压器的基本结构部件有铁芯、绕组、油箱、冷却装置、绝缘套管和保护装置等。

每台变压器上都装有铭牌，在铭牌上标明了变压器工作时规定的使用条件，主要有：型号、额定值、器身重量、制造编号和制造厂家等有关技术数据。

习　题

(1) 变压器是怎样实现变压的？

(2) 变压器的主要用途是什么？为什么要高压输电？

(3) 变压器铁芯的作用是什么？为什么要用 0.35mm 厚、表面涂有绝缘漆的硅钢片叠成？

(4) 变压器一次绕组若接在直流电源上，二次会有稳定的直流电压吗，为什么？

(5) 变压器有哪些主要部件，其功能是什么？

(6) 变压器二次额定电压是怎样定义的？

(7) 双绕组变压器一、二次侧的额定容量为什么按相等进行设计？

(8) 有一台单相变压器，$S_N = 50kVA$，$U_{1N}/U_{2N} = 10500/230V$，试求一、二次绕组的额定电流。

(9) 有一台 $S_N = 5000kVA$，$U_{1N}/U_{2N} = 10/6.3kV$，Y，d 连接的三相变压器，试求：①变压器的额定电压和额定电流；②变压器一、二次绕组的额定电压和额定电流。

综 合 实 训

1. 实训目标

熟悉单相变压器结构及装配方法。

2. 实训要求

(1) 单相变压器拆卸。

(2) 单相变压器装配。

(3) 单相变压器绕组重绕（选做）。

(4) 单相变压器绕组直流电阻测量。

(5) 单相变压器绕组间和绕组对铁芯绝缘电阻测量。

1.2　变压器的空载运行

【学习目标】

(1) 了解变压器空载运行的物理过程。

(2) 理解变压器空载运行时的基本方程式、等值电路及相量图。

(3) 理解空载电流和空载损耗意义。

章节名称	能力要素	知识和技能要求	考核标准
变压器的空载运行	（1）能理解变压器空载运行中内部各物理量的关联关系。 （2）能解决变压器的基本分析和基本计算问题。 （3）会测量变压器变比。 （4）会作变压器空载实验	（1）掌握变压器空载运行的电磁关系、电动势方程式、等效电路。 （2）会测量变压器变比。 （3）会作变压器空载实验	（1）重点考核内容： 1）变压器空载运行的电磁关系、电动势方程式、等效电路及其基本应用。 2）测量变压器变比以及空载试验的实际操作。 （2）考核方式：笔试或实际操作。 （3）占总成绩的比例：5%～10%

电力系统中三相电压是对称的，即大小一样、相位互差120°。三相电力变压器每一相的参数大小是一样的。三相变压器正常运行状态是对称运行。分析对称运行的三相变压器，只需分析其中一相的情况，便可得出另外两相情况。或者说三相变压器的一相，和单相变压器没有什么区别。因此本节单相变压器的基本方程式、等效电路、相量图分析方法及其结论等完全适用于三相变压器。

1.2.1 空载运行时的电磁关系

变压器的空载运行是指变压器一次绕组接在额定频率、额定电压的交流电源上，而二次绕组开路时的运行状态。此时由于二次绕组开路，故 $\dot{I}_2=0$。

1. 空载运行时的物理情况

如图 1.12 所示，当一次绕组接入交流电压为 $\dot{U}_1$ 的电源后，一次绕组内便有一个交变电流 $\dot{I}_0$ 流过，此电流称为空载电流 $\dot{I}_0$。空载电流 $\dot{I}_0$ 在一次绕组中产生空载磁动势 $\dot{F}=N_1\dot{I}_0$，它建立交变的空载磁场。通常将它分成两部分进行分析：一部分是以铁芯作闭合回路的磁通，既交链一次绕组又交链二次绕组，称作主磁通，用 $\dot{\Phi}_0$ 表示；另一部分

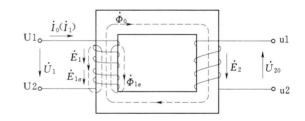

图 1.12 单相变压器空载运行示意图

只交链一次绕组，以非磁性介质（空气或油）作闭合回路的磁通，称为一次漏磁通，用 $\dot{\Phi}_{1\sigma}$ 表示。根据电磁感应原理，主磁通 $\dot{\Phi}_0$ 将在一、二次绕组中感应主电动势 $\dot{E}_1$ 和 $\dot{E}_2$；漏磁通 $\dot{\Phi}_{1\sigma}$ 在一次绕组中感应一次漏磁电动势 $\dot{E}_{1\sigma}$。此外空载电流 $\dot{I}_0$ 还将在一次绕组产生电阻压降 $r_1\dot{I}_0$。各电磁量的假定参考方向如图 1.12 所示，它们间的关系如下所示：

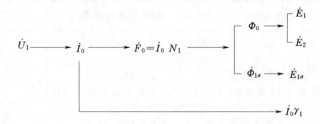

2. 主磁通和漏磁通

由于路径不同，主磁通和漏磁通有很大差异：

（1）在性质上，主磁通磁路由铁磁材料组成，具有饱和特性，Φ_0 与 I_0 呈非线性关系；而漏磁通磁路不饱和，$\dot\Phi_{1\sigma}$ 与 I_0 呈线性关系。

（2）在数量上，因为铁芯的磁导率比空气（或变压器油）的磁导率大很多，铁芯磁阻小，所以主磁通远大于漏磁通。一般主磁通可占总磁通的 99% 以上，而漏磁通仅占 1% 以下。

（3）在作用上，主磁通在二次绕组中感应电动势，若接负载，就有电功率输出，故起传递能量的媒介作用；而漏磁通只在一次绕组中感应漏磁电动势，仅起漏抗压降的作用。

3. 感应电动势分析

（1）主磁通感应的电动势。设主磁通按正弦规律变化，即

$$\Phi_0 = \Phi_m \sin\omega t$$

按照图 1.12 中参考方向的规定，一、二次绕组感应电动势瞬时值为

$$e_1 = -N_1 \frac{\mathrm{d}\Phi_0}{\mathrm{d}t} = -N_1 \omega \Phi_m \cos\omega t = 2\pi f N_1 \Phi_m \sin(\omega t - 90°) = E_{1m}\sin(\omega t - 90°) \quad (1.4)$$

$$e_2 = -N_2 \frac{\mathrm{d}\Phi_0}{\mathrm{d}t} = -N_2 \omega \Phi_m \cos\omega t = 2\pi f N_2 \Phi_m \sin(\omega t - 90°) = E_{2m}\sin(\omega t - 90°) \quad (1.5)$$

一、二次感应电动势的有效值分别为

$$E_1 = \frac{E_{1m}}{\sqrt{2}} = \frac{\omega N_1 \Phi_m}{\sqrt{2}} = \frac{2\pi f N_1 \Phi_m}{\sqrt{2}} = 4.44 f N_1 \Phi_m \quad (1.6)$$

$$E_2 = \frac{E_{2m}}{\sqrt{2}} = \frac{\omega N_2 \Phi_m}{\sqrt{2}} = \frac{2\pi f N_2 \Phi_m}{\sqrt{2}} = 4.44 f N_2 \Phi_m \quad (1.7)$$

一、二次感应电动势的相量表达式为

$$\dot E_1 = -\mathrm{j}4.44 f N_1 \dot\Phi_m \quad (1.8)$$

$$\dot E_2 = -\mathrm{j}4.44 f N_2 \dot\Phi_m \quad (1.9)$$

由此可知，一、二次感应电动势的大小与电源频率、绕组匝数及主磁通最大值成正比，且在相位上滞后主磁通 90°。

（2）漏磁通感应的电动势。用同样的方法可推得

$$E_{1\sigma} = \frac{2\pi}{\sqrt{2}} f N_1 \Phi_{1\sigma m} = 4.44 f N_1 \Phi_{1\sigma m} \quad (1.10)$$

$$\dot E_{1\sigma} = -\mathrm{j}4.44 f N_1 \dot\Phi_{1\sigma m} \quad (1.11)$$

式（1.11）也可用电抗压降的形式来表示，即

$$\dot{E}_{1\sigma}=-\text{j}\frac{2\pi}{\sqrt{2}}f\frac{N_1\dot{\Phi}_{1\sigma m}}{\dot{I}_0}\dot{I}_0=-\text{j}2\pi fL_{1\sigma}\dot{I}_0=-\text{j}\dot{I}_0x_1 \tag{1.12}$$

式中：$L_{1\sigma}=\dfrac{\Psi_{1\sigma}}{I_0}=\dfrac{N_1\Phi_{1\sigma}}{I_0}$ 称为一次绕组的漏感系数；$x_1=2\pi fL_{1\sigma}$ 称为一次绕组漏电抗。

因漏磁通主要经过非铁磁路径，磁路不饱和，故磁阻很大且为常数，因而漏电抗 x_1 很小也为常数，它不随电源电压及负载情况而变。

1.2.2 空载电流和空载损耗

1. 空载电流

（1）空载电流的作用与组成。变压器的空载电流 $\dot{I}_0$ 包含两个分量：一个是励磁分量，其作用是建立主磁通 $\dot{\Phi}_0$，其相位与主磁通 $\dot{\Phi}_0$ 相同，为一无功电流，用 $\dot{I}_{0r}$ 表示；另一个是铁损耗分量，其作用是供给主磁通在铁芯中交变时产生的磁滞损耗和涡流损耗（统称为铁耗），此电流为一有功分量，用 $\dot{I}_{0a}$ 表示。故空载电流 $\dot{I}_0$ 可写成

$$\dot{I}_0=\dot{I}_{0a}+\dot{I}_{0r} \tag{1.13}$$

（2）空载电流的性质和大小。电力变压器空载电流的无功分量总是远远大于有功分量，故变压器空载电流可近似认为是无功性质的。即：$I_{0r}\gg I_{0a}$，当忽略 I_{0a} 时，则 $I_0\approx I_{0r}$。故也把空载电流近似称作励磁电流。

空载电流越小越好，其大小常用百分值 $I_0\%$ 表示，即

$$I_0\%=\frac{I_0}{I_N}\times100\% \tag{1.14}$$

由于采用导磁性能良好的硅钢片，一般的电力变压器，$I_0\%=0.5\%\sim3\%$，容量越大，I_0 相对越小，大型变压器 $I_0\%$ 在 1% 以下。

（3）空载电流的波形。空载电流波形与铁芯磁化曲线有关，由于磁路的饱和，空载电流 i_0 与由它所产生的主磁通呈非线性关系。由图 1.13 可知，当磁通按正弦规律变化时，

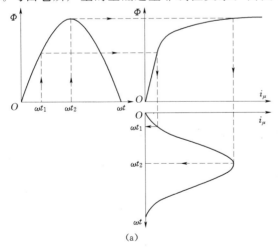
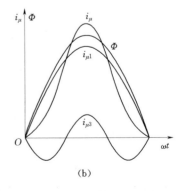

图 1.13 空载电流波形

（a）图解法；（b）波形分析

由于磁路饱和的影响，空载电流呈尖顶波形。

尖顶波的空载电流，除基波分量外，三次谐波分量为最大。

从上述分析可见，实际的空载电流并不是正弦波形，但为了分析、测量和计算的方便，在相量图和计算式中，均用等效正弦电流来代替实际的空载电流。

2. 空载损耗

变压器空载运行时，一次绕组从电源中吸取了少量的电功率 p_0，这个功率主要用来补偿铁芯中的铁损耗 p_{Fe} 以及少量的绕组铜损耗 $I_0^2 r_1$，由于 I_0 和 r_0 均很小，$I_0^2 r_1$ 也很小，故 $p_0 \approx p_{Fe}$，即空载损耗可近似等于铁损耗。这部分功率变为热能散发至周围空间。

对已制成的变压器，p_{Fe} 可用试验方法测得，也可用如下的经验公式计算

$$p_{Fe} = p_{1/50} B_m^2 \left(\frac{f}{50} \right)^{1.3} G \tag{1.15}$$

式中：$p_{1/50}$ 为频率为 50Hz、最大磁通密度为 1T 时，每公斤材料的铁芯损耗（可从有关材料性能数据中查得）；G 为铁芯重量，kg。

从式（1.15）可知，铁损耗与材料性能、铁芯中最大磁通密度、交变频率及铁芯重量等有关。

对于电力变压器来说，空载损耗不超过额定容量的 1%，而且随变压器容量的增大而下降。但由于电力变压器在电力系统中使用量大，且常年接在电网上，所以减少空载损耗具有重要意义。

1.2.3 空载时的电动势方程式、等效电路和相量图

1. 电动势平衡方程式和变比

（1）电动势平衡方程式。根据基尔霍夫第二定律，由图 1.12 得：

$$\dot{U}_1 = -\dot{E}_1 - \dot{E}_{1\sigma} + \dot{I}_0 r_1 = -\dot{E}_1 + \dot{I}_0 r_1 + j \dot{I}_0 x_1 = -\dot{E}_1 + \dot{I}_0 Z_1 \tag{1.16}$$

式中：$Z_1 = r_1 + jx_1$ 为一次绕组的漏阻抗。

由于 I_0 和 Z_1 均很小，故漏阻抗压降 $I_0 Z_1$ 更小（$<0.5\% U_{1N}$），分析时常忽略不计，式（1.13）可变成

$$\dot{U}_1 \approx -\dot{E}_1 \tag{1.17}$$

把式（1.17）改写成有效值

$$U_1 \approx E_1 = 4.44 f N_1 \Phi_m$$

则得

$$\Phi_m = \frac{E_1}{4.44 f N_1} \approx \frac{U_1}{4.44 f N_1} \tag{1.18}$$

由式（1.18）可知，影响变压器主磁通大小的因素有电源电压 U_1 和频率 f_1，还有结构因素 N_1。当电源电压和频率不变时，变压器主磁通大小基本不变。

（2）变比。变比 k 定义为一、二次绕组主电动势之比

$$k = \frac{E_1}{E_2} = \frac{N_1}{N_2} \approx \frac{U_1}{U_{20}} = \frac{U_{1N}}{U_{2N}} \tag{1.19}$$

由式（1.19）可知，变比亦为两侧绕组匝数比或空载时两侧电压之比。

对三相变压器，变比指一、二次侧相电动势之比，也就是一、二次侧额定相电压之比。而三相变压器的额定电压是指线电压，故其变比与原、副边额定电压之间的关系为

对于 Y，d 连接

$$k = \frac{U_{1N}}{\sqrt{3}U_{2N}} \tag{1.20}$$

对于 D，y 连接

$$k = \frac{\sqrt{3}U_{1N}}{U_{2N}} \tag{1.21}$$

对于 Y，y 和 D，d 连接，其关系式与式（1.19）相同。前面提到的符号 Y（y）是指三相绕组星形连接，而 D（d）则指三相绕组为三角形连接，逗号前面的大写字母表示高压绕组的接法，逗号后面的小写字母表示低压绕组的接法。

2. 空载时的等效电路

在变压器运行时，既有电路、磁路问题，又有电和磁之间的相互耦合问题，尤其当磁路存在饱和现象时，将给分析和计算变压器带来很大困难。若能将变压器运行中的电和磁之间的相互关系用一个模拟电路的形式来等效，就可以使分析与计算大为简化。所谓等效电路就是基于这一概念而建立起来的。

前已述及，空载电流 $\dot{I}_0$ 在一次绕组产生的漏磁通 $\dot{\Phi}_{1\sigma}$ 感应出一次漏磁电动势 $\dot{E}_{1\sigma}$，其在数值上可用空载电流 $\dot{I}_0$ 在漏抗 x_1 上的压降 $x_1\dot{I}_0$ 表示。同样，空载电流 $\dot{I}_0$ 产生主磁通 $\dot{\Phi}_0$ 在一次绕组感应出主电动势 $\dot{E}_1$，它也可用某一参数的压降来表示，但交变主磁通在铁芯中还产生铁损耗，故还需引入一个电阻参数 r_m，用 $I_0^2 r_m$ 来反映变压器的铁损耗，因此可引入一个阻抗参数 Z_m，把 $\dot{E}_1$ 与 $\dot{I}_0$ 联系起来，此时，$-\dot{E}_1$ 可看作空载电流 $\dot{I}_0$ 在 Z_m 上的阻抗压降，即

$$-\dot{E}_1 = \dot{I}_0 Z_m = \dot{I}_0(r_m + \mathrm{j}x_m) \tag{1.22}$$

式中：Z_m 为励磁阻抗，$Z_m = r_m + \mathrm{j}x_m$；$r_m$ 为励磁电阻，是对应于铁损耗的等效电阻；x_m 为励磁电抗，是对应于主磁通的电抗。

把式（1.22）代入式（1.16），便得

$$\dot{U}_1 = -\dot{E}_1 + \dot{I}_0 Z_1 = \dot{I}_0 Z_m + \dot{I}_0 Z_1 = \dot{I}_0(r_1 + \mathrm{j}x_1 + r_m + \mathrm{j}x_m) \tag{1.23}$$

式（1.23）对应的电路即为变压器空载时的等效电路，如图 1.14 所示。

由前面分析可知，一次漏阻抗 $Z_1 = r_1 + \mathrm{j}x_1$ 为定值。由于铁芯磁路具有饱和特性，励磁阻抗 $Z_m = r_m + \mathrm{j}x_m$ 随着外加电压 U_1 增大而变小。在变压器正常运行时，外施电压 U_1 波动幅度不大，基本上为恒定值，故 Z_m 可近似认为是个常数。

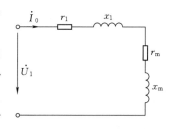

图 1.14　变压器空载等效电路

对于电力变压器，由于 $r_1 \ll r_m$，$x_1 \ll x_m$，$Z_1 \ll Z_m$，例：一台容量为 1000kVA 的三相变压器其 $Z_1 = 2.75\Omega$，$Z_m = 2000\Omega$，故有时可把一次漏阻抗 $Z_1 = r_1 + \mathrm{j}x_1$ 忽略不计，则变压器空载等效电路就成为只有一个励磁阻抗 Z_m 元件的电路了。所以在外施电压一定时，变压器空载电流的大小主要取决于励磁阻抗的大小。从变压器运行的角度看，希望空载电流越小越好，因而变压器采用高导磁率的铁磁材料，以增大 Z_m，减小 I_0，提高其运行效率和功率因数。

小 结

在分析变压器内部电磁关系时，通常按其磁通的实际分布和所起作用不同，分成主磁通和漏磁通两部分，前者以铁芯作闭合磁路，在一、二次绕组中均感应电动势，起着传递能量的媒介作用；而漏磁通主要以非铁磁性材料闭合，只起电抗压降的作用。

空载电流的大小约为额定电流的 $0.5\% \sim 3\%$，基本上为无功电流，主要用于建立磁场，所以又称励磁电流，空载电流的波形视铁芯饱和程度而定。

当频率、匝数不变时，铁芯中主磁通最大值由电源电压大小决定。当电源电压为常数时，主磁通也为常数。

习 题

（1）一台 380/220V 的单相变压器，如不慎将 380V 加在低压绕组上，会产生什么现象？

（2）为什么要把变压器的磁通分成主磁通和漏磁通，它们有哪些区别？

（3）变压器空载电流的性质和作用如何？其大小与哪些因素有关？

（4）变压器空载运行时，是否要从电网中取得功率？起什么作用？

（5）一台 220/110V 的单相变压器，试分析当高压侧加 220V 电压时，空载电流 I_0 呈何波形？加 110V 时又呈何波形？若 110V 加到低压侧，此时 I_0 又呈何波形？

（6）变压器的励磁电抗和漏电抗各对应于什么磁通？对已制成的变压器，它们是否是常数？当电源电压降至额定值的一半时，它们如何变化？为什么？并比较这两个电抗的大小。

（7）有一台单相变压器，额定容量为 5kVA，高、低压绕组均由两个线圈组成，高压边每个线圈的额定电压为 1100V，低压边每个线圈的额定电压为 110V，现将它们进行不同方式的连接。试问：可得几种不同的变比？每种连接时，高、低压边的额定电流为多少？

（8）一台单相变压器，已知 $S_N = 5000\text{kVA}$，$U_{1N}/U_{2N} = 35\text{kV}/6.6\text{kV}$，铁芯的有效面积为 $S_{Fe} = 1120\text{cm}^2$，若取铁芯中最大磁通密度 $B_m = 1.5\text{T}$，试求高、低压绕组的匝数和电压比（不计漏磁）。

（9）某三相变压器容量为 500kVA，Y，yn 连接，电压为 6300/400V，现将电源电压由 6300V 改为 10000V，如保持低压绕组匝数每相 40 匝不变，试求原来高压绕组匝数及新的高压绕组匝数。

综 合 实 训

1. 实训目标

熟悉单相变压器空载试验。

2. 实训要求

测定单相变压器变比和空载特性。

1.3 变压器的负载运行

【学习目标】

（1）了解变压器负载运行的物理过程。

（2）理解变压器负载运行时的基本方程式、等值电路及相量图。

（3）掌握变压器短路，负载试验方法。

章节名称	能力要素	知识和技能要求	考核标准
变压器的负载运行	（1）能理解变压器负载运行中内部各物理量的关联关系。 （2）能解决围绕变压器内部电磁关系、电动势方程式、等效电路的基本分析和基本计算问题。 （3）会作变压器短路，负载试验	（1）掌握变压器负载运行的电磁关系、电动势方程式、等效电路。 （2）会作变压器短路，负载试验	（1）重点考核内容： 1）变压器负载运行的电磁关系、电动势方程式、等效电路及其基本应用。 2）变压器负载、短路试验的实际操作。 （2）考核方式：笔试或实际操作。 （3）占总成绩的比例：5%～10%

变压器的一次侧接在额定频率、额定电压的交流电源上，二次侧接上负载的运行状态，称为变压器的负载运行。此时，二次绕组有电流$\dot{I}_2$流向负载，电能就从变压器的一次侧传递到二次侧，如图1.15所示。

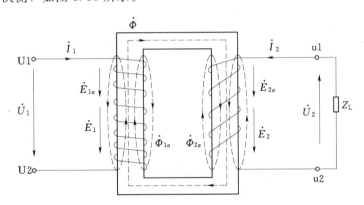

图1.15 变压器负载运行示意图

1.3.1 负载运行时的电磁关系

变压器空载运行时，只在一次绕组中流过空载电流$\dot{I}_0$，建立作用在铁芯上的磁动势$\dot{F}_0=\dot{I}_0 N_1$，它在铁芯中产生主磁通$\dot{\Phi}_0$，而$\dot{\Phi}_0$在一、二次绕组中感应主电动势$\dot{E}_1$和$\dot{E}_2$，

电源电压 $\dot{U}_1$ 与一次绕组的反电动势（$-\dot{E}_1$）和漏阻抗压降 $\dot{I}_0 Z_1$ 相平衡，此时变压器处于空载时的电磁平衡状态。

当变压器二次绕组接上负荷后，便有电流 $\dot{I}_2$ 流过，它将建立二次磁动势 $\dot{F}_2 = \dot{I}_2 N_2$，也作用于主磁路铁芯上。由于电源电压 $\dot{U}_1$ 为一常值，相应地，主磁通 $\dot{\Phi}_0$ 应保持不变，产生主磁通的磁动势也应保持不变。因此当二次磁动势力图改变铁芯中产生主磁通的磁动势时，一次绕组中将产生一个附加电流（用 $\dot{I}_{1L}$ 表示），附加电流 $\dot{I}_{1L}$ 产生磁动势为 $\dot{I}_{1L} N_1$，恰好与二次磁动势 $\dot{I}_2 N_2$ 相抵消。此时一次电流就由 $\dot{I}_0$ 变成了 $\dot{I}_1 = \dot{I}_0 + \dot{I}_{1L}$，而作用在铁芯中的总磁动势即为 $\dot{I}_1 N_1 + \dot{I}_2 N_2$，它产生负载时的主磁通。

变压器负载运行时，除由合成磁动势 $\dot{F}_1 + \dot{F}_2$ 产生的主磁通在一、二次绕组中感应交变电动势 $\dot{E}_1$ 和 $\dot{E}_2$ 外，$\dot{F}_1$ 和 $\dot{F}_2$ 还分别产生只交链于各自绕组的漏磁通 $\dot{\Phi}_{1\sigma}$ 和 $\dot{\Phi}_{2\sigma}$，并分别在一、二次绕组中感应漏磁电动势 $\dot{E}_{1\sigma}$ 和 $\dot{E}_{2\sigma}$。

另外，由于绕组有电阻，一、二次绕组电流 $\dot{I}_1$ 和 $\dot{I}_2$ 分别产生电阻压降 $\dot{I}_1 r_1$ 和 $\dot{I}_2 r_2$。各电磁量之间的关系如下：

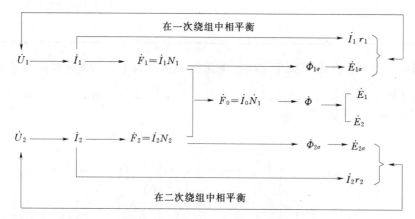

1.3.2 负载运行时的基本方程式

1. 磁动势平衡方程式

综上分析可知，负载时产生主磁通的合成磁动势和空载时产生主磁通的励磁磁动势基本相等，即

$$\dot{F}_1 + \dot{F}_2 = \dot{F}_0$$

或
$$\dot{I}_1 N_1 + \dot{I}_2 N_2 = \dot{I}_0 N_1 \tag{1.24}$$

将式（1.24）两边除以 N_1，便得

$$\dot{I}_1 + \dot{I}_2 \frac{N_2}{N_1} = \dot{I}_0$$

改写为
$$\dot{I}_1 = \dot{I}_0 + \left(-\dot{I}_2 \frac{N_2}{N_1}\right) = \dot{I}_0 + \left(-\frac{\dot{I}_2}{k}\right) = \dot{I}_0 + \dot{I}_{1L} \tag{1.25}$$

式中：$\dot{I}_{1L}$ 为一次绕组的负载分量电流，$\dot{I}_{1L} = -\dfrac{\dot{I}_2}{k}$。

式（1.25）表明：变压器负载运行时，一次电流 $\dot{I}_1$ 由两个分量组成：一个是励磁电流 $\dot{I}_0$，用来建立负载时的主磁通 $\dot{\Phi}$，它不随负载大小而变动；另一个是负载分量电流 $\dot{I}_{1L}$ $= -\dfrac{\dot{I}_2}{k}$，用以抵消二次磁动势的作用，它随负载大小而变动。这说明变压器负载运行时，通过磁势平衡关系，将一、二次电流紧密联系起来了，二次电流增加或减少的同时必然引起一次电流的增加或减少，相应地当二次输出功率增加或减少时，一次侧从电网吸取的功率必然同时增加或减少。

变压器负载运行时，由于 $I_0 \ll I_1$，故可忽略 I_0，这样一、二次侧的电流关系变为

$$\dot{I}_1 \approx -\frac{\dot{I}_2}{k}$$

或
$$\frac{I_1}{I_2} \approx \frac{1}{k} = \frac{N_2}{N_1} \tag{1.26}$$

式（1.26）表明，一、二次侧电流的大小近似与绕组匝数成反比。高压绕组匝数多，电流小；低压绕组匝数少，电流大。可见两侧绕组匝数不同，不仅能变电压，同时也能变电流。

2. 电动势平衡方程式

根据基尔霍夫第二定律，可得：

一次侧
$$\dot{U}_1 = -\dot{E}_1 - \dot{E}_{1\sigma} + \dot{I}_1 r_1 = -\dot{E}_1 + \dot{I}_1 (r_1 + jx_1) = -\dot{E}_1 + \dot{I}_1 Z_1 \tag{1.27}$$

式中：$\dot{E}_{1\sigma}$ 为一次漏磁电动势，$\dot{E}_{1\sigma} = -j\dot{I}_1 x_1$；$Z_1$ 为一次漏阻抗，$Z_1 = r_1 + jx_1$。

二次侧
$$\dot{U}_2 = \dot{E}_2 + \dot{E}_{2\sigma} - \dot{I}_2 r_2 = \dot{E}_2 - \dot{I}_2 (r_2 + jx_2) = \dot{E}_2 - \dot{I}_2 Z_2 \tag{1.28}$$

式中：$\dot{E}_{2\sigma}$ 为二次漏磁电动势，$\dot{E}_{2\sigma} = -j\dot{I}_2 x_2$；$x_2$ 为二次漏电抗；Z_2 为二次漏阻抗，$Z_2 = r_2 + jx_2$。

变压器二次端电压 $\dot{U}_2$ 也可写成

$$\dot{U}_2 = \dot{I}_2 Z_L \tag{1.29}$$

式中：Z_L 为负载阻抗。

综前所述，将变压器负载时的基本电磁关系归纳起来，可得以下基本方程式组

$$\left.\begin{array}{l}\dot{U}_1 = -\dot{E}_1 + \dot{I}_1(r_1 + \mathrm{j}x_1) \\[4pt] \dot{U}_2 = \dot{E}_2 - \dot{I}_2(r_2 + \mathrm{j}x_2) \\[4pt] \dot{I}_1 = \dot{I}_0 + (-\dot{I}_2/k) \\[4pt] E_1/E_2 = k \\[4pt] \dot{E}_1 = -\dot{I}_0 Z_{\mathrm{m}} \\[4pt] \dot{U}_2 = \dot{I}_2 Z_{\mathrm{L}} \end{array}\right\} \tag{1.30}$$

1.3.3 变压器的等效电路及相量图

变压器的基本方程式反映了变压器内部的电磁关系，利用式（1.30）便能对变压器进行定量计算，一般已知：外加电源电压 $\dot{U}_1$、变压器变比 k、阻抗 Z_1、Z_2 和 Z_{m} 及负载阻抗 Z_{L}，便可解出六个未知数 $\dot{I}_0$、$\dot{I}_1$、$\dot{I}_2$、$\dot{E}_1$、$\dot{E}_2$ 和 $\dot{U}_2$。但联立方程组的求解是相当繁琐的，并且由于电力变压器的变比 k 较大，使一、二次侧的电动势、电流、阻抗等相差很大，计算时精确度降低，也不便于比较。为此希望用一个纯电路来代替实际变压器，这种电路称为等效电路。要想得到等效电路，首先需对变压器进行折算。

1. 折算

负载时变压器有两个独立的电路，相互间靠磁路联系在一起，主磁通作媒介。折算就是假想二次匝数（或电动势）与一次相等，即 $N'_2 = N_1$，$E'_2 = E_1$，实际上是把它看成是变比 $k = 1$ 的变压器，与此同时，须对变压器二次侧的各电磁量均做相应的变换，以保持变压器两侧的电磁关系不变，即把二次侧的量折算到一次侧。为区别，便在二次侧量的右上角加一撇，如 $\dot{U}'_2$、$\dot{I}'_2$、$\dot{E}'_2$ 等。当然也可把一次侧的量往二次折算。图 1.16 中二次侧各量，其中打"′"的为折算后的电磁量，而不打"′"的为折算前的电磁量。

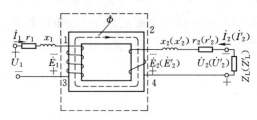

图 1.16 变压器折算时等效电路示意图

如何把二次绕组匝数看成等于一次绕组匝数，且又保持其电磁关系不变呢？这就需遵循如下原则：①保持二次磁通势 $\dot{F}_2$ 不变；②保持副边各功率（或损耗）不变。这样就可保证变压器主磁通、漏磁通不变，保证原边从电网吸取同样的功率传递到副边，从而使得折算对原边物理量毫无影响，不致改变变压器的原电磁关系。

下面根据上述两原则，导出各量的折算值。

（1）二次电动势的折算值。由于折算前后主磁场和漏磁场均不改变，根据电动势与匝数成正比关系，得

$$\frac{E'_2}{E_2} = \frac{N'_2}{N_2} = \frac{N_1}{N_2} = k$$

则
$$E'_2 = kE_2 \tag{1.31}$$

即二次电动势的折算值为原二次电动势乘以 k。

（2）二次电流的折算值。根据折算前后二次磁通势 $\dot{F}_2$ 不变的原则，可得

$$I'_2 N_1 = I_2 N_2$$

则
$$I'_2 = \frac{N_2}{N_1} I_2 = \frac{1}{k} I_2 \qquad (1.32)$$

即二次电流的折算值为原二次电流除以 k。

（3）二次漏阻抗的折算值。折算前后二次绕组铜损耗应保持不变，便得

$$I'^2_2 r'_2 = I^2_2 r_2$$

则
$$r'_2 = r_2 \left(\frac{I_2}{I'_2}\right)^2 = k^2 r_2 \qquad (1.33)$$

折算前后二次绕组无功损耗不变，有

$$I'^2_2 x'_2 = I^2_2 x_2$$

则
$$x'_2 = \left(\frac{I_2}{I'_2}\right)^2 x_2 = k^2 x_2 \qquad (1.34)$$

即二次漏阻抗的折算值为原二次漏阻抗乘以 k^2。

（4）二次电压的折算值。

$$\dot{U}'_2 = \dot{E}'_2 - \dot{I}'_2 Z'_2 = k\dot{E}_2 - \frac{1}{k}\dot{I}_2 k^2 Z_2 = k(\dot{E}_2 - \dot{I}_2 Z_2) = k\dot{U}_2 \qquad (1.35)$$

即二次电压的折算值为原二次电压乘以 k。

（5）负载阻抗的折算值。因阻抗为电压与电流之比，便有

$$Z'_L = \frac{U'_2}{I'_2} = \frac{kU_2}{\frac{1}{k}I_2} = k^2 \frac{U_2}{I_2} = k^2 Z_L \qquad (1.36)$$

即负载阻抗折算方法同二次漏阻抗相同。

综上所述，把变压器二次侧折算到一次侧后，电动势和电压的折算值等于实际值乘以变比 k，电流的折算值等于实际值除以变比 k，而电阻、漏抗及阻抗的折算值等于实际值乘以 k^2。

2. 等效电路

进行折算后，就可以将两个独立电路直接连在一起，然后再把铁芯磁路的工作状况用纯电路的形式代替，即得变压器负载时的等效电路。

（1）T形等效电路。首先分别画出一次侧、二次侧的电路，如图 1.17（a）所示。图中二次侧各量均已折算到一次侧，即 $N'_2 = N_1$，$\dot{E}'_2 = \dot{E}_1$，也就是说图 1.17（a）中 3 与 4、1 与 2 点为等电位点，可用导线把它们连接起来，将两个绕组合并成一个绕组，这对一、二次回路无任何影响。如此就将磁耦合变压器变成了直接电联系的等效电路。合并后的绕组中有励磁电流 $\dot{I}_0 = \dot{I}_1 + \dot{I}'_2$ 流过，称为励磁支路，如图 1.17（b）所示。如同在空载时的等效电路一样，它可用等效阻抗 $Z_m = r_m + jx_m$ 来代替。这样就从物理概念导出了变压器负载运行时的 T形等效电路，如图 1.17（c）所示。

T形等效电路也可用数学方法导出，这里从略。

（2）近似等效电路。T形等效电路能正确反映变压器内部的电磁关系，但其结构为

第 1 章 变 压 器

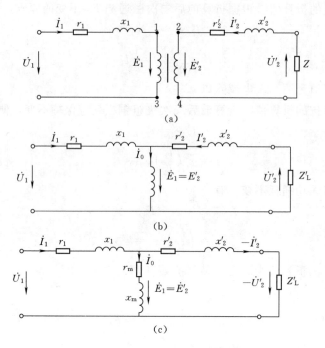

图 1.17 变压器 T 形等效电路的形成过程

串、并联混合电路，计算比较繁杂，为此提出在一定条件下将等效电路简化。

在 T 形等效电路中，因 $I_0 \ll I_1$，$Z_1 \ll Z_m$，故 $I_0 Z_1$ 很小，可略去不计；而 $I_1 Z_1$ 也很小（$< 5\% U_{1N}$），也可忽略不计，这样便可把励磁支路从 T 形电路的中部移至电源端，得图 1.18 所示的近似等效电路，由于其阻抗元件支路构成一个 Γ，故亦称 Γ 形等效电路。

（3）简化等效电路。由于一般变压器 $I_0 \ll I_N$，通常 I_0 约占 I_N 的 $2\% \sim 10\%$，在进行工程计算时，可把励磁电流 I_0 忽略，即去掉励磁支路，而得到一个由一、二次侧的漏阻抗构成的更为简单的串联电路，如图 1.19 所示，称为变压器的简化等效电路。

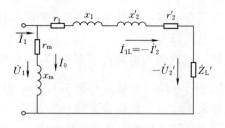

图 1.18 变压器的近似等效电路

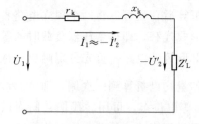

图 1.19 变压器的简化等效电路

图中

$$\left.\begin{array}{l} r_k = r_1 + r'_2 \\ x_k = x_1 + x'_2 \\ Z_k = r_k + j x_k \end{array}\right\} \tag{1.37}$$

26

式中：r_k 为短路电阻；x_k 为短路电抗；Z_k 为短路阻抗。

变压器的短路阻抗即为原、副边漏阻抗之和，其值较小且为常数。由简化等效电路可见，如变压器发生稳定短路，则短路电流 $I_k = U_1/Z_k$，可见，短路阻抗能起到限制短路电流的作用。由于 Z_k 很小，故短路电流值较大，一般可达额定电流的 $10 \sim 20$ 倍。

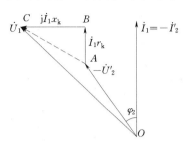

图 1.20 变压器阻感性负载时的简化相量图

3. 变压器带阻感性负载时的简化相量图

从简化等效电路中看出，$\dot{U}'_2 = Z'_L \dot{I}'_2$，$\dot{I}_1 = -\dot{I}'_2$，$\dot{U}_1 = -\dot{U}'_2 + \dot{I}_1 r_k + j \dot{I}_1 x_k$，这三个关系式是画简化相量图的依据。如图 1.20 所示，短路阻抗 $Z_k = r_k + jx_k$ 的压降构成一个 $\triangle ABC$，称短路阻抗压降三角形。对已制成的变压器，这个三角形的形状是固定的，但它的大小和方位随负载而变。

小　结

分析变压器内部电磁关系有基本方程式、等效电路和相量图三种方法。基本方程式是一种数学表达式，它概述了电动势和磁动势平衡两个基本电磁关系，负载变化对一次侧的影响是通过二次磁动势来实现的。等效电路是从基本方程式出发用电路形式来模拟实际变压器，而相量图是基本方程式的一种图形表示法，三者是完全一致的。在定量计算中常用等效电路的方法求解，而相量图能直观地反映各物理量的大小和相位关系，故常用于定性分析。

励磁阻抗 Z_m 和漏电抗 x_1、x_2 是变压器的重要参数。每一种电抗都对应磁场中的一种磁通，如励磁电抗对应主磁通，漏电抗对应于漏磁通，励磁电抗受磁路饱和影响不是常量，而漏电抗基本上不受铁芯饱和的影响，因此它们基本上为常数。

习　题

（1）为什么变压器的空载损耗可近似看成铁损耗，短路损耗可否近似看成铜损耗？

（2）试绘出变压器 T 形、近似和简化等效电路，并说明各参数的意义。

（3）变压器二次侧接电阻、电感和电容负载时，从一次侧输入的无功功率有何不同？为什么？

（4）指出空载和负载时产生各磁通的磁动势？

（5）为什么小负荷的用户使用大容量变压器无论对电网还是对用户都不利？

（6）有一台型号为 S–560/10 的三相变压器，额定电压 $U_{1N}/U_{2N} = 10000/400V$，Y，yn0 连接，供给照明用电，若白炽灯额定值是 100W、220V，要求变压器不过载，三相总共可接多少灯？

综　合　实　训

1. 实训目标

熟悉单相变压器负载短路实验。

2. 实训要求

测定单相变压器负载和短路特性。

1.4 变压器的参数测定

【学习目标】

（1）了解三相变压器空载试验和负载试验的目的。

（2）掌握三相变压器空载试验和短路试验的方法。

（3）初步学会变压器参数的计算。

章节名称	能力要素	知识和技能要求	考核标准
变压器的参数测定	（1）会测量三相变压器变比。 （2）会作三相变压器空载、短路试验	（1）会计算三相变压器各参数。 （2）了解标么值	（1）重点考核内容：测量三相变压器变比以及空载、短路试验的实际操作。 （2）考核方式：笔试或实际操作。 （3）占总成绩的比例：5%～10%

从上节可知，当用基本方程式、等效电路或相量图分析变压器的运行性能时，必须知道变压器的参数。这些参数直接影响变压器的运行性能，在设计变压器时，可根据所使用的材料及结构尺寸把它们计算出来，而对已制成的变压器，可用试验的方法求得。

1.4.1 空载试验

1. 空载试验的目的

空载试验的目的是通过测量空载电流 I_0、一、二次电压 U_0 和 U_{20} 以及空载功率 p_0 来计算变比 k、空载电流百分值 $I_0\%$、铁芯损耗 p_{Fe} 和励磁阻抗 $Z_m = r_m + jx_m$，从而判断铁芯质量和检查绕组是否有匝间短路故障等。

2. 空载试验的接线图

变压器空载试验的接线图，如图 1.21（a）所示。空载试验可以在任何一侧做，但考虑到空载试验时所加电压较高（为额定电压），电流较小（为空载电流），为了试验安全及仪表选择便利，通常在低压侧加压，而高压侧开路。由于空载电流小，电流表应接在靠近变压器侧，以减少误差。

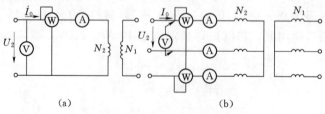

（a）　　　　　　　　　　　　（b）

图 1.21　空载试验接线图

空载试验时，调压器接交流电源，调节其输出电压 U_0 由零逐渐升至 U_N（变压器低压侧额定电压），分别测出它所对应的 U_{20}、I_0 及 p_0 值。

3. 计算

由所测数据可求得

$$
\left.
\begin{aligned}
k &= \frac{U_{20}（高压）}{U_N（低压）} \\
I_0\% &= \frac{I_0}{I_N（低压）} \times 100\% \\
p_{Fe} &= p_0
\end{aligned}
\right\}
\tag{1.38}
$$

空载试验时，变压器没有输出功率，此时输入有功功率 p_0 包含一次绕组铜损耗 $r_1 I_0^2$ 和铁芯中铁损耗 $p_{Fe} = r_m I_0^2$ 两部分。由于 $r_1 \ll r_m$，因此 $p_0 \approx p_{Fe}$。

由空载等效电路，忽略 r_1、x_1，可求得实验侧励磁参数

$$
\left.
\begin{aligned}
Z_m &= \frac{U_N（低压）}{I_0} \\
r_m &= \frac{p_0}{I_0^2} \\
x_m &= \sqrt{Z_m^2 - r_m^2}
\end{aligned}
\right\}
\tag{1.39}
$$

4. 注意事项

（1）因空载电流、铁芯损耗及励磁阻抗均随电压大小而变，即与铁芯饱和程度有关，所以，空载电流和空载功率常取额定电压时的值，并以此求取励磁阻抗的值。

（2）由于空载试验一般在低压侧进行，故测得的励磁参数是属于低压侧的数值，若要求取折算到高压侧的励磁阻抗，必须乘以变比的平方，即高压侧的励磁阻抗为是 $k^2 Z_m$。

（3）对于三相变压器，应用式（1.39）时，必须采用相值，即用一相的损耗以及相电压和相电流等来进行计算，而 k 值也应取相电压之比。

（4）变压器空载运行时功率因数很低（$\cos\varphi_0 < 0.2$），为减小误差，应采用低功率因数功率表来测量空载功率。

1.4.2 短路试验

1. 短载试验的目的

短路试验的目的是通过测量短路电流 I_k，短路电压 U_k 及短路功率 p_k 来计算短路电压百分值 $U_k(\%)$、铜损耗 p_{Cu} 和短路阻抗 $Z_k = r_k + j x_k$。

2. 短载试验的接线图

变压器短路试验的试验接线如图1.22（a）所示。短路试验也可以在任何一侧做，但由于短路试验时电流较大，可达额定电流，而所加电压却很低，一般为额定电压的 $4\% \sim 15\%$ 左右，因此一般在高压侧加压，而低压侧短路。由于试验电压低，电压表接在靠近变压器侧，以减少误差。

短路试验时，用调压器调节输出电压 U_k 由零值逐渐升高，使短路电流 I_k 由零升至 I_N（变压器高压侧额定电流），分别测出它所对应的 I_k、U_k 和 p_k 的值。试验时，同时记录试验室的室温 $\theta(\text{℃})$。

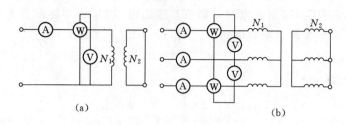

图 1.22 短路试验接线图

3. 计算

由于短路试验时外加电压较额定值低得多，铁芯中主磁通很小，铁耗和励磁电流很小，可略去不计，认为短路损耗即为一、二次绕组电阻上的铜损耗，即 $p_k = p_{Cu}$，也就是说，可以认为等效电路中的励磁支路处于开路状态，于是，由所测数据可求得短路参数

$$
\left.
\begin{aligned}
Z_k &= \frac{U_k}{I_K} = \frac{U_{kN}}{I_N} \\
r_k &= \frac{p_k}{I_K^2} = \frac{p_{kN}}{I_N^2} \\
x_k &= \sqrt{Z_k^2 - r_k^2}
\end{aligned}
\right\}
\tag{1.40}
$$

对于 T 形等效电路，可认为：$r_1 \approx r_2' = \frac{1}{2} r_k$，$x_1 \approx x_2' = \frac{1}{2} x_k$。

由于线圈电阻随温度而变化，而短路试验一般在室温下进行，故测得的电阻须换算到基准工作温度时的数值。按国家标准规定，油浸变压器的短路电阻应换算到 75℃ 时的数值。

$$
\left.
\begin{aligned}
\text{对于铜线变压器} \quad r_{k75℃} &= \frac{235+75}{235+\theta} r_k \\
\text{对于铝线变压器} \quad r_{k75℃} &= \frac{225+75}{225+\theta} r_k
\end{aligned}
\right\}
\tag{1.41}
$$

式中：θ 为试验时的室温，单位为℃。

75℃时的短路阻抗为

$$
Z_{k75℃} = \sqrt{r_{k75℃}^2 + x_k^2}
\tag{1.42}
$$

短路损耗 p_k 和短路电压 U_k 也应换算到 75℃时的数值，即

$$
p_{k75℃} = I_{1N}^2 r_{k75℃}
\tag{1.43}
$$

$$
U_{k75℃} = I_{1N} Z_{k75℃}
\tag{1.44}
$$

4. 注意事项

（1）由于短路试验一般在高压侧进行，故测得的短路参数是属于高压侧的数值，若需要折算到低压侧时，应除以 k^2。

（2）对于三相变压器，在应用式（1.42）时，I_k、U_k 和 p_k 应该采用相值来计算。

5. 阻抗电压

短路试验时，当短路电流为额定电流时一次侧所加的电压，称为短路电压，记作 U_{kN}，

$$U_{kN} = I_{1N}Z_{k75℃} \tag{1.45}$$

它为额定电流在短路阻抗上的压降，故亦称作阻抗电压。

短路电压通常以额定电压的百分值表示，即

$$\left. \begin{array}{l} U_k = \dfrac{I_{1N}Z_{k75℃}}{U_{1N}} \times 100\% \\[3mm] U_{ka} = \dfrac{I_{1N}r_{k75℃}}{U_{1N}} \times 100\% \\[3mm] U_{kr} = \dfrac{I_{1N}x_k}{U_{1N}} \times 100\% \end{array} \right\} \tag{1.46}$$

式中：U_k 为短路电压百分值；U_{ka} 为短路电压电阻（或有功）分量的百分值；U_{kr} 为短路电压电抗（或无功）分量的百分值。

短路电压的大小直接反映了短路阻抗的大小，而短路阻抗又直接影响变压器的运行性能。从正常运行的角度看，希望它小些，因负载变化时，副边电压波动小些；但从短路故障的角度，则希望它大些，相应的短路电流就小些。一般中、小型电力变压器的 $U_k = 4\% \sim 10.5\%$，大型电力变压器的 $U_k = 12.5\% \sim 17.5\%$。

【例 1.2】 一台三相电力变压器型号为 SL - 750/10，$S_N = 750kVA$，$U_{1N}/U_{2N} = 10000/400V$，Y，yn 接线。在低压侧做空载试验，测得数据为 $U_0 = 400V$，$I_0 = 60A$，$p_0 = 3800W$。在高压侧做短路试验，测出数据为 $U_k = 440V$，$I_k = 43.3A$，$p_k = 10900W$，室温20℃。试求：

（1）以高压侧为基准的 T 形等效电路参数（$r_1 = r_2'$，$x_1 = x_2'$）。

（2）短路电压百分值及其电阻分量和电抗分量的百分值。

解：（1）由空载试验数据求励磁参数。

励磁阻抗
$$Z_m = \frac{U_0/\sqrt{3}}{I_0} = \frac{400/\sqrt{3}}{60}\Omega = 3.86\Omega$$

励磁电阻
$$r_m = \frac{p_0/3}{I_0^2} = \frac{3800/3}{60^2}\Omega = 0.35\Omega$$

励磁电抗
$$x_m = \sqrt{Z_m^2 - r_m^2} = 3.83\Omega$$

折算到高压侧的值

变比
$$k = \frac{U_{1N}/\sqrt{3}}{U_{2N}/\sqrt{3}} = \frac{10000/\sqrt{3}}{400/\sqrt{3}} = 25$$

$$Z_m' = k^2Z_m = 25^2 \times 3.85\Omega = 2406.25\Omega$$

$$r_m' = k^2r_m = 25^2 \times 0.35\Omega = 218.75\Omega$$

$$x_m' = k^2x_m = 25^2 \times 3.83\Omega = 2393.75\Omega$$

由短路试验数据求短路参数

短路阻抗
$$Z_k = \frac{U_k/\sqrt{3}}{I_k} = \frac{400/\sqrt{3}}{43.3}\Omega = 5.87\Omega$$

短路电阻
$$r_k = \frac{p_k/3}{I_k^2} = \frac{10900/3}{43.3^2}\Omega = 1.94\Omega$$

短路电抗
$$x_k = \sqrt{Z_k^2 - r_k^2} = 5.54\Omega$$

换算到 75℃

$$r_{k75℃} = \frac{225+75}{225+20} \times 1.94\Omega = 2.38\Omega$$

$$Z_{k75℃} = \sqrt{r_{k75℃}^2 + x_k^2} = 6.03\Omega$$

则

$$r_1 = r_2' = \frac{1}{2}r_{k75℃} = \frac{1}{2} \times 2.38\Omega = 1.19\Omega$$

$$x_1 = x_2' = \frac{1}{2}x_k = \frac{1}{2} \times 5.54\Omega = 2.77\Omega$$

（2）一次额定电流

$$I_{1N} = \frac{S_N}{\sqrt{3}U_{1N}} = \frac{750}{\sqrt{3} \times 10}A = 43.3A$$

短路电压百分值及其分量的百分值

$$U_k = \frac{I_{1Np}Z_{k75℃}}{U_{1N}/\sqrt{3}} \times 100\% = \frac{43.3 \times 6.03}{10000/\sqrt{3}} \times 100\% = 4.52\%$$

$$U_{ka} = \frac{I_{1Np}r_{k75℃}}{U_{1N}/\sqrt{3}} \times 100\% = \frac{43.3 \times 2.38}{10000/\sqrt{3}} \times 100\% = 1.78\%$$

$$U_{kr} = \frac{I_{1Np}x_k}{U_{1N}/\sqrt{3}} \times 100\% = \frac{43.3 \times 5.54}{10000/\sqrt{3}} \times 100\% = 4.15\%$$

1.4.3　标么值

在工程和科技计算中，各物理量的大小，除了用具有"单位"的有效值表示外，还常用不具"单位"的标么值（即相对值）来表示。

所谓标么值，就是指某一物理量的实际值与选定的同一单位的固定数值的比值，把选定的同单位的固定数值叫基准值。即

$$标么值 = \frac{实际值（任意单位）}{基准值（与实际值同单位）} \tag{1.47}$$

标么值在各物理量原来符号的右上角加一个"*"来表示。

例如有两个电压，它们分别是 $U_1 = 198kV$，$U_2 = 220kV$。当选 220kV 作为电压的基准值时，这两个电压的标么值，用符号 U_1^* 和 U_2^* 表示。分别为

$$U_1^* = \frac{U_1}{U_2} = \frac{198}{220} = 0.9$$

$$U_2^* = \frac{U_2}{U_2} = \frac{220}{220} = 1.0$$

这就是说，电压 U_1 是所选定基准值 220kV 的 0.9 倍，电压 U_2 是基准值的 1 倍。

1. 基准值的选取与标么值的计算

在电机和电力工程计算中，对于单个的电气设备，通常都是选其额定值作基准值。各基准值之间也应符合电路定律，当电压和电流的基准值选定为 U_B、I_B 之后，阻抗的基准值即为 $Z_B = \frac{U_B}{I_B} = \frac{U_N}{I_N}$，而容量的基准值则为 $S_B = U_B I_B = U_N I_N = S_N$。

对于变压器，一、二次绕组电压和电流应选用各自的额定电压和额定电流为基准值，一、二次绕组的电压和电流的标么值即为

$$U_1^* = \frac{U_1}{U_{1B}} = \frac{U_1}{U_{1N}}, \quad U_2^* = \frac{U_2}{U_{2B}} = \frac{U_2}{U_{2N}}$$

$$I_1^* = \frac{I_1}{I_{1B}} = \frac{I_1}{I_{1N}}, \quad I_2^* = \frac{I_2}{I_{2B}} = \frac{I_2}{I_{2N}}$$

一、二次绕组的阻抗基准值则为

$$Z_{1B} = \frac{U_{1B}}{I_{1B}} = \frac{U_{1N}}{I_{1N}}, \quad Z_{2B} = \frac{U_{2B}}{I_{2B}} = \frac{U_{2N}}{I_{2N}}$$

上式中，对于三相变压器，应取额定相电压和额定相电流。

一、二次绕组的阻抗标么值为

$$Z_1^* = \frac{Z_1}{Z_{1B}}, \quad Z_2^* = \frac{Z_2}{Z_{2B}}$$

同理

$$r_1^* = \frac{r_1}{Z_{1B}}, \quad r_2^* = \frac{r_2}{Z_{2B}}$$

$$x_1^* = \frac{x_1}{Z_{1B}}, \quad x_2^* = \frac{x_2}{Z_{2B}}$$

视在功率 S、有功功率 P 和无功功率 Q 的基准值为 $S_B = S_N$，则 S、P 和 Q 的标么值为

$$S^* = \frac{S}{S_B} = \frac{S}{S_N}, P^* = \frac{P}{S_B} = \frac{P}{S_N}, Q^* = \frac{Q}{S_B} = \frac{Q}{S_N}$$

用以上方法选取基准值并求标么值，在有名单位制中的各公式可直接用于标么值中的计算，如求取励磁阻抗的公式可写成

$$\left.\begin{aligned} Z_m^* &= \frac{U_{1N}^*}{I_0^*} = \frac{1}{I_0^*} \\ r_m^* &= \frac{p_0^*}{I_0^{*2}} \\ x_m^* &= \sqrt{Z_m^{*2} - r_m^{*2}} \end{aligned}\right\} \tag{1.48}$$

求取短路阻抗的公式可写成

$$\left.\begin{aligned} Z_k^* &= \frac{U_{kN}^*}{I_N^*} = U_{kN}^* \\ r_k^* &= \frac{p_{kN}^*}{I_N^{*2}} = P_{kN}^* = \frac{p_{kN}}{S_N} \\ x_k^* &= \sqrt{Z_k^{*2} - r_k^{*2}} \end{aligned}\right\} \tag{1.49}$$

已知标么值和基准值，就很容易求得实际值

$$实际值 = 基准值 \times 标么值 \tag{1.50}$$

标么值和百分值相类似，它们均属无量纲的相对单位制，它们间的关系为

$$百分值 = 标么值 \times 100\% \tag{1.51}$$

2. 采用标么值的优缺点

标么值的缺点是没有单位，因而物理概念比较模糊，也无法用量纲作为检查计算结果是否正确的手段。其优点如下：

（1）便于比较变压器或电机的性能和参数。尽管变压器或电机的容量和电压等级差别可能很大，但采用标么值表示时，其参数及性能参数的变化范围却不大，便于分析比较。例如，电力变压器的短路阻抗标么值 $Z_k^* = 0.04 \sim 0.175$；空载电流标么值 $I_0^* = 0.02 \sim 0.1$。

（2）采用标么值表示电压和电流，可直观地反映变压器的运行情况。例如 $U_2^* = 0.9$，表示变压器二次端电压低于额定值，又如，$I_2^* = 1.1$，表示变压器已过载10％。

（3）采用标么值表示后，折算前后各量相等，即可省去折算。例如

$$Z_2'^* = \frac{Z_2'}{U_{1N}/I_{1N}} = \frac{K^2 Z_2}{\dfrac{KU_{2N}}{\dfrac{1}{k}I_{2N}}} = \frac{Z_2}{U_{2N}/I_{2N}} = Z_2^* \tag{1.52}$$

（4）采用标么值表示后，某些物理量意义尽管不同，但它们具有相同的数值，例如：

$$\left.\begin{array}{l} Z_k^* = \dfrac{Z_k}{Z_B} = \dfrac{Z_k}{U_N/I_N} = \dfrac{I_N Z_k}{U_N} = U_k^* \\[2mm] r_k^* = U_{ka}^* \\[2mm] x_k^* = U_{kr}^* \end{array}\right\} \tag{1.53}$$

同理

（5）在标么制中，线电压、线电流标么值与相电压、相电流标么值相等，三相功率标么值与单相功率标么值相等。需注意的是，它们的基准值不同，前者的基准值为额定线电压、额定线电流、额定三相功率，而后者为额定相电压、额定相电流和额定单相功率。

由此可见，采用标么值给计算带来了极大的方便。

【例1.3】 一台 $S_N = 100kVA$，$U_{1N}/U_{2N} = 6300/400V$，Y，d 接线的三相电力变压器，$I_0\% = 7\%$，$P_0 = 600W$，$U_k = 4.5\%$，$P_{kN} = 2250W$。试求：

（1）近似等效电路参数的标么值。

（2）短路电压及其各分量的标么值。

解：（1）近似等效电路参数标么值。

励磁阻抗 $\qquad\qquad Z_m^* = \dfrac{1}{I_0^*} = \dfrac{1}{0.07} = 14.29$

励磁电阻 $\qquad\qquad r_m^* = \dfrac{P_0^*}{I_0^{*2}} = \dfrac{P_0/S_N}{I_0^{*2}} = \dfrac{0.6/100}{0.07^2} = 1.225$

励磁电抗 $\qquad\qquad x_m^* = \sqrt{Z_m^{*2} - r_m^{*2}} = \sqrt{14.29^2 - 1.225^2} = 14.24$

短路阻抗 $\qquad\qquad Z_k^* = U_k^* = 0.045$

短路电阻 $\qquad\qquad r_k^* = \dfrac{P_{kN}^*}{I_N^{*2}} = P_{kN}^* = \dfrac{P_{kN}}{S_N} = \dfrac{2.25}{100} = 0.0225$

短路电抗 $\qquad\qquad x_k^* = \sqrt{Z_k^{*2} - r_k^{*2}} = \sqrt{0.045^2 - 0.0225^2} = 0.039$

（2）短路电压及其各分量标么值

$$U_k^* = 0.045, U_{ka}^* = r_k^* = 0.0225, U_{kr}^* = x_k^* = 0.039$$

小 结

励磁阻抗和漏阻抗参数可通过空载和短路试验的方法求出。

采用标么值给计算带来极大的方便。

习　题

（1）变压器空载试验一般在哪侧进行？将电源加在低压侧或高压侧实验所计算出的励磁阻抗是否相等？

（2）变压器短路试验一般在哪一侧进行？将电源加到高压侧或低压侧实验所计算出的短路阻抗是否相等？

（3）某三相铝线变压器，$S_N = 750\text{kVA}$，$U_{1N}/U_{2N} = 10000/400\text{V}$，Y，d 连接，室温为 30℃，在低压边做空载试验，测出 $U_0 = 400\text{V}$，$I_0 = 65\text{A}$，$p_0 = 3700\text{W}$；在高压边做短路试验，测得 $U_k = 450\text{V}$，$I_k = 35\text{A}$，$p_k = 7500\text{W}$。试求变压器高压侧的参数并画出 T 形等效电路。

综　合　实　训

1．实训目标

掌握三相变压器空载试验和短路试验的方法。

2．实训要求

学会变压器参数的计算。

1.5　变压器的运行特性

【学习目标】

（1）了解变压器外特性与效率特性。

（2）掌握变压器运行特性的分析与计算。

章节名称	能力要素	知识和技能要求	考核标准
变压器的运行特性	掌握变压器的运行特性分析	理解变压器的运行特性	（1）重点考核内容：变压器的运行特性分析。 （2）考核方式：笔试。 （3）占总成绩的比例：5%～10%

变压器的运行特性主要有外特性与效率特性。对于负载来讲，变压器二次侧相当于一个电源，它的输出电压随负载电流变化的关系即为外特性，效率随负载变化的关系即效率特性。而表征变压器运行性能的主要指标则有电压变化率和效率。电压变化率是变压器供电的质量指标，效率是变压器运行时的经济指标。

1.5.1　变压器的外特性与电压变化率

1．电压变化率

所谓电压变化率是指变压器原边施以交流 50Hz 的额定电压时，副边空载电压 U_{20} 与带负载后在某一功率因数下副边电压 U_2 之差与副边额定电压 U_{2N} 的比值，用 ΔU 表示，即

$$\Delta U = \frac{U_{20} - U_2}{U_{2N}} \times 100\%$$

$$= \frac{U_{2N} - U_2}{U_{2N}} \times 100\%$$

$$= \frac{U_{1N} - U_2'}{U_{1N}} \times 100\% \qquad (1.54)$$

电压变化率 ΔU 是表征变压器运行性能的重要指标之一，它的大小反映了供电电压的稳定性，一定程度上反映了电能质量。

电压变化率 ΔU 除可用定义式求取外，还可用简化相量图求出，图 1.23 为变压器阻感性负载时的简化相量图。延长线段 $\overline{OC}$，以 O 点为圆心，$\overline{OA}$ 为半径画弧交于 $\overline{OC}$ 的延长线于 P 点，作 $\overline{BF} \perp \overline{OP}$，作 $\overline{AE} \parallel \overline{BF}$，并交于 $\overline{OP}$ 于 D 点，取 $\overline{DE} = \overline{BF}$，则

$$U_{1N} - U_2' = \overline{OP} - \overline{OC} = \overline{CF} + \overline{FD} + \overline{DP}$$

因为 DP 很小，可忽略不计，又因为 $\overline{FD} = \overline{BE}$，故

$$U_{1N} - U_2' = \overline{CF} + \overline{BE} = \overline{CB}\cos\varphi_2 + \overline{AB}\sin\varphi_2$$
$$= I_1 r_k \cos\varphi_2 + I_1 x_k \sin\varphi_2$$

则

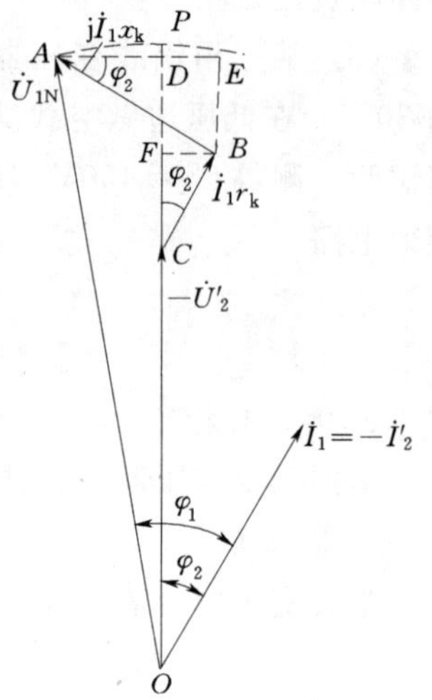

图 1.23 变压器阻感性
负载时的简化相量图

$$\Delta U = \frac{U_{1N} - U_2'}{U_{1N}} \times 100\%$$

$$= \frac{I_1 r_k \cos\varphi_2 + I_1 x_k \sin\varphi_2}{U_{1N}} \times 100\%$$

$$= \beta(r_k^* \cos\varphi_2 + x_k^* \sin\varphi_2) \times 100\% \qquad (1.55)$$

式中：$\beta = \dfrac{I_1}{I_{1N}} = \dfrac{I_2}{I_{2N}} = I_2^*$，为负载电流的标幺值，又称负载系数。

由式（1.55）可知，电压变化率的大小与负载大小（β）、负载性质（φ_2）及变压器本身参数（r_k^*、x_k^*）有关。

（1）当变压器带纯电阻性负载（$\varphi_2 = 0$）时，电压变化率为正值，数值较小；这时的二次端电压较空载时稍低。

（2）当变压器带阻感性负载（$\varphi_2 > 0$）时，电压变化率为正值，数值较大，这时的二次端电压较空载时低。

（3）当变压器带阻容性负载（$\varphi_2 < 0$）时，ΔU 可能为正值，也可能为负值，当 $|x_k^* \sin\varphi_2| > r_k^* \cos\varphi_2$ 时，电压变化率为负值，这时的二次端电压比空载时高。

一般情况下，在 $\cos\varphi_2 = 0.8$（阻感性）时，额定负载的电压变化率约为 5% 左右。

2. 变压器的外特性

当电源电压和负载的功率因数等于常数时，二次端电压随负载电流变化的规律，即 $U_2 = f(I_2)$ 曲线称为变压器的外特性（曲线）。

由上分析可知，在负载运行时，由于变压器内部存在电阻和漏抗，故当负载电流流过

时，变压器内部将产生阻抗压降，使二次端电压随负载电流的变化而变化。变压器二次电压的大小不仅与负载电流的大小有关，而且还与负载的功率因数有关。图 1.24 表示不同负载性质时变压器的外特性曲线。

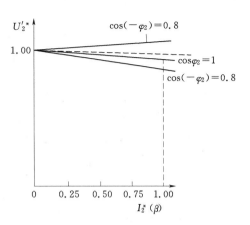

图 1.24　变压器外特性曲线

3. 变压器的电压调整

变压器负载运行时，二次端电压随负载大小及功率因数的变化而变化，如果电压变化过大，将对用户产生不利影响。为了保证二次端电压的变化在允许范围内，通常在变压器高压侧设置分接头，并装设分接开关，用以调节高压绕组的工作匝数，来调节二次端电压大小。增加高压绕组匝数二次端电压减少；反之则二次端电压增大。分接头之所以常设置在高压侧，是因为高压绕组套在最外面，便于引出分接头，再有高压侧电流相对较小，分接头的引线及分接开关载流部分的导体截面也小，开关触点易于制造。

中、小型电力变压器一般有三个分接头，记作 $U_\mathrm{N}\pm5\%$。大型电力变压器则采用五个或更多的分接头，例如，$U_\mathrm{N}\pm2\times2.5\%$ 或 $U_\mathrm{N}\pm8\times1.5\%$ 等。

1.5.2　变压器的效率特性

1. 变压器的损耗

变压器在能量传递过程中会产生损耗。变压器的损耗主要包括铁损耗和原、副绕组的铜损耗两部分。由于无机械损耗，故其效率比旋转电机高，一般中、小型电力变压器效率在 95% 以上，大型电力变压器效率可达 99% 以上。

（1）铁损耗 p_Fe。变压器的铁损耗主要是铁芯中的磁滞和涡流损耗，它决定于铁芯中磁通密度大小、磁通交变的频率和硅钢片的质量。另外还有由铁芯叠片间绝缘损伤引起的局部涡流损耗、主磁通在结构部件中引起的涡流损耗等。

变压器的铁损耗与一次侧外加电源电压的大小有关，而与负载大小无关。当电源电压一定时，变压器主磁通基本不变，其铁损耗也就基本不变了，故铁损耗又称之为"不变损耗"。

（2）铜损耗 p_Cu。变压器的铜损耗主要是电流在原、副绕组直流电阻上的损耗，另外还有因集肤效应引起导线等效截面变小而增加的损耗以及漏磁场在结构部件中引起的涡流损耗等。

变压器铜损耗的大小与负载电流的平方成正比，即与负载大小有关，所以把铜损耗称为"可变损耗"。

可见，变压器总损耗为

$$\sum p = p_\mathrm{Fe} + p_\mathrm{Cu} \tag{1.56}$$

2. 变压器的效率

变压器效率是指变压器的输出功率 P_2 与输入功率 P_1 之比，用百分数表示，即

$$\eta = \frac{P_2}{P_1} \times 100\% \tag{1.57}$$

变压器效率的大小反映了变压器运行的经济性能的好坏，是表征变压器运行性能的重要指数之一。

由式（1.57）可知，变压器的效率可用直接负载法通过测量输出功率 P_2 和输入功率 P_1 来确定。但工程上常用间接法来计算变压器的效率，即通过空载试验和短路试验，求出变压器的铁损耗 p_{Fe} 和铜损耗 p_{Cu}，然后按下式计算效率：

$$\eta = \left(1 - \frac{\sum p}{P_1}\right) \times 100\% = \left(1 - \frac{p_{Fe} + p_{Cu}}{P_2 + p_{Fe} + p_{Cu}}\right) \times 100\% \tag{1.58}$$

由前面分析可知：

（1）额定电压下的空载损耗 P_0 等于铁损耗 p_{Fe}，而铁损耗不随负载而变化，即 $p_{Fe} = P_0 = $ 常值。

（2）额定电流时的短路损耗 p_{kN} 等于额定电流时的铜损耗 p_{CuN}，而铜损耗与负载电流的平方成正比，即可得到

$$p_{Cu} = \left(\frac{I_2}{I_{2N}}\right)^2 p_{kN} = \beta^2 p_{kN} \tag{1.59}$$

（3）变压器的电压变化率很小，负载时 U_2 的变化可不予考虑，可认为 $U_2 \approx U_{2N}$，于是输出功率

$$P_2 = U_{2N} I_2 \cos\varphi_2 = \beta U_{2N} I_{2N} \cos\varphi_2 = \beta S_N \cos\varphi_2 \tag{1.60}$$

式（1.59）和式（1.60）中，$\beta = I_2 / I_{2N}$ 为负载系数。

把式（1.59）和式（1.60）代入式（1.58）得到

$$\eta = \left(1 - \frac{P_0 + \beta^2 p_{kN}}{\beta S_N \cos\varphi_2 + p_0 + \beta^2 p_{kN}}\right) \times 100\% \tag{1.61}$$

对于已制成的变压器，P_0 和 p_{kN} 是一定的，所以效率与负载大小及功率因数有关。

3. 变压器的效率特性

在功率因数一定时，变压器的效率与负载系数之间的关系 $\eta = f(\beta)$，称为变压器的效率特性曲线，如图 1.25 所示。

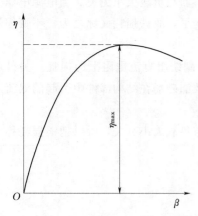

图 1.25　变压器效率特性曲线

从图 1.25 可以看出，空载时，$\beta = 0$，$P_2 = 0$，$\eta = 0$；随着负载增大，效率增加很快；当负载达到某一数值时，效率最大，然后负载继续增大时，效率开始降低。这是因为随负载的增大，铜损耗按 β 的平方成正比增大，因此超过某一负载之后，铜损耗增大快，效率随 β 的增大反而变小了。

将式（1.61）对 β 取一阶导数，并令其为零，得变压器产生最大效率的条件：

$$\beta_m^2 p_{kN} = p_0 \quad \text{或} \quad \beta_m = \sqrt{\frac{p_0}{p_{kN}}} \tag{1.62}$$

式中：β_m 为最大效率时的负载系数。

式（1.62）说明，当铜损耗等于铁损耗，即可变

损耗等于不变损耗时，效率最高。将 β_{m} 代入式（1.62）便可求得最大效率 $\eta_{\max}$

$$\eta_{\max} = \left(1 - \frac{2p_0}{\beta S_{\mathrm{N}}\cos\varphi_2 + 2p_0}\right) \times 100\% \tag{1.63}$$

由于电力变压器长期接在电网上运行，总有铁损耗，而铜损耗却随负载而变化，一般变压器不可能总在额定负载下运行，因此，为提高变压器的运行效益，设计时使铁损耗相对比较小些，一般取 $\beta_{\mathrm{m}} = 0.5 \sim 0.6$ 之间。

【例 1.4】 一台三相电力变压器，$S_{\mathrm{N}} = 100\mathrm{kVA}$，$U_{1\mathrm{N}}/U_{2\mathrm{N}} = 6300/400\mathrm{V}$，Y，d 接线，$I_0\% = 7\%$，$P_0 = 600\mathrm{W}$，$U_{\mathrm{k}} = 4.5\%$，$p_{\mathrm{kN}} = 2250\mathrm{W}$，$r_{\mathrm{k}}^* = 0.0225$，$x_{\mathrm{k}}^* = 0.039$。试求：

（1）额定负载且功率因数 $\cos\varphi_2 = 0.8$（滞后）时的二次端电压。

（2）额定负载且功率因数 $\cos\varphi_2 = 0.8$（滞后）时的效率。

（3）$\cos\varphi_2 = 0.8$（滞后）时的最大效率。

解：（1）额定负载且功率因数 $\cos\varphi_2 = 0.8$（滞后）时的二次端电压为

$$\Delta U = \beta(r_{\mathrm{k}}^*\cos\varphi_2 + x_{\mathrm{k}}^*\sin\varphi_2) \times 100\%$$
$$= 1(0.0225 \times 0.8 + 0.039 \times 0.6) \times 100\% = 4.14\%$$
$$U_2 = (1 - \Delta U)U_{2\mathrm{N}}$$
$$= (1 - 0.0414) \times 400\mathrm{V} = 383.44\mathrm{V}$$

（2）额定负载且功率因数 $\cos\varphi_2 = 0.8$（滞后）时的效率为

$$\eta = \left(1 - \frac{P_0 + \beta^2 p_{\mathrm{kN}}}{\beta S_{\mathrm{N}}\cos\varphi_2 + p_0 + \beta^2 p_{\mathrm{kN}}}\right) \times 100\%$$
$$= \left(1 - \frac{0.6 + 1^2 \times 2.25}{1 \times 100 \times 0.8 + 0.6 + 1^2 \times 2.25}\right) \times 100\% = 96.56\%$$

（3）$\cos\varphi_2 = 0.8$（滞后）时的最大效率为

$$\beta_{\mathrm{m}} = \sqrt{\frac{P_0}{p_{\mathrm{kN}}}} = \sqrt{\frac{0.6}{2.25}} = 0.516$$
$$\eta_{\max} = \left(1 - \frac{2P_0}{\beta_{\mathrm{m}} S_{\mathrm{N}}\cos\varphi_2 + 2p_0}\right) \times 100\%$$
$$= \left(1 - \frac{2 \times 0.6}{0.516 \times 100 \times 0.8 + 2 \times 0.6}\right) \times 100\% = 97.18\%$$

小　　结

电压变化率 ΔU 和效率 η 是衡量变压器运行性能的两个主要指标。电压变化率 ΔU 的大小反映了变压器负载运行时二次端电压的稳定性，而效率 η 则表明变压器运行时的经济性。ΔU 和 η 的大小不仅与变压器的本身参数有关，而且还与负载的大小和性质有关。

习　　题

（1）变压器外加电压一定，当负载（阻感性）电流增大，一次电流如何变化？二次电压如何变化？当二次电压偏低时，对于降压变压器该如何调节分接头？

（2）变压器负载运行时引起副边端电压变化的原因是什么？副边电压变化率是如何定

义的，它与哪些因素有关？当副边带什么性质负载时有可能使电压变化率为零？

（3）电力变压器的效率与哪些因素有关？何时效率最高？

（4）为何电力变压器设计时，一般取 $P_0 < p_{kN}$？如果取 $P_0 = p_{kN}$，变压器最适合带多大负载？

（5）某三相铝线变压器，$S_N = 1250kVA$，$U_{1N}/U_{2N} = 10000/400V$，Y，yn0 连接，室温 20℃，在低压边做空载试验，测出 $U_0 = 400V$，$I_0 = 25.2A$，$p_0 = 2405W$；在高压边做短路试验，测得 $U_k = 440V$，$I_k = 72.17A$，$p_k = 13590W$。试求：①变压器高压侧的参数并画出 T 形等效电路；②当额定负载且 $\cos\varphi_2 = 0.8$（滞后）和 $\cos\varphi_2 = 0.8$（超前）时的电压变化率、二次端电压和效率。

（6）某三相变压器的额定容量 $S_N = 5600kVA$，额定电压 $U_{1N}/U_{2N} = 6000/3300V$，Y，d 连接。空载损耗 $P_0 = 18kW$，短路损耗 $p_k = 56kW$，试求：①当输出电流为额定电流，$\cos\varphi_2 = 0.8$（滞后）时的效率；②效率最高时的负载系数和最高效率。

综 合 实 训

1. 实训目标

三相变压器运行特性测定。

2. 实训要求

做三相变压器负载实验。

1.6 三 相 变 压 器

【学习目标】

（1）了解三相变压器（三相组式及三相芯式变压器）的磁路特点。

（2）掌握三相变压器绕组的连接方法，理解常用连接组别的含义。

（3）初步学会变压器连接组别的判定。

（4）理解磁路系统和连接组别对三相变压器电动势波形的影响。

章节名称	能力要素	知识和技能要求	考核标准
三相变压器	（1）会运用作相量图的方法，确定三相变压器连接组别。 （2）会通过试验，测定三相变压器连接组别	（1）掌握作相量图的方法，确定三相变压器连接组别。 （2）了解三相变压器绕组接线方式和磁路形式对空载相电动势波形的影响	（1）重点考核内容：三相变压器连接组别确定。 （2）考核方式：笔试或实际操作。 （3）占总成绩的比例：5%～10%

现代电力系统均采用三相制，因而三相变压器的应用极为广泛。从运行原理来看，三相变压器在对称负载下运行时，各相电压、电流大小相等，相位上彼此相差 120°，就其一相来说，和单相变压器没有什么区别。因此单相变压器的分析方法及其结论等完全适用

于三相变压器。本节主要讨论三相变压器的磁路系统、电路系统和感应电动势波形等几个特殊问题。

1.6.1 三相变压器的磁路系统

三相变压器按其铁芯结构不同可分为三相组式变压器和三相芯式变压器。

1. 三相组式变压器的磁路系统

由三台单相变压器组成的三相变压器称为三相变压器组，其相应的磁路称为组式磁路。由于每相的主磁通 Φ 各沿自的磁路闭合，彼此不相关联。对称运行时，三相主磁通对称，三相空载电流也对称。三相组式变压器的磁路系统如图 1.26 所示。

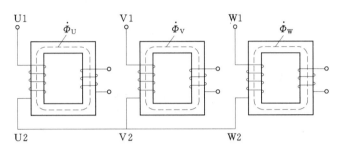

图 1.26 三相组式变压器的磁路系统

2. 三相芯式变压器的磁路系统

用铁轭把三个铁芯柱连在一起的变压器称为三相芯式变压器，三相芯式变压器每相有一个铁芯柱，三个铁芯柱用铁轭连接起来，构成三相铁芯，如图 1.27 所示。从图上可以看出，任何一相的主磁通都要通过其他两相的磁路形成自己的闭合磁路。这种磁路的特点是三相磁路彼此相关。对称运行时，三相主磁通对称，由于三相磁路的长度不同，磁阻不相等，三相空载电流略有不同。

三相芯式变压器可以看成是由三相组式变压器演变而来的，如果把三台单相变压器的铁芯合并成图 1.27（a）的形式，在外施对称三相电压时，三相主磁通是对称的，中间铁芯柱的磁通为 $\dot{\Phi}_U+\dot{\Phi}_V+\dot{\Phi}_W=0$，即中间铁芯柱无磁通通过，因此可将中间铁芯柱省去，如图 1.27（b）所示。为制造方便和降低成本，把 V 相铁轭缩短，并把三个铁芯柱置于同一平面，便得到三相芯式变压器铁芯结构，如图 1.27（c）所示。

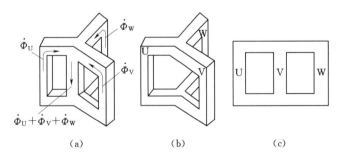

图 1.27 三相芯式变压器的磁路系统

与三相组式变压器相比，三相芯式变压器省材料，效率高，占地少，成本低，运行维

41

护方便，故应用广泛。只在超高压、大容量巨型变压器中由于受运输条件限制或为减少备用容量才采用三相组式变压器。

1.6.2　三相变压器的电路系统——连接组别

1. 三相绕组的连接方法

为了在使用变压器时能正确连接而不至发生错误，变压器绕组的每个出线端都给予一个标志，电力变压器绕组首、末端的标志如表 1.2 所示。

表 1.2　　　　　　　　　　　　　绕组的首端和末端的标志

绕组名称	单相变压器		三相变压器		中性点
	首端	末端	首端	末端	
高压绕组	U1	U2	U1、V1、Wl	U2、V2、W2	N
低压绕组	u1	u2	u1、v1、w1	u2、v2、w2	n
中压绕组	$U1_m$	$U2_m$	$U1_m$、$V1_m$、$W1_m$	$U2_m$、$V2_m$、$W2_m$	N_m

在三相变压器中，不论一次绕组或二次绕组，主要采用星形和三角形两种连接方法。把三相绕组的三个末端 U2、V2、W2（或 u2、v2、w2）连接在一起，而把它们的首端 U1、V1、Wl（或 u1、v1、w1）引出，便是星形连接，用字母 Y 或 y 表示，如图 1.28（a）所示。把一相绕组的末端和另一相绕组的首端连在一起，顺次连接成一闭合回路，然后从首端 U1、Vl、Wl（或 u1、v1、w1）引出，如图 1.28（b）、（c）所示，便是三角形连接，用字母 D 或 d 表示。其中，在图 1.28（b）中，三相绕组按 U1—U2W1—W2V1—V2U1 的顺序连接，称为逆序（逆时针）三角形连接；在图 1.28（c）中，三相绕组按 U1—U2V1—V2Wl—W2U1 的顺序连接，称为顺序（顺时针）三角形连接。

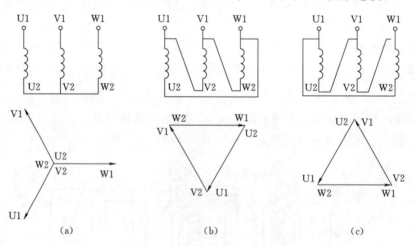

图 1.28　三相绕组连接方法及相量图

（a）星形连接；（b）三角形连接（逆序连接）；（c）三角形连接（顺序连接）

2. 单相变压器的连接组别

单相变压器连接组别反映变压器原、副边电动势（电压）之间的相位关系。

（1）同极性端。单相变压器（或三相变压器任一相）的主磁通及原、副绕组的感应电动势都是交变的，无固定的极性。这里所讲的极性是指瞬间极性。

即任一瞬间，高压绕组的某一端点的电位为正（高电位）时，低压绕组必有一个端点的电位也为正（高电位），这两个具有正极性或另两个具有负极性的端点，称为同极性端，用符号"·"表示。

同极性端可能在绕组的对应端，如图 1.29（a）所示，也可能在绕组的非对应端，如图 1.29（b）所示，这取决于绕组的绕向。当原、副绕组的绕向相同时，同极性端在两个绕组的对应端；当原、副绕组的绕向相反时，同极性端在两个绕组的非对应端。

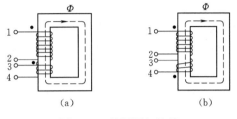

图 1.29　线圈同极性端

（2）单相变压器连接组别。单相变压器的首端和末端有两种不同的标法：一种是将原、副绕组的同极性端都标为首端（或末端），如图 1.30（a）所示，这时原、副绕组电动势 $\dot{E}_U$ 与 $\dot{E}_u$ 同相位（感应电动势的参考方向均规定从末端指向首端）；另一种标法是把原、副绕组的异极性端标为首端（或末端），如图 1.30（b）所示，这时 $\dot{E}_U$ 与 $\dot{E}_u$ 反相位。

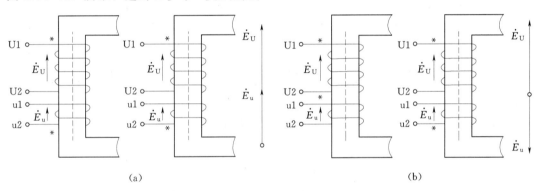

图 1.30　不同标志和绕向时原、副绕组感应电动势之间相位关系
(a) 连接组 I，I0；(b) 连接组 I，I6

综上分析可知，在单相变压器中，原、副绕组感应电动势之间的相位关系要么同相位要么反相位，它取决于绕组的绕向和首末端标记，即同极性端子同样标号时电动势同相位。

为了形象地表示高、低压绕组电动势之间的相位关系，采用所谓"时钟表示法"。即把高压绕组电动势相量 $\dot{E}_U$ 作为时钟的长针，并固定指在"12"上，低压绕组电动势相量 $\dot{E}_u$ 作为时钟的短针，其所指的数字即为单相变压器连接组的组别号，图 1.30（a）可写成 I，I0，图 1.30（b）可写成 I，I6，其中 I，I 表示高、低压线圈均为单相线圈，0 表示两线圈的电动势（电压）同相，6 表示反相。我国国家标准规定，单相变压器以 I，I0 作为标准连接组。

3. 三相变压器的连接组别

前已述及，三相变压器原、副边三相绕组均可采用 Y(y) 连接或 YN(yn) 连接，也可采用 D(d) 连接，括号内为低压三相绕组连接方式的表示符号。因此三相变压器的连接方式有 Y，yn、Y，d、YN，d、Y，y、YN，y、D，yn、D，y、D，d 等多种组合，其中前三种为最常见的接线方式，逗号前的大写字母表示高压绕组的连接，逗号后的小写字母表示低压绕组的连接，N（或 n）表示有中性点引出。

由于三相绕组可以采用不同连接，使得三相变压器原、副绕组的线电动势之间出现不同的相位差，因此三相变压器连接组别由连接方式和组别号两部分组成，分别表示高、低压绕组连接方式及其对应线电动势之间相位关系。

三相变压器连接组别不仅与绕组的绕向和首末端的标记有关，而且还与三相绕组的连接方式有关。

（1）判断连接组别号的方法步骤如下。

1）按三相变压器绕组接线方式画出高低压接线图。三相绕组接线图规定高压绕组画在上方，低压绕组画在下方。

2）按三相变压器高绕组接线图，画出高压侧相电动势和线电动势相量图。

3）低压侧首端 u 点与高压侧首端 U 点画在一点上，按三相变压器低压绕组接线图，根据高、低压侧对应绕组的相电动势的相位关系（同相位或反相位），画出低压侧相电动势和线电动势相量图。

4）时钟表示法：把高压绕组线电动势相量 $\dot{E}_{UV}$ 作为时钟的长针，并固定指在"12"上，其对应的低压绕组线电动势相量 $\dot{E}_{uv}$ 作为时钟的短针，这时短针所指的数字即为三相变压器连接组别的组别号。将该数字乘以 30°，就是副绕组线电动势滞后于原绕组相应线电动势的相位角。

（2）具体分析不同连接方式变压器的连接组别。

1）Y，y 连接。图 1.31（a）为三相变压器 Y，y 连接时的接线图。在图中同极性端

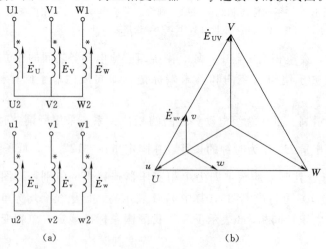

图 1.31 Y，y0 连接组

(a) Y，y0 连接；(b) 相位图

子在对应端，这时原、副边对应的相电动势同相位，同时原、副边对应的线电动势 $\dot{E}_{UV}$ 与 $\dot{E}_{uv}$ 也同相位，如图 1.31（b）所示。这时如把 $\dot{E}_{UV}$ 指向钟面的 12 上，则 $\dot{E}_{uv}$ 也指向 12，故其连接组就写成 Y，y0。如高压绕组三相标志不变，而将低压绕组三相标志依次后移一个铁芯柱，在相量图上相当于把各相应的电动势顺时针方向转了 120°（即 4 个点），则得 Y，y4 连接组；如后移两个铁芯柱，则得 8 点钟接线，记为 Y，y8 连接组。

在图 1.31（a）中，如将原、副绕组的异极性端子标在对应端，如图 1.32（a）所示，这时原、副边对应相的相电动势反向，则线电动势 $\dot{E}_{UV}$ 与 $\dot{E}_{uv}$ 的相位相差 180°，如图 1.32（b）所示，因而就得到了 Y，y6 连接组。同理，将低压侧三相绕组依次后移一个或两个铁芯柱，便得 Y，y10 或 Y，y2 连接组。

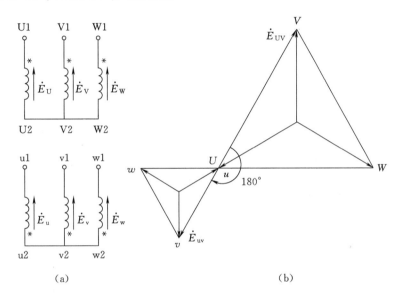

（a）   （b）

图 1.32 Y，y6 连接组
(a) Y，y6 连接；(b) 相位图

2）Y，d 连接。图 1.33（a）是三相变压器 Y，d 连接时的接线图。图中将原、副绕组的同极性端标为首端（或末端），副绕组则按 U1—U2W1—W2V1—V2U1 顺序作三角形连接，这时原、副边对应相的相电动势也同相位，但线电动势 $\dot{E}_{UV}$ 与 $\dot{E}_{uv}$ 的相位差为 330°，如图 1.33（b）所示，当 $\dot{E}_{UV}$ 指向钟面的 12 时，则 $\dot{E}_{uv}$ 指向 11，故其组别号为 11，用 Y，d11 表示。同理，高压侧三相绕组不变，而相应改变低压侧三相绕组的标志，则得 Y，d3 和 Y，d7 连接组。

如将副绕组按 U1—U2V1—V2W1—W2U1 顺序作三角形连接，如图 1.34（a）所示。这时原、副边对应相的相电动势也同相，但线电动势 $\dot{E}_{UV}$ 与 $\dot{E}_{uv}$ 的相位差为 30°，如图 1.34（b）所示，故其组别号为 1，则得到 Y，d1 连接组。同理，高压侧三相绕组不变，而相应改变低压侧三相绕组的标志，则得 Y，d5 和 Y，d9 连接组。

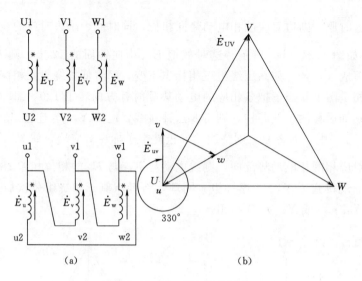

图 1.33 Y，d11 连接组

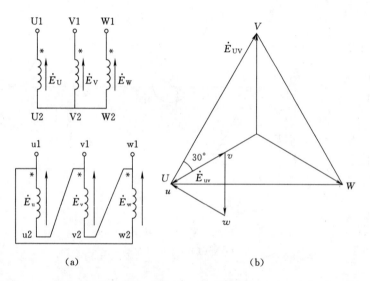

图 1.34 Y，d1 连接组

综上所述可得，对 Y，y 连接而言，可得 0、2、4、6、8、10 等六个偶数组别；而 Y，d 连接而言，可得 1、3、5、7、9、11 等六个奇数组。

变压器连接组别的种类很多，为便于制造和并联运行，国家标准规定 Y，yn0；Y，d11；YN，d11；YN，y0 和 Y，y0 等五种作为三相双绕组电力变压器的标准连接组。其中以前三种最为常用。Y，yn0 连接组的二次绕组可引出中性线，成为三相四线制，用作配电变压器时可兼供动力和照明负载。变压器的容量可达 1800kVA，高压边的额定电压不超过 35kV。Y，d11 连接组用于低压侧电压超过 400V 的线路中，最大容量为 31500kVA。YN，d11 连接组主要用于高压输电线路中，高压侧接地且低压侧电压超过 400V。

1.6.3 磁路系统和绕组连接方式对电动势波形的影响

在分析单相变压器空载运行时曾指出：当空载电流产生的主磁通 Φ 及其感应电动势 e_1 及 e_2 是正弦波时，由于磁路饱和的影响，空载电流 i_0 将是尖顶波，也就是说，空载电流中除基波外，还含有较强的三次谐波和其他高次谐波。而在三相变压器中，由于一、二次绕组的连接方法不同，空载电流中不一定能含有三次谐波分量，这将影响到主磁通和相电动势的波形，并且这种影响还与变压器的磁路系统有关。

1. Y，y 连接的三相变压器

由于三相三次谐波电流大小相等且相位相同，因而当一次绕组采用星形连接且无中性线引出时，空载电流中不可能含有三次谐波分量，空载电流就呈正弦波形。由于变压器磁路的饱和特性，正弦波形的空载电流，必激励出呈平顶波的主磁通，如图 1.35 所示。平顶波的主磁通中除基波磁通 Φ_1 外，还含有三次谐波磁通 Φ_3。而三次谐波磁通的大小将取决于磁路系统的结构。现分组式和芯式变压器两种情况来讨论。

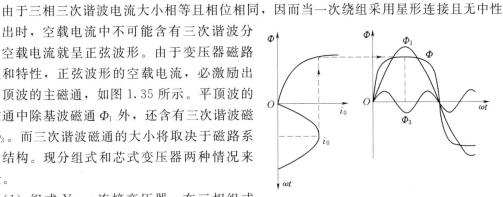

图 1.35 正弦空载电流产生的主磁通波形

（1）组式 Y，y 连接变压器。在三相组式变压器中，由于三相磁路彼此无关，三次谐波磁通 Φ_3 和基波磁通 Φ_1 沿同一铁芯磁路闭合。由于铁芯磁路的磁阻很小，故三次谐波磁通较大，加上三次谐波磁通的频率为基波频率的 3 倍，即 $f_3 = 3f_1$，所以由它所感应的三次谐波相电动势较大，其幅值可达基波幅值的 $45\% \sim 60\%$，甚至更高，如图 1.36 所示。结果使相电动势的最大值升高很多，造成波形严重畸变，可能将绕组绝缘击穿。因此对于三相组式变压器不准采用 Y，y 连接。但在三相线电动势中，由于三次谐波电动势互相抵消，故线电动势仍呈正弦波形。

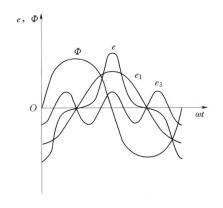

图 1.36 Y，y 连接组式变压器电动势波形

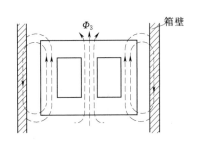

图 1.37 芯式变压器中三次谐波磁通路径

（2）芯式 Y，y 连接变压器。在三相芯式变压器中，由于三相磁路彼此相关联，而三相三次谐波磁通大小相等且方向相同，不能沿铁芯闭合，只能借助油和油箱壁等形成回路，如图 1.37 所示。这种磁路的磁阻很大，使三次谐波磁通 Φ_3 很小，主磁通仍接近于正

弦波，相电动势波形也接近于正弦波。但由于三次谐波磁通通过油箱壁等时将产生涡流，引起变压器局部过热，降低变压器效率。因此三相芯式变压器容量大于 1800kVA 时，不宜采用 Y，y 连接。

2．YN，y 连接的三相变压器

由于变压器的一次侧与电源之间有中性线连接，空载电流的三次谐波分量 i_{03} 有通路，故 i_0 呈尖顶波，则主磁通 Φ 及相电动势 e 均为正弦波形，所以三相变压器可采用此种连接。

3．D，y 及 Y，d 连接的三相变压器

（1）D，y 连接变压器。由于变压器一次侧为三角形连接，在绕组内有三次谐波空载电流 i_{03} 的通路，故 i_0 呈尖顶波，则主磁通 Φ 及相电动势 e 均为正弦波形，其情况同 YN，y 连接相同。

（2）Y，d 连接变压器。当三相变压器采用 Y，d 连接时，如图 1.38 所示。由于一次绕组作 Y 连接，无三次谐波空载电流通路，故 i_0 为正弦波，而主磁通为平顶波。主磁通中的三次谐波 $\dot{\Phi}_3$ 在二次绕组中感应三次谐波电动势 $\dot{E}_{23}$，且滞后 $\dot{\Phi}_3 90°$。在 $\dot{E}_{23}$ 作用下，二次侧闭合的三角形回路中产生三次谐波电流 $\dot{I}_{23}$。由于二次绕组电阻远小于其三次谐波电抗所以 $\dot{I}_{23}$ 滞后 $\dot{E}_{23}$ 接近 $90°$，$\dot{I}_{23}$ 建立的磁通 $\dot{\Phi}_{23}$ 的相位与 $\dot{\Phi}_3$ 接近相反，其结果大大削弱了 $\dot{\Phi}_3$ 的作用，如图 1.39 所示。因此合成磁通及其感应电动势均接近正弦波。

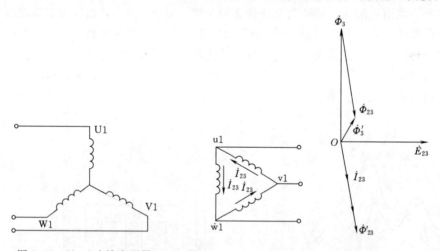

图 1.38　Y，d 连接变压器　　　图 1.39　Y，d 连接变压器三次谐波电流的去磁作用

4．Y，yn 连接的三相变压器

变压器二次侧为 yn 接线，负载时可为三次谐波电流提供通路，使相电动势波形有所改善，但由于负载阻抗的影响，其三次谐波电流数值小，因此相电动势波形仍得不到较大的改善，这种连接基本上与 Y，y 连接一样，只适用于容量较小的三相芯式变压器，而三相组式变压器 Y，yn 连接仍不能采用。

综上分析，当变压器运行在磁化曲线的饱和段时，要得到正弦变化的磁通和相电动势

就必须有三次谐波电流，它可由原绕组产生，也可由副绕组产生。例如，由原绕组产生三次谐波电流的有 YN，y 和 D，y 连接，由副绕组产生三次谐波电流的有 Y，d 连接。因此在大容量高压变压器中，当需要一、二次侧均作星形连接时，可另加一个三角形连接的第三绕组，以改善相电动势的波形。另外，无论相电动势中有无三次谐波分量，线电压均为正弦波。

小　　结

三相变压器分为三相组式变压器和三相芯式变压器。三相组式变压器每相有独立的磁路，三相芯式变压器各相磁路彼此相关。

三相变压器的电路系统实质上就是研究变压器两侧线电压（或线电动势）之间的相位关系。变压器两侧电压的相位关系通常用时钟法来表示，即所谓连接组别。影响三相变压器连接组别的因素除有绕组绕向和首末端标志外，还有三相绕组的连接方式。变压器共有 12 种连接组别，国家规定三相变压器有 5 种标准连接组。

在三相变压器中，由于一、二次绕组的连接方法不同，空载电流中不一定能含有三次谐波分量，这将影响到主磁通和相电动势的波形，并且这种影响还与变压器的磁路系统有关。

习　　题

（1）三相芯式变压器和三相组式变压器在磁路结构上有何区别？

（2）三相芯式变压器和三相组式变压器相比，具有哪些优点？

（3）在测取三相芯式变压器的空载电流时，为何中间一相的电流小于两边相的电流？

（4）什么是单相变压器的连接组别？影响其组别的因素有哪些？如何用时钟法来表示？

（5）什么是三相变压器的连接组别？影响其组别的因素有哪些？如何用时钟法来表示？

（6）三相变压器的一、二次绕组按题图 1.40 连接，试画出它们的线电动势相量图，并判断其连接组别。

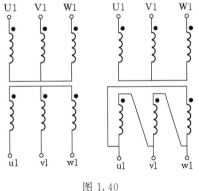

图 1.40

（7）3 次谐波电流与变压器绕组的连接方式有何关系？若励磁电流中没有 3 次谐波电流，对绕组电势波形有何影响？

（8）试分析为什么三相组式变压器不能采用 Y，y0 接线，而小容量的三相芯式变压器却可以？

综　合　实　训

1. 实训目标
学会三相变压器连接组别判断。

2. 实训要求

测定绕组极性和三相变压器连接组别。

1.7 变压器的并联运行

【学习目标】

(1) 理解三相变压器并联运行的意义。

(2) 掌握并联运行的条件。

(3) 了解变压器并联运行条件不满足时将产生的后果。

(4) 掌握负载分配计算。

章节名称	能力要素	知识和技能要求	考核标准
变压器的并联运行	能根据变压器并联运行的条件,合理选择并联运行的变压器	(1) 掌握变压器并联运行的理想条件。 (2) 掌握变压器理想并联运行条件不满足时对并联运行的影响	(1) 重点考核内容:变压器并联运行的理想条件。 (2) 考核方式:笔试或实际操作。 (3) 占总成绩的比例:5%~10%

1.7.1 概述

1. 定义

变压器的并联运行是指两台以上变压器的一、二次绕组分别连接到一、二次侧的公共母线上,共同向负载供电的运行方式,如图 1.41 所示。在现代电力网中,变压器常采用并联运行方式。

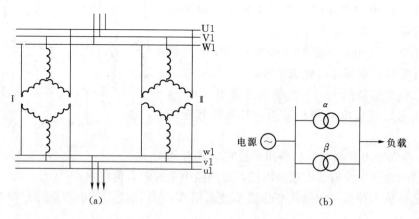

图 1.41 Y,y 连接三相变压器的并联运行

2. 并联运行的优点

(1) 提高供电的可靠性。并联运行时,如果某台变压器故障或检修,另几台可继续供电。

(2) 提高供电的经济性。并联运行时,可根据负载变化的情况,随时调整投入变压器的台数，以提高运行效率。

（3）对负荷逐渐增加的变电所，可分批增装变压器，以减少初装时的一次投资。

当然，并联的台数过多也是不经济的，因为一台大容量变压器的造价要比总容量相同的几台小变压器的造价低，占地面积也小。

1.7.2 变压器的理想并联条件

1. 变压器并联运行的理想情况

（1）空载时并联运行的各变压器绕组之间无环流，以免增加绕组铜损耗。

（2）带负载后，各变压器的负载系数相等，即各变压器所分担的负载电流按各自容量大小成正比例分配，即所谓"各尽所能"。以使并联运行的各台变压器容量得到充分利用。

（3）带负载后，各变压器所分担的电流应与总的负载电流同相位。这样在总的负载电流一定时，各变压器所分担的电流最小。如果各变压器的二次电流一定，则共同承担的负载电流为最大，即所谓"同心协力"。

2. 并联运行的理想条件

若要达到上述理想并联运行的情况，并联运行的变压器需满足如下条件：

（1）各变压器一、二次侧的额定电压应分别相等，即变比相同。

（2）各变压器的连接组别必须相同。

（3）各变压器的短路阻抗（或短路电压）的标幺值要相等，且短路阻抗角也相等。

如满足了前两个条件则可保证空载时变压器绕组之间无环流。满足第三个条件时各台变压器能合理分担负载。在实际并联运行时，同时满足以上三个条件不容易也不现实，所以除第二条必须严格保证外，其余两条允许稍有差异。

1.7.3 并联条件不满足时的运行分析

为使分析简单明了，在分析某一条件不满足时，假定其他条件都是满足的，且以两台变压器并联运行为例来分析。

1. 变比不等时的并联运行

设两台变压器 I 和 II 变比不等，即 $k_I \neq k_{II}$。若它们原边接同一电源，原边电压相等，则副边空载电压必然不等，分别为 $\dot{U}_1/k_I$ 和 $\dot{U}_1/k_{II}$，并联运行时的简化等效电路如图 1.42 所示。图中 Z_{kI}、Z_{kII} 分别为副边短路阻抗。

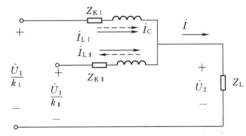

图 1.42　变比不等的两台变压器的并联运行

在图 1.42 中，$I_C = \dfrac{\dfrac{\dot{U}_1}{k_I} - \dfrac{\dot{U}_1}{k_{II}}}{Z_{kI} + Z_{kII}}$，是由 $k_I \neq k_{II}$ 引起，在空载时就存在，故称空载环流，它只在两个二次绕组中流通。根据磁动势平衡原理，两台变压器的一次绕组中也相应产生环流。图 1.42 中的 $\dot{I}_{LI}$ 和 $\dot{I}_{LII}$ 分别为两台变压器各自分担的负载电流，它与短路阻抗成反比。

由于变压器短路阻抗很小，所以即使变比差值很小，也能产生较大的环流。这既占用了变压器的容量，又增加了变压器的损耗，是很不利的。因此为了保证空载环流不超过额定电流的 10%，通常规定并联运行的变压器的变比偏差不大于 1%。

2. 连接组别不同时的并联运行

连接组别不同的变压器，即使一、二次侧额定电压相同，如果并联运行，则二次侧线电压之间的相位就不同，至少相差 30°，例如，Y，y0 与 Y，d11 并联，如图 1.43 所示，此时副边线电压差 ΔU 为

$$\Delta U = |\dot{U}_{uv\,I} - \dot{U}_{uv\,II}| = 2U_{uv\,I}\sin\frac{30°}{2} = 0.518U_{uv} \tag{1.64}$$

由于变压器的短路阻抗很小，这么大的 ΔU 将产生几倍于额定电流的空载环流，会烧毁绕组。故连接组别不同的变压器绝对不允许并联运行。

3. 短路阻抗标幺值不等时的并联运行

由于变比 $k_I = k_{II}$，连接组别相同，则两台变压器并联运行的等效电路如图 1.44 所示，此时环流 I_C 为零。

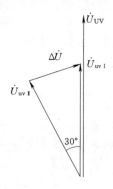

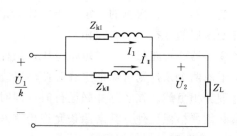

图 1.43　Y，y0 与 Y，d11 并联时
副边电压相量图

图 1.44　短路阻抗标幺值不等时
并联运行的等效电路

由图可知

$$\dot{I}_I Z_{kI} = \dot{I}_{II} Z_{kII} \text{ 或写成 } \frac{\dot{I}_I}{\dot{I}_{IN}} \times \frac{\dot{I}_{IN}Z_{kI}}{U_N} = \frac{\dot{I}_{II}}{\dot{I}_{IIN}} \times \frac{\dot{I}_{IIN}Z_{kII}}{U_N}$$

$$\beta_I Z_{kI}^* = \beta_{II} Z_{kII}^* \quad \beta_I : \beta_{II} = \frac{1}{Z_{kI}^*} : \frac{1}{Z_{kII}^*} \tag{1.65}$$

式中：β_I、β_{II} 分别为第 I、II 台变压器的负载系数。

由此可见，各台变压器所分担的负载大小与其短路阻抗标幺值成反比，使得短路阻抗标幺值大的变压器分担的负载小，而短路阻抗标幺值小的变压器分担的负载大，当短路阻抗标幺值小的变压器满载时，短路阻抗标幺值大的变压器欠载，故变压器的容量不能充分利用。当短路阻抗标幺值大的变压器满载时，短路阻抗标幺值小的变压器必然过载，长时间过载运行是不允许的。因此变压器并联运行时，要求短路阻抗标幺值相等，以充分利用变压器容量。但实际上不同变压器的短路电压相对值总有差异，通常要求并联运行的变压器短路电压相对值之差不超过其平均值的 10%。

为使各台变压器所承担的电流同相，还要求各台变压器的短路阻抗角相等。一般说来，变压器的容量相差越大，它们的短路阻抗角相差也越大，因此要求并联运行变压器的

最大容量和最小容量之比不超过 3 : 1。

变压器运行规程规定：变比不同和短路阻抗标么值不等的变压器，在任何一台变压器都不会过负荷的情况下，可以并联运行。又规定：短路阻抗标么值不等的变压器并联运行时，应适当提高短路阻抗标么值大的变压器的二次电压，以使并联运行的变压器的容量均能充分利用。

【例 1.5】 有四台组别相同的三相变压器，数据如下：

(1) 100kVA，3000/230V，$z_{kI}^* = 0.05$

(2) 100kVA，3000/230V，$z_{kII}^* = 0.0732$

(3) 200kVA，3000/230V，$z_{kIII}^* = 0.05$

(4) 300kVA，3000/230V，$z_{kIV}^* = 0.0596$

问哪两台变压器并联最理想？

答：根据变压器并联运行条件，I，III 变压器并联运行最理想。

【例 1.6】 两台变压器数据如下：$S_{NI} = 1000\text{kVA}$，$U_{kI} = 6.5\%$，$S_{NII} = 2000\text{kVA}$，$U_{kII} = 7.0\%$，连接组均为 Y，d11，额定电压均为 35/10.5kV。现将它们并联运行，试计算：

(1) 当输出为 3000kVA 时，每台变压器承担的负载是多少？

(2) 在不允许任何一台过载的条件下，并联变压器最大输出负载是多少？此时设备的利用率是多少？

解：(1) 由 $\dfrac{\beta_I}{\beta_{II}} = \dfrac{u_{kII}}{u_{kI}} = \dfrac{7}{6.5}$

$$S_{NI}\beta_I + S_{NII}\beta_{II} = 1000\beta_I + 2000\beta_{II} = 3000\text{kVA}$$

得
$$\beta_I = 1.05，\beta_{II} = 0.975$$

$$S_I = S_{NI}\beta_I = 1000\text{kVA} \times 1.05 = 1050\text{kVA}$$

$$S_{II} = S_{NII}\beta_{II} = 2000\text{kVA} \times 0.975 = 1950\text{kVA}$$

(2) $\because u_{kI} < u_{kII}$

$\therefore$ 第一台变压器先达满载。

设 $\beta_I = 1$，则 $\beta_{II} = \beta_I \dfrac{u_{kI}}{u_{kII}} = 1 \times \dfrac{6.5}{7} = 0.9286$

$$S_{\max} = S_{NI} + S_{NII}\beta_{II} = 1000\text{kVA} + 2000\text{kVA} \times 0.9286 = 2857\text{kVA}$$

小　　结

变压器并联运行的条件是：①额定电压、变比相等；②连接组别相同；③短路电压（短路阻抗）标么值相等、短路阻抗角相等。前两个条件保证了空载运行时变压器绕组之间不产生环流，后一个条件是保证并联运行变压器的容量得以充分利用。组别相同这一条件必须严格满足，否则会烧坏变压器。

习　　题

(1) 变压器并联运行的理想条件是什么？哪些必须严格遵守？哪些可略有变化？

(2) 若变压器并联运行条件任一条不满足，将产生什么后果？

(3) 某厂负载总容量为 120kVA，现有下列三台变压器可供选择：

Ⅰ：50kVA，10/0.4kV，Y，yn0，$u_k=0.075$

Ⅱ：100kVA，10/0.4kV，Y，yn0，$u_k=0.06$

Ⅲ：100kVA，10/0.4kV，Y，yn0，$u_k=0.07$

应选哪两台变压器并列运行，使变压器的利用率最高？

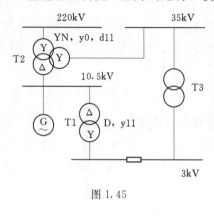

图 1.45

(4) 如图 1.45 所示系统，欲从 35kV 母线上接一台 35/3kV 变压器 T3，问该变压器应为何连接组别。

(5) 两台变压器数据如下：$S_{N\,I}=1250kVA$，$U_{k\,I}=6.5\%$，$S_{N\,II}=2000kVA$，$U_{k\,II}=6.0\%$，连接组均为 Y，d11，额定电压均为 35/10.5kV。现将它们并联运行，试计算：①当输出为 3250kVA 时，每台变压器承担的负载是多少？②在不允许任何一台过载的条件下，并联变压器最大输出负载是多少？此时设备的利用率是多少？

综 合 实 训

1. 实训目标

熟悉变压器并联运行条件。

2. 实训要求

三相变压器并联运行实验。

1.8 其他用途的变压器

【学习目标】

(1) 了解三绕组变压器用途、结构特点及工作原理。

(2) 了解自耦变压器的用途、结构特点、工作原理及优缺点。

(3) 了解电压互感器、电流互感器的结构特点及应用。

章节名称	能力要素	知识和技能要求	考核标准
其他用途的变压器	(1) 能正确选用三绕组变压器。 (2) 能正确使用自耦变压器	(1) 了解三绕组变压器的结构特点和绕组容量的配合。 (2) 了解自耦变压器的结构特点和容量传递。 (3) 了解互感器的应用	(1) 重点考核内容：各变压器的特点及其主要作用。 (2) 考核方式：口试或笔试。 (3) 占总成绩的比例：5%～10%

在电力系统中，除大量采用双绕组变压器外，还常采用各种特殊用途的变压器，它们

涉及面广，种类繁多，但其基本原理与双绕组变压器相同或相似。本节仅介绍较常用的三绕组变压器、自耦变压器和仪用互感器工作原理及特点。

1.8.1 三绕组变压器

在电力系统中，在需要把几种不同电压等级的电网联系起来时。采用一台三绕组变压器比用两台双绕组变压器，更为简单经济，如图 1.46 所示。

1. 结构特点

三绕组变压器的结构与双绕组变压器相似，其铁芯一般采用芯式结构。变压器每相有高、中、低三个绕组，同心地套装在同一铁芯柱上，其中一个绕组接电源，另两个绕组便有两个等级的电压输出。其单相结构示意图如图 1.47 所示。

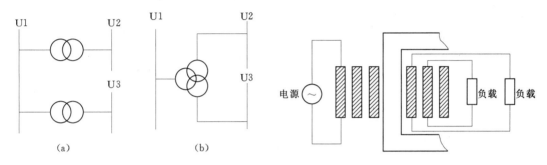

图 1.46　变压器输电单线图
（a）两台变压器输电；（b）一台三绕组变压器输电

图 1.47　三绕组变压器结构示意图

为了方便绝缘，三绕组变压器的高压绕组都放在最外面，中、低压绕组哪个在最里面，需从功率的传递和短路阻抗的合理性来确定。一般来讲，相互传递功率较多的两个绕组其靠得近些，这样漏磁通少，短路阻抗可少些，可保证有较小的电压变化率，以提高运行性能。对于降压变压器，功率是从高压侧向中、低压侧传递，主要是向中压侧传递，所以把中压绕组放在中间，低压绕组靠近铁芯柱，如图 1.48（a）所示。对于升压变压器，功率是从低压侧向高、中压侧传递，所以把中压绕组靠近铁芯柱，低压绕组放在中间，如图 1.48（b）所示。

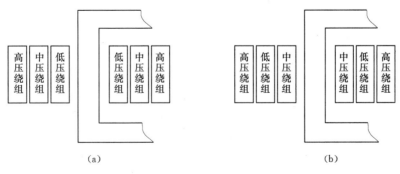

图 1.48　三绕组变压器的绕组排列图
（a）降压变压器；（b）升压变压器

2. 容量及连接组

（1）额定容量。根据供电的需要，三侧容量可以设计的不同，各侧容量指绕组通过功率的能力。变压器铭牌上标注的额定容量是指容量最大的那侧容量。将额定容量作为 100，三侧的容量配合有下列三种，见表 1.3。

表 1.3   **三绕组变压器容量配合关系**

高压侧	中压侧	低压侧
100	100	100
100	50	100
100	100	50

三侧容量都为 100 的变压器仅做成升压变压器。表中所列三侧容量的配合关系，并非实际功率传递时的分配比例关系，而是指各绕组传递功率的能力。

（2）连接组别。国家标准规定，三绕组变压器的标准连接组别有 YN，yn0，d11 和 YN，yn0，y0 两种。

3. 变比

如图 1.49 所示，设三绕组变压器绕组 1、2、3 的匝数分别为 N_1、N_2、N_3，则变比为

$$\left.\begin{array}{l} k_{12}=\dfrac{N_1}{N_2}\approx\dfrac{U_{1N}}{U_{2N}} \\[2mm] k_{13}=\dfrac{N_1}{N_3}\approx\dfrac{U_{1N}}{U_{3N}} \\[2mm] k_{23}=\dfrac{N_2}{N_3}\approx\dfrac{U_{2N}}{U_{3N}} \end{array}\right\} \tag{1.66}$$

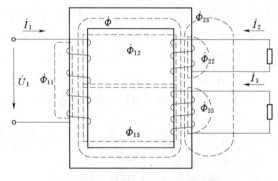

图 1.49 三绕组变压器运行示意图

4. 基本方程式

如图 1.49 所示，三绕组变压器运行时，共有三类磁通，它们是：

（1）自漏磁通：只与一个绕组交链的磁通。

（2）互漏磁通：交链两个绕组的磁通。

（3）主磁通：主磁通同时与三个绕组交链，在铁芯中流通。它是由三个绕组的合成磁动势共同产生的。因此，负载运行时的磁动势平衡方程式为

$$\dot{I}_1 N_1 + \dot{I}_2 N_2 + \dot{I}_3 N_3 = \dot{I}_0 N_1 \tag{1.67}$$

将二、三次折算到时一次后，可得

$$\dot{I}_1 + \dot{I}_2' + \dot{I}_3' = \dot{I}_0 \tag{1.68}$$

由于空载电流很小，可忽略不计，得

$$\dot{I}_1 + \dot{I}_2' + \dot{I}_3' = 0 \tag{1.69}$$

式中：$\dot I'_2 = \dfrac{\dot I_2}{k_{12}}$ 为绕组 2 电流的折算值；$\dot I'_3 = \dfrac{\dot I_3}{k_{13}}$ 为绕组 3 电流的折算值。

5. 等效电路

仿照双绕组变压器的推导方法，可以得到三绕组变压器简化的等效电路，如图 1.50 所示。

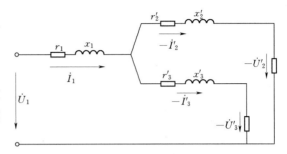

需要指出的是，三绕组变压器等效电路中的电抗与自漏磁通和互漏磁通相对应。

图 1.50　三绕组变压器的等效电路

1.8.2　自耦变压器

1. 结构特点

原边和副边共用一个绕组的变压器称为自耦变压器。如果将双绕组变压器的一、二次绕组串联起来作为新的一次侧，而二次绕组仍作二次侧与负载阻抗 Z_L 相连接，便得到一台降压自耦变压器，如图 1.51 所示。U1U2 为高压绕组；u1u2 为低压绕组，又称公共绕组；U1u1 为串联绕组。显然，自耦变压器一、二次绕组之间不但有磁的联系，而且还有电的联系。

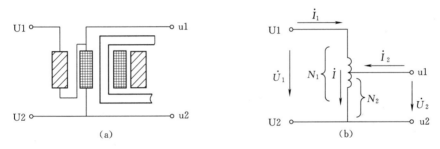

图 1.51　降压自耦变压器的结构图与接线图

2. 电压、电流及容量关系

（1）电压关系。自耦变压器也是利用电磁感应原理工作的。当一次绕组 U1、U2 两端加交变电压 $\dot U_1$ 时，铁芯中产生交变磁通，并分别在一、二次绕组中产生感应电动势，若忽略漏阻抗压降，则有

$$\left.\begin{array}{l} U_1 \approx E_1 = 4.44 f N_1 \Phi_{\mathrm{m}} \\ U_2 \approx E_2 = 4.44 f N_2 \Phi_{\mathrm{m}} \end{array}\right\} \tag{1.70}$$

自耦变压器的变比为

$$k_{\mathrm{a}} = \frac{E_1}{E_2} = \frac{N_1}{N_2} \approx \frac{U_1}{U_2} \tag{1.71}$$

（2）电流关系。负载运行时，外加电压为额定电压，主磁通近似为常数，总的励磁磁动势仍等于空载磁动势。即

$$\dot I_1 N_1 + \dot I_2 N_2 = \dot I_0 N_1 \tag{1.72}$$

若忽略励磁电流，得

$$\dot{I}_1 N_1 + \dot{I}_2 N_2 = 0$$

则
$$\dot{I}_1 = -\frac{N_2}{N_1}\dot{I}_2 = -\dot{I}_2/k_a \tag{1.73}$$

可见，一、二次绕组电流的大小与匝数成反比，在相位上互差 $180°$。因此，流经公共绕组中的电流

$$\dot{I} = \dot{I}_1 + \dot{I}_2 = -\frac{\dot{I}_2}{k_a} + \dot{I}_2 = \left(1 - \frac{1}{k_a}\right)\dot{I}_2 \tag{1.74}$$

在数值上
$$I = I_2 - I_1$$
或
$$I_2 = I + I_1 \tag{1.75}$$

式（1.75）说明，自耦变压器的输出电流为公共绕组中电流与一次绕组电流之和，由此可知，流经公共绕组中的电流总是小于输出电流的。

（3）容量关系。普通双绕组变压器的铭牌容量（又称通过容量）和绕组的额定容量（又称电磁容量或设计容量）相等，但自耦变压器两者却不相等。以单相自耦变压器为例，其铭牌容量为

$$S_N = U_{1N}I_{1N} = U_{2N}I_{2N} \tag{1.76}$$

而串联绕组 U1u1 段额定容量为

$$S_{U1u1} = U_{U1u1}I_{1N} = \frac{N_1 - N_2}{N_1}U_{1N}I_{1N} = \left(1 - \frac{1}{k_a}\right)S_N \tag{1.77}$$

公共绕组 u1u2 段额定容量为

$$S_{u1u2} = U_{u1u2}I = U_{2N}I_{2N}\left(1 - \frac{1}{k_a}\right) = \left(1 - \frac{1}{k_a}\right)S_N \tag{1.78}$$

比较上面三式可知，串联线圈 U1u1 段额定容量与公共线圈 u1u2 段额定容量相等，并均小于自耦变压器的铭牌容量。

自耦变压器工作时，其输出容量

$$S_2 = U_2 I_2 = U_2(I + I_1) = U_2 I + U_2 I_1 \tag{1.79}$$

式（1.79）说明，自耦变压器的输出功率由两部分组成，其中 $U_2 I$ 为电磁功率，是通过电磁感应作用从原边传递到负载中去的，与双绕组变压器传递方式相同。$U_2 I_1$ 为传导功率，它是直接由电源经串联绕组传导到负载中去的，它不需要增加绕组容量，也正因为如此，自耦变压器的绕组容量才小于其额定容量。而且，自耦变压器的变比 k_a 愈接近 1，绕组容量就愈小，其优越性就愈显著，因此，自耦变压器主要用于 $k_a < 2$ 的场合。

3. 自耦变压器的主要优缺点（和普通双绕组变压器比较）

（1）主要优点。由于自耦变压器的设计容量小于额定容量，故在同样的额定容量下，自耦变压器的主要尺寸小，有效材料（硅钢片和铜线）和结构材料（钢材）都较节省，降低了成本，效率较高，重量减轻，故便于运输和安装，占地面积也小。

（2）主要缺点。由于一、二次绕组间有电的直接联系，运行时一、二次侧都需装设避雷器，以防高压侧产生过电压时，引起低压绕组绝缘的损坏。同时自耦变压器中性点必须可靠接地。

4. 用途

目前，在高电压、大容量的输电系统中，自耦变压器主要用来连接两个电压等级相近

的电力网，作联络变压器之用，三相自耦变压器如图 1.52 所示。在实验室中还常采用二次侧有滑动接触的自耦变压器作调压器，如图 1.53 所示。三相自耦变压器还可用作异步电动机的启动补偿器。

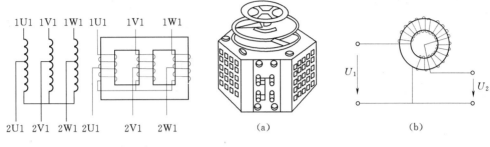

图 1.52　三相自耦变压器

图 1.53　单相自耦调压器
（a）外形图；（b）原理图

1.8.3　仪用互感器

仪用互感器是一种供测量用的变压器，分电流互感器和电压互感器两种。它们的工作原理与变压器相同。

使用互感器有两个目的：一是为了工作人员的安全，使测量回路与高压电网隔离；二是可以使用普通量程的电流表、电压表分别测量大电流和高电压。互感器的规格有各种各样，但电流互感器副边额定电流都是 5A 或 1A，电压互感器副边额定电压都是 100V。

互感器除了用于测量电流和电压外，还用于各种继电保护装置的测量系统，因此它的应用极为广泛。下面分别介绍电流互感器和电压互感器。

1. 电流互感器

图 1.54 是电流互感器的原理图，其结构与普通变压器类似。但电流互感器的一次绕组匝数少，二次绕组匝数多。它的一次侧串联接入被测线路，流过被测电流 $\dot{I}_1$。二次侧接内阻抗极小的电流表或功率表的电流线圈，近似于短路状态。二次侧电流为 $\dot{I}_2$。因此电流互感器的运行情况相当于变压器的短路运行。

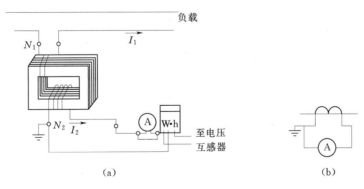

图 1.54　电流互感器原理图
（a）接线图；（b）符号图

如果忽略励磁电流，由变压器的磁动势平衡关系可得

$$\frac{I_1}{I_2}=\frac{N_2}{N_1}=k_i \text{ 或 } I_1=k_iI_2 \tag{1.80}$$

式中：k_i 称为电流变比，是个常数。也就是说，把电流互感器的副边电流数值乘上一个常数就是原边被测电流数值。因此量测 I_2 的电流表按 k_iI_2 来刻度，从表上直读出被测电流 $\dot{I}_1$。

由于互感器总有一定的励磁电流，故一、二次电流比只是近似一个常数，因此，把一、二次电流比按一个常数 k_i 处理的电流互感器就存在着误差，用相对误差表示为

$$\Delta I=\frac{k_iI_2-I_1}{I_1}\times100\% \tag{1.81}$$

根据误差的大小，电流互感器准确度分为下列各级：0.2、0.5、1.0、3.0、10.0。如 0.5 级的电流互感器表示在额定电流时误差最大不超过 $\pm0.5\%$。

使用电流互感器时，须注意以下三点：

（1）二次测绝对不许开路。因为副边开路时，电流互感器处于空载运行状态，此时一次侧被测线路电流全部为励磁电流，使铁芯中磁通密度明显增大。这一方面使铁损耗急剧增加，铁芯过热甚至烧坏绕组；另一方面将使二次侧感应出很高电压，不但使绝缘击穿，而且危及工作人员和其他设备的安全。因此其二次侧不能接熔断器，在一次电路工作时如需检修和拆换电流表或功率表的电流线圈，必须先将二次侧短路。

（2）电流互感器的铁芯和二次绕组必须可靠接地，以防止绝缘击穿后，电力系统的高电压传到低压侧，危及二次设备及操作人员的安全。

（3）电流互感器有一定的额定容量，使用时二次侧不宜接过多的仪表，以免影响互感器的准确度。

为了可在现场不切断电路的情况下测量电流和便于携带使用，把电流表和电流互感器合起来制造成钳形电流表。图 1.55 为钳形电流表的实物外形和原理电路图。互感器的铁芯成钳形，可以张开，使用时只要张开钳口，将待测电流的一根导线放入钳中，然后将铁芯闭合，钳形电流表就会显示出被测导线电流的大小，可直接读数。

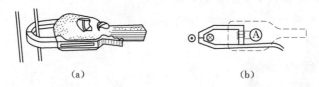

（a）　　　　　　　　　　　（b）

图 1.55　钳形电流表的实物外形及原理图
（a）实物外形图；（b）原理电路图

2. 电压互感器

图 1.56 是电压互感器的原理图。一次侧直接并联在被测的高压电路上，二次侧接电压表或功率表的电压线圈。一次绕组匝数 N_1 多，二次绕组匝数 N_2 少。由于电压表或功率表的电压线圈内阻抗很大，因此，电压互感器二次近似开路，实际上相当于一台二次处于空载状态的降压变压器。

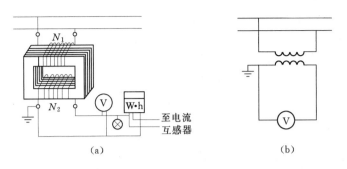

图 1.56　电压互感器原理图

(a) 接线图；(b) 符号图

如果忽略漏阻抗压降，则有

$$U_1/U_2 = N_1/N_2 = k_u \quad 或 \quad U_1 = k_u U_2 \tag{1.82}$$

式中：k_u 称为电压变比，是个常数。这就是说，把电压互感器的二次电压数值乘上常数 k_u 就是一次被测电压的数值。因此量测 U_2 的电压表按 $k_u U_2$ 来刻度，从表上直读出被测电压 U_1。

实际的电压互感器，一、二次漏阻抗上都有压降，因此一、二次绕组电压比只是近似一个常数，必然存在误差。根据误差的大小，电压互感器准确度分为 0.2、0.5、1.0、3.0 几个等级。

使用电压互感器时，须注意以下三点：

（1）使用时电压互感器的二次侧不允许短路。电压互感器正常运行时是接近空载，如二次侧短路，则会产生很大的短路电流，绕组将因过热而烧毁。因此二次侧必须装熔断器。

（2）电压互感器的二次绕组连同铁芯一起，必须可靠接地。以防绝续破坏时，铁芯和绕组带高压电。

（3）电压互感器有一定的额定容量，使用时二次侧不宜接过多的仪表，以免影响互感器的准确度。

小　　结

三绕组变压器的基本工作原理与双绕组变压器相同，多了一个绕组，内部磁场关系复杂些。

自耦变压器的特点是一、二次绕组间不仅有磁的耦合，而且还有电的直接联系。故其一部分功率不通过电磁感应，而直接由一次侧传递到二次侧，因此和同容量普通变压器相比，自耦变压器具有省材料、损耗小、体积小等优点。但自耦变压器也有其缺点，如短路电抗标幺值较小，因此短路电流较大等。

仪用互感器是测量用的变压器，使用时应注意将其副边接地，电流互感器二次侧绝不允许开路，而电压互感器二次侧绝不允许短路。

习　　题

（1）三绕组变压器的额定容量是如何确定的？3 个绕组的容量有哪几种分配方式？

（2）三绕组变压器主要用在什么场合？

（3）自耦变压器的功率是如何传递的？为什么它的设计容量比额定容量小？

（4）使用电流互感器时须注意哪些事项？

（5）使用电压互感器时须注意哪些事项？

综 合 实 训

1. 实训目标

学会三绕组变压器和自耦变压器的使用方法。

2. 实训要求

三绕组变压器和自耦变压器的使用。

第2章　交流旋转电机的绕组、电动势和磁动势

交流旋转电机主要是进行交流电能和机械能的相互转换，主要分为异步电机和同步电机两大类。虽然两类电机在原理、结构、励磁方式、运行特性和主要运行方式等方面有很大的差别，但在电机内部所发生的电磁现象、机电能量转换等方面却有很多共同之处，可将这些共同问题统一起来进行分析。本章主要研究的是交流绕组及其电动势和磁动势，这些都是交流旋转电机共同性的基本问题，绕组、电动势和磁动势也是分析交流电机重要的理论基础。

2.1　交流旋转电机的绕组

【学习目标】

（1）了解交流绕组的基本知识。

（2）理解电角度、极矩、节距、槽距角、极相组、绕组系数等概念。

（3）掌握交流旋转电机绕组的连接规律。

（4）理解交流绕组的构成原则：对称、波形、省材、机械强度、检修等。

章节名称	能力要素	知识和技能要求	考核标准
交流旋转电机的绕组	（1）能说出交流绕组的基本作用。 （2）能认识各种交流电机的绕组，并知道其主要作用。 （3）能读懂交流绕组的展开图	（1）了解交流绕组的基本构成。 （2）掌握交流绕组的基本概念。 （3）了解交流绕组展开图的作用	（1）重点考核内容： 1）交流绕组的基本构成。 2）交流绕组展开图的作用。 （2）考核方式：口试或笔试。 （3）占总成绩的比例：5%～10%

交流绕组是实现机电能量转换的重要部件，通过它可以感应电动势并对外输出电功率（发电机）或通入电流建立磁场产生电磁转矩（电动机），因此交流绕组被称为"电机的心脏"。要了解交流旋转电机的原理和运行问题，首先必须对交流绕组的构成、连接规律和电磁现象有一个基本了解。

2.1.1　交流绕组的基本知识

1. 交流绕组的作用

交流绕组是电机感应电动势、流通电流、进行机电能量转换的关键部件，是交流旋转电机的核心部件。其作用主要有：

（1）构成电路，导通电流。

（2）与磁场相对运动，产生感应电动势。

（3）通入电流，建立能量转换需要的磁动势。

（4）流过电流，产生电磁力，形成电磁转矩。

2. 交流绕组的基本构成原则

（1）在一定的导体数下，有合理的最可能大的绕组合成电动势和磁动势。

（2）各相的相电动势和相磁动势波形力求接近正弦波，即要求尽量减少它们的高次谐波分量。

（3）对三相绕组，各相的电动势和磁动势要求对称（大小相等且相位上互差 120°），并且三相阻抗也要求相等。

（4）绕组用铜量少，绝缘性能、散热条件好。

（5）机械强度好，绕组的制造、安装和检修要方便。

2.1.2　交流绕组的术语

1. 电角度与机械角度

在分析交流电机的绕组和磁场在空间上分布等问题时候，电机的空间角度常用电角度表示。如图 2.1 所示，由于每转过一对磁极，导体的基波电动势变化一个周期（360°电角度），因此一对磁极所占空间的电角度为 360°，若电机的极对数为 p，则电角度为

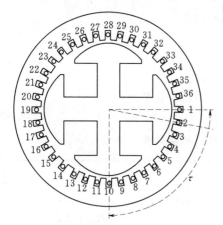

$$\text{电角度} = p \times \text{机械角度} \tag{2.1}$$

为了区别，电机圆周的几何角度为 360°，这个角度称为机械角度。此后在分析绕组和电机原理时，都是用空间电角度，而不用机械角度。只有在计算电机转子的角速度时才用机械角度。

2. 极距 τ

极距是相邻的一对磁极轴线间沿气隙圆周即电枢表面的距离。一般用每个极面下所占的槽数表示。

图 2.1　电角度与机械角度的关系

如定子槽数为 Z，极对数为 p（极数为 $2p$），则极距用槽数表示时

$$\tau = \frac{Z}{2p} \tag{2.2}$$

极距也可用电角度表示，当用电角度表示时，极距 $\tau = 180°$电角度。

3. 线圈

线圈是组成绕组的基本单元，又称元件。线圈可以是单匝的也可以是多匝的。每个线圈都有首端和尾端两根线引出。线圈的直线部分，即切割磁力线的部分，称为有效边，嵌在定子槽的铁芯中。连接有效边的部分称为端接部分，置于铁芯槽的外部，如图 2.2 所示。

4. 节距

节距的长短通常用元件所跨过的槽数表示。节距分为第一节距、第二节距和合成节距。

（1）第一节距 y_1。同一线圈的两个有效边间的距离称为第一节距，用 y_1 表示。$y_1 = \tau$

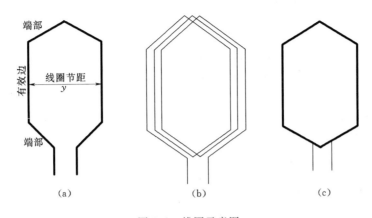

图 2.2　线圈示意图

(a) 单匝线圈；(b) 多匝线圈；(c) 多匝线圈简图

称为整距绕组，有最大的电动势和磁动势；$y_1 < \tau$ 称为短距绕组，$y_1 > \tau$ 称为长距绕组，长距绕组与短距绕组电动势和磁动势会有些许减小，但均能削弱高次谐波电势或磁势以改善波形。长距绕组的端接较长，故很少采用；短距绕组由于其端接较短，故采用较多。

（2）第二节距 y_2。第一个线圈的下层边与相连接的第二个线圈的上层边间的距离称第二节距，用 y_2 表示。

（3）合成节距 y。第一个线圈与相连接的第二个线圈的对应边间的距离称合成节距，用 y 表示，如图 2.3 所示。

5. 槽距角 α

槽距角是相邻槽间的电角度。电机定子的内圆周是 $p \times 360°$ 电角度，因此槽距角为

$$\alpha = \frac{p \times 360°}{Z} \tag{2.3}$$

槽距角表明相邻两槽内导体的基波感应电动势在时间相位上相差 α 电角度，如图 2.4 所示。

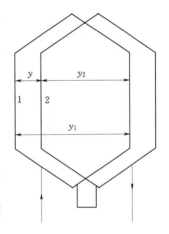

图 2.3　绕组的节距

6. 每极每相槽数 q

每相绕组在每个磁极下平均占有的槽数为每极每相槽数 q，如图 2.4 所示。

即

$$q = \frac{Z}{2mp} \tag{2.4}$$

式中：Z 为总槽数；p 为极对数；m 为相数；q 为整数，称之为整数槽绕组，一般常用；q 为分数，则称之为分数槽绕组，多用于水轮发电机组，用以改善相电动势波形。

7. 相带

每个极下每相连续占有的电角度。由于每个磁极占 $180°$ 电角度，故三相绕组的相带通常为 $60°$ 电角度，因此交流电机一般采用 $60°$ 相带。

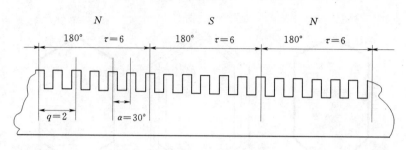

图 2.4　每极每相槽数 q 示意图

8. 线圈组

将属同一相的 q 个线圈按一定规律连接起来构成一个线圈组，也称为极相组。将属于同一相的所有极相组并联或串联起来，构成一相绕组。

【例 2.1】　有一台三相交流电机，已知 $Z=48$ 槽，$2p=4$，求该交流电机的极距 τ、机械角度、电角度、槽距角 α 和每极每相槽数 q。

解：极距：$\tau=\dfrac{Z}{2p}=\dfrac{48}{4}=12$

机械角度：$360°$

电角度：电角度 $=p\times$ 机械角度 $=2\times360°=720°$

槽距角：$\alpha=\dfrac{p\times360°}{Z}=\dfrac{2\times360°}{48}=15°$

每极每相槽数：$q=\dfrac{Z}{2mp}=\dfrac{48}{2\times3\times2}=4$

2.1.3　交流绕组的分类

（1）按绕法：分为叠绕组和波绕组。

（2）按槽内元件边的层数：分为单层绕组、双层绕组和单双层绕组。

（3）按每极每相槽数是整数还是分数：分为整数槽绕组和分数槽绕组。

（4）按绕组节距是否等于极距：分为整距绕组、短距绕组和长距绕组。

（5）按相数：分为单相绕组、二相绕组和三相绕组。

2.1.4　三相单层绕组

单层绕组的每个槽里只放一个线圈边，一个线圈的两个有效边就要占两个槽，所以线圈数等于槽数的一半。

单层绕组分为链式绕组、同心式绕组和交叉式绕组。

1. 单层链式绕组

单层链式绕组是由形状、几何尺寸和节距都相同的线圈连接而成的，就整体外形看，像一条长链子，故称链式绕组。

下面以 $Z=24$，极数 $2p=4$ 的异步电动机定子绕组为例，来说明链式绕组的构成。

【例 2.2】　设有一台极数 $2p=4$ 的异步电动机，定子槽数 $Z=24$，采用三相单层链式绕组，说明单层链式绕组的构成原理并绘出展开图。

（1）计算极距 τ、每极每相槽数 q 和槽距角 α。

$$\tau = \frac{Z}{2p} = \frac{24}{4} = 6$$

$$q = \frac{Z}{2mp} = \frac{24}{2 \times 3 \times 2} = 2$$

$$\alpha = \frac{p \times 360°}{Z} = \frac{2 \times 360°}{24} = 30°$$

（2）分相。将槽依次编号，绕组采用 60°相带，则每个相带包含两个槽，相带和槽号的对应关系见表 2.1。

表 2.1　　　　　　　　　　相带和槽号的对应关系（三相单层链式绕组）

槽号	相 带					
	U1	W2	V1	U2	W1	V2
第一对极	1，2	3，4	5，6	7，8	9，10	11，12
第二对极	13，14	15，16	17，18	19，20	21，22	23，24

（3）构成一相绕组，绘出展开图。将属于 U 相导体的 2 和 7、8 和 13、14 和 19、20 和 1 相连，构成四个节距相等的线圈。当电动机中有旋转磁场时，槽内的导体切割磁力线而感应电动势，U 相绕组的总电动势将是导体 1、2、7、8、13、14、19、20 的电动势之和（相量和）。四个线圈按"尾-尾"、"头-头"相连的原则构成 U 相绕组，其展开图如图 2.5 所示。采用这种连接方式的绕组称为链式绕组。

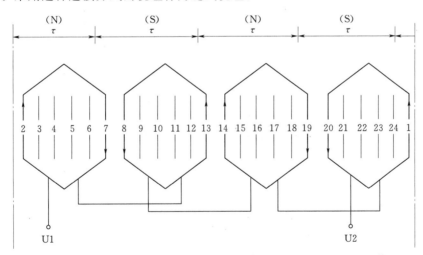

图 2.5　单层链式 U 相绕组展开图

用同样的方法可以得到另外两相绕组的连接规律。V、W 两相绕组的首端依次与 U 相绕组首端相差 120°和 240°的电角度。图 2.6 为三相单层链式绕组的展开图。

链式绕组主要用于 $q=2$ 的 4、6、8 极的小型异步电动机中，具有工艺简单、制造方便、线圈端接连线少、节约材料等优点。

2. 单层交叉式绕组

交叉式绕组是由线圈个数和节距都不等的两种线圈组构成的，同一线圈组中的各个线

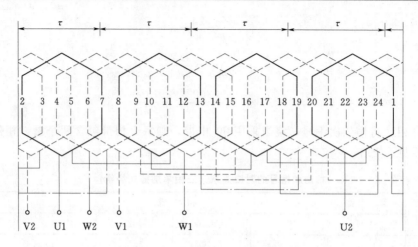

图 2.6 三相单层链式绕组的展开图

圈的形状、几何尺寸和节距都相等，各线圈组的端接部分都相互交叉。

【例 2.3】 设有一台极数 $2p=4$ 的异步电动机，定子槽数 $Z=36$，采用三相单层交叉式绕组，说明单层交叉式绕组的构成原理并绘出展开图。

（1）计算极距 τ、每极每相槽数 q 和槽距角 α。

$$\tau = \frac{Z}{2p} = \frac{36}{4} = 9$$

$$q = \frac{Z}{2mp} = \frac{36}{2 \times 3 \times 2} = 3$$

$$\alpha = \frac{p \times 360^\circ}{Z} = \frac{2 \times 360^\circ}{36} = 20^\circ$$

（2）分相。将槽依次编号，绕组采用 60° 相带，则每个相带包含三个槽，相带和槽号的对应关系见表 2.2。

表 2.2 相带和槽号的对应关系（三相单层交叉式绕组）

槽号	相 带					
	U1	W1	V1	U2	W2	V2
第一对极	1, 2, 3	4, 5, 6	7, 8, 9	10, 11, 12	13, 14, 15	16, 17, 18
第二对极	19, 20, 21	22, 23, 24	25, 26, 27	28, 29, 30	31, 32, 33	34, 35, 36

（3）构成一相绕组，绘出展开图。根据 U 相绕组所占槽数的不同，把 U 相所属的每个相带内的槽数分成两部分：2-10、3-11 构成两个节距都为 $y_1=8$ 的大线圈；1-30 构成一个 $y_1=7$ 的小线圈。同理，20-28、21-29 构成两个大线圈，19-12 构成一个小线圈，即在两对极下依次布置两大一小线圈。根据电动势相加的原则，线圈之间的连接规律是：两个相邻的大线圈之间应"头-尾"相连，大小线圈之间应按照"尾-尾"、"头-头"规律相连。单层交叉式 U 相绕组展开图如图 2.7 所示。采用这种连接方式的绕组称为交叉式绕组。

用同样的方法可以得到另外两相绕组的连接规律。图 2.8 为三相单层交叉绕组的展开图。

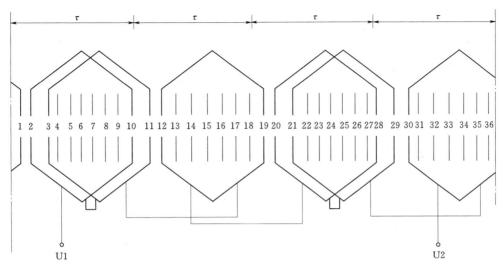

图 2.7 单层交叉式 U 相绕组展开图

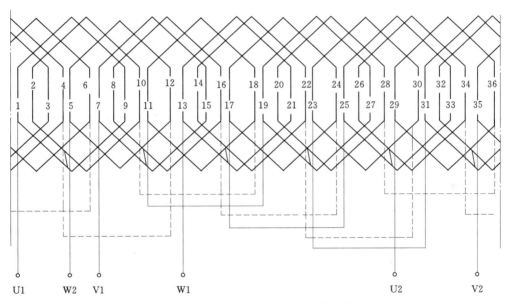

图 2.8 三相单层交叉式绕组的展开图

交叉式绕组不是等元件绕组，线圈节距小于极距，因此端接部分连线较短，有利于节约原材料。当 $q=3$ 时一般均采用交叉式绕组。

3. 单层同芯式绕组

同芯式绕组是由几个几何尺寸和节距不等的线圈连成同芯形状的线圈组构成。

【例 2.4】 设有一台极数 $2p=4$ 的交流电机，定子槽数 $Z=36$，说明三相单层同芯式绕组的构成原理并绘出展开图。

(1) 计算极距 τ、每极每相槽数 q 和槽距角 α，同 [例 2.3]。

(2) 分相，同 [例 2.3]。

(3) 构成一相绕组，绘出展开图，如图 2.9 所示。

69

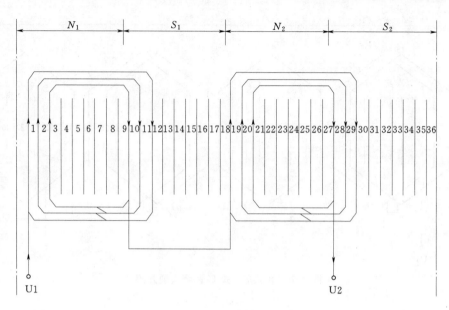

图 2.9 同心式线圈 U 相的展开图

同心式线圈两边可以同时嵌入槽内,不影响其他线圈的嵌放,嵌线方便,但端部连线较长,一般用于功率较小的两极异步电机。

综合以上分析,单层绕组的线圈节距在不同形式的绕组中是不同的,但从电动势计算的角度看,每相绕组中的线圈感应电动势均是属于两个相差 180°空间电角度的相带内线圈边电动势的相量和,因此它仍可以看成是整距线圈。不能制成短距绕组来削弱高次谐波电动势和高次谐波磁动势,噪音和振动大。一般用于功率在 10kW 以下的异步电机中。单层绕组的优点是:槽内无层间绝缘,槽利用率较高,对小功率电机来说具有很大意义。

2.1.5 三相双层绕组

双层绕组的每个槽内分作上下两层,每个线圈的一个边在一个槽的上层,另一个边则在另一个槽的下层,线圈的形式相同,因此线圈数等于槽数,比单层绕组的线圈数增加一倍,如图 2.10 所示。

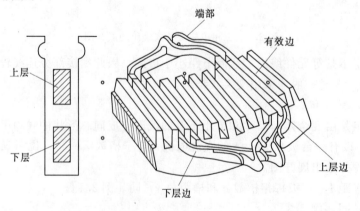

图 2.10 双层绕组放置示意图

双层绕组按连接方式分为叠绕组和波绕组两种，这里仅介绍双层叠绕组。叠绕组是指任何两个相邻的线圈都是后一个"紧叠"在另一个上面，故称为叠绕组。

【例 2.5】 有一台 $Z=36$，$2p=4$，$a=1$ 的交流电机，试绘制三相双层叠绕组的展开图。

（1）计算极距 τ、每极每相槽数 q 和槽距角 α。

$$\tau = \frac{Z}{2p} = \frac{36}{4} = 9$$

$$q = \frac{Z}{2mp} = \frac{36}{2 \times 3 \times 2} = 3$$

$$\alpha = \frac{p \times 360°}{Z} = \frac{2 \times 360°}{36} = 20°$$

（2）分相。将槽依次编号，绕组采用 60°相带，则每个相带包含三个槽，相带和槽号的对应关系见表 2.3。

表 2.3 相带和槽号的对应关系（三相双层叠绕组）

槽号	相 带					
	U1	W1	V1	U2	W2	V2
第一对极	1，2，3	4，5，6	7，8，9	10，11，12	13，14，15	16，17，18
第二对极	19，20，21	22，23，24	25，26，27	28，29，30	31，32，33	34，35，36

（3）构成一相绕组，绘出展开图。以 U 相为例，分配给 U 相的槽为 1、2、3、10、11、12，19、20、21 和 28、29、30 四组，这里若选用短距绕组，$y_1 = \frac{7}{9}\tau = \frac{7}{9} \times 9 = 7$（槽），上层边选上述四组槽，则下层边按照第一节距为 7 选择，从而构造成线圈（上层边的槽号也代表线圈号）。比如，第一个线圈的上层边在 1 槽中，则下层边在 $1+7=8$ 槽中，第二个线圈的上层边在 2 槽中，则下层边在 $2+7=9$ 槽中，依此类推，得到 12 个线圈。这 12 个线圈构成 4 个线圈组（4 个极）。然后根据并联支路数来构成一相，这里 $a=1$，所以将 4 个线圈组串联起来，成为一相绕组。

其他两相绕组可按同样方法构成，如图 2.11 所示。

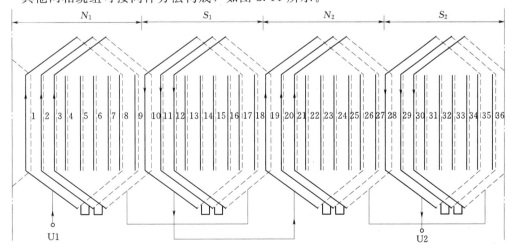

图 2.11 三相双层叠绕组 U 相展开图

从以上分析可以看出，双层绕组的每相绕组的线圈组数等于电机的磁极数。因此，每相绕组的最大并联支路数 $2a = 2p$。

叠绕组的优点是短距时能节省端部用铜和便于得到较多的并联支路数。缺点是线圈组间的连线较长，在多极电机中这些连接线的用铜量更大。

双层波绕组，它的相带划分和槽号的分配方法与双层叠绕组相同。它们的差别在于线圈端部形状和线圈之间的连接顺序不同。波绕组的优点是可以减少线圈组间的连接线，故多用在水轮发电机的定子绕组和绕线式异步电动机的转子绕组中。

双层绕组的节距可以根据需要来选择，一般做成短距以削弱高次谐波，改善电动势波形。容量较大的电机均采用双层短距绕组。

小　结

三相绕组的构成原则要力求获得最大的基本电动势和磁动势，尽可能削弱谐波电动势，要保证三相绕组产生的电动势、磁动势对称，因此要求节距尽量接近极距。采用短距和分布绕组可削弱高次谐波，但短距和分布绕组对基波分量也有一定的削弱，应合理选择节距和每极每相槽数。

习　题

（1）试述交流绕组构成的原则。

（2）什么是极距？什么是槽距角 α？什么是每极每相槽数 q？

（3）一个整距线圈的两个边，在空间上相距的电角度是多少？如果电机有 p 对极，那么它们在空间上相距的机械角度是多少？

（4）一台三相单层绕组的交流电机，极数 $2p = 6$，定子槽数 $Z = 48$，求其极距 τ、机械角度、电角度、槽距角 α、每极每相槽数 q。

（5）试述双层绕组的优点，为什么现代交流电机大多采用双层绕组（小型电机除外）？

综　合　实　训

1. 实训目标

熟悉三相异步电动机绕组结构。

2. 实训要求

（1）三相异步电动机拆卸。

（2）三相异步电动机绕组重绕及嵌放（选做）。

（3）三相异步电动机绕组直流电阻测量。

2.2　交流旋转电机绕组的感应电动势

【学习目标】

（1）了解交流绕组的电动势。

（2）掌握正弦分布磁场下绕组的电动势计算，理解绕组系数的意义。

（3）理解非正弦分布磁场下的谐波电动势及其抑制。

章节名称	能力要素	知识和技能要求	考核标准
交流旋转电机绕组的感应电动势	（1）能说出交流绕组的电动势与交流绕组的结构关系。 （2）能认识交流绕组削减谐波电势的方法	（1）交流绕组的电动势表达式的意义。 （2）高次谐波的削减方法	（1）重点考核内容： 1）交流绕组的电动势表达式的意义。 2）高次谐波的削减方法。 （2）考核方式：口试或笔试。 （3）占总成绩的比例：5%～10%

交流绕组是实现机电能量转换的重要部件，是电机的枢纽，所以也称电枢绕组。若电机内部存在旋转磁场，那么绕组中会产生切割电动势，本节的内容是分析交流电机绕组的感应电动势。绕组构成的顺序是导体——线圈（或称元件）——线圈组（或称元件组）——相绕组，我们按这个顺序分析绕组电动势。本节只讨论正弦分布磁场下的绕组电动势。

2.2.1 正弦分布磁场下的绕组电动势

1. 导体的电动势

在正弦分布磁场下，导体电动势也为正弦波，根据电动势公式 $e=Blv$，可得导体电动势最大值

$$E_{c1m}=B_{m1}lv \tag{2.5}$$

式中：B_{m1} 为正弦磁密幅值。

若 $2p\tau$ 为定子内圆周长，导体电动势有效值为

$$E_{c1}=\frac{E_{c1m}}{\sqrt{2}}=\frac{B_{m1}lv}{\sqrt{2}}=\frac{B_{m1}}{\sqrt{2}}\frac{l2p\tau}{60}n$$

$$=\frac{B_{m1}}{\sqrt{2}}\frac{l2p\tau}{60}\frac{60f}{P}=\sqrt{2}fB_{m1}'l\tau \tag{2.6}$$

式（2.6）中极距 τ 这里用长度单位表示。

磁密平均值为

$$B_{av}=\frac{2}{\pi}B_{m1}$$

每极磁通量为

$$\Phi_1=B_{av}\tau l=\frac{2}{\pi}B_{m1}\pi l$$

上式变换后得

$$B_{m1}=\frac{\pi}{2}\Phi_1\frac{1}{\tau l} \tag{2.7}$$

将式（2.7）代入式（2.6）则导体电动势有效值为

$$E_{c1}=\frac{\pi}{\sqrt{2}}f\Phi_1=2.22f\Phi_1 \tag{2.8}$$

式（2.8）中的 Φ_1 指每极下的总磁通量，而变压器中 Φ_m 是指随时间作正弦变化的磁通的最大值，所以两者的意义不同。

2. 线圈的电动势

先讨论匝电动势，即一匝线圈的两个有效边导体的电动势相量和。

（1）单匝整距线圈的电动势。整距线圈即 $y_1=\tau$，如果线圈一个有效边在 N 极中心线下，则另一根有效边刚好处于在相邻的 S 极中心线下，如图 2.12（a）所示。该整距单匝元件，其上、下圈边的电动势 $\dot{E}_{c1}$、$\dot{E}'_{c1}$ 大小相等而相位相反，由图 2.12（b）可知，整距单匝元件的电动势 E_{t1}，所以它的电动势值为一个圈边电动势的两倍，即

$$E_{t1(y_1=\tau)}=2E_{c1}=\sqrt{2}\pi f\Phi_1=4.44f\Phi_1 \tag{2.9}$$

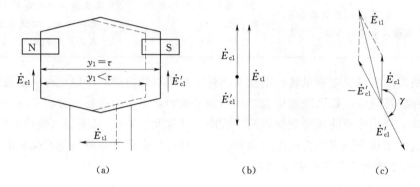

图 2.12 单匝线圈电动势计算
(a) 单匝线圈；(b) 整距线圈电动势相量图；(c) 短距线圈电动势相量图

（2）单匝短距线圈的电动势。对于短距线圈，由于 $y_1<\tau$。可知其上、下圈边电动势的相位差不再是 $180°$ 而是相差 γ 角度，γ 是线圈节距 y_1 所对应的电角度，如图 2.12（c）所示。

$$\gamma=\frac{y_1}{\tau}\times 180° \tag{2.10}$$

因此，短距单匝元件的电动势为

$$E_{t1(y_1<\tau)}=2E_{c1}\cos\frac{180°-\gamma}{2}=2E_{c1}\sin\left(\frac{y_1}{\tau}\times 90°\right)=4.44k_{y1}f\Phi_1 \tag{2.11}$$

$$k_{y1}=\sin\frac{y_1}{\tau}90° \tag{2.12}$$

式（2.12）中 k_{y1} 称为线圈的短距系数。当线圈短距时 $k_{y1}<1$，只有当线圈整距时 $k_{y1}=1$。

短距系数的物理意义是：短距系数代表线圈短距后所感应的电动势与整距线圈相比所打的折扣。短距线圈虽然对基波电动势的大小有影响，但它能有效抑制谐波电动势，故一般交流绕组大多数采用短距绕组。

若电机槽内每个线圈有 N_c 匝组成，每匝电动势均相等，所以一个线圈电动势有效值为

$$E_{y1}=N_cE_{t1}=4.44N_ck_{y1}f\Phi_1 \tag{2.13}$$

3. 线圈组（极相组）的电动势

每个线圈组（极相组）是由 q 个嵌放在相邻槽内的元件串联组成的，它们先后切割气隙磁场，则在每个元件中感应的电动势幅值相等，而相位差为两个槽间的电角度。线圈组的合成电动势应该是 q 个元件电动势的相量和。如图 2.13（c）所示。

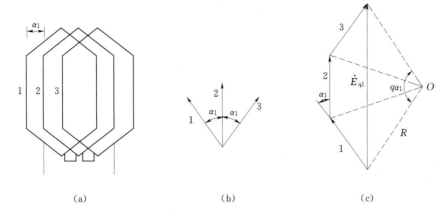

图 2.13 线圈组电动势计算

（a）线圈组；（b）线圈电动势相量；（c）线圈组电动势相量和

元件电动势相量相加的几何关系构成正多边形的一部分，根据几何关系可以求得 q 个元件串联后的合成电动势的有效值为

$$E_{q1} = 2R\sin\frac{q\alpha}{2} \tag{2.14}$$

而 R 为外接圆半径，且

$$E_{c1} = 2R\sin\frac{\alpha}{2} \tag{2.15}$$

将式（2.15）带入式（2.14）中，可得

$$E_{q1} = E_{c1}\frac{\sin\dfrac{q\alpha}{2}}{\sin\dfrac{\alpha}{2}} = qE_{c1}\frac{\sin\dfrac{q\alpha}{2}}{q\sin\dfrac{\alpha}{2}} = qE_{c1}k_{q1} \tag{2.16}$$

其中

$$k_{q1} = \frac{\sin\dfrac{q\alpha}{2}}{q\sin\dfrac{\alpha}{2}} \tag{2.17}$$

式（2.16）中 E_{q1} 为 q 个分布元件电动势的相量和，qE_{c1} 为 q 个集中元件电动势的代数和；k_{q1} 为分布系数。分布系数的意义是：由于绕组分布在不同的槽内。使得 q 个分布元件的合成电动势 E_{q1} 小于 q 个集中元件的合成电动势 qE_{c1}，$k_{q1}<1$。

再把一个元件的电动势代入，可得一个线圈组的电动势

$$E_{q1} = q4.44fN_ck_{y1}\Phi_1k_{q1} = 4.44qN_ck_{w1}f\Phi_1 \tag{2.18}$$

$$k_{w1} = k_{y1}k_{q1} \tag{2.19}$$

式中：qN_c 为 q 个元件的总匝数；k_{w1} 绕组系数，它表示考虑短距和分布影响时，线圈组电动势要打的折扣。

4. 相电动势

整个电机共有 $2p$ 个磁极，这些磁极下属于同一相的线圈组可以串联也可以并联，组成一定数目的并联支路。一相电动势等于一条并联支路的总电动势。

对于双层绕组单层绕组，每相有 $2p$ 个线圈组，设有并联支路数为 $2a$，则一相的电动势应该为

$$E_{p1} = \frac{2p}{2a}E_{q1} = 4.44f\frac{2p}{2a}qN_c k_{w1}\Phi_1 = 4.44fNk_{w1}\Phi_1 \tag{2.20}$$

其中 N 为一相绕组总的串联匝数

$$N = \frac{2pqN_c}{2a} \tag{2.21}$$

对于单层绕组，由于每个元件占两个槽，所以每相绕组总共有 p 个线圈组，有 pqN_c 匝，则每相绕组的串联总匝数为

$$N = \frac{pqN_c}{2a} \tag{2.22}$$

因此，不论单层绕组或单层绕组，一相的电动势计算公式均为

$$E_{p1} = 4.44fNk_{w1}\Phi_1 \tag{2.23}$$

式（2.23）与变压器绕组的计算公式形式上相似，只不过交流电机采用短距和分布绕组，所以要乘以一个绕组系数。

相电动势求出后，可计算线电动势。对称绕组星形连接时线电动势为相电动势的 $\sqrt{3}$ 倍，三角形连接时线电动势等于相电动势。

【例 2.6】 某台三相异步电动机接在 50Hz 的电网上，每相感应电动势的有效值为 $E_{p1} = 350$V，定子绕组每相每条支路串联的匝数 $N = 312$，绕组系数 $k_{w1} = 0.96$，求每极磁通为多少？

解： $E_{p1} = 4.44fNk_{w1}\Phi_1$

$$\Phi_1 = \frac{E_{p1}}{4.44fNk_{w1}} = \frac{350}{4.44 \times 50 \times 312 \times 0.96} = 0.005 \text{ Wb}$$

【例 2.7】 一台 4 极，$Z = 36$ 的三相交流电机，采用双层叠绕组，并联支路数 $2a = 1$，$y = \frac{7}{9}\tau$，每个线圈匝数 $N_c = 20$，每极气隙磁通 $\Phi_1 = 7.5 \times 10^{-3}$Wb，试求每相绕组的感应电动势？

解： 极距

$$\tau = \frac{Z}{2p} = \frac{36}{4} = 9$$

节距

$$y = \frac{7}{9}\tau = \frac{7}{9} \times 9 = 7$$

每极每相槽数

$$q = \frac{Z}{2pm} = \frac{36}{4 \times 3} = 3$$

槽距角

$$\alpha = \frac{p \times 360°}{36} = \frac{2 \times 360°}{36} = 20°$$

基波短距系数

$$k_{y1} = \sin\frac{y_1}{\tau}90° = \sin\frac{7}{9}90° = 0.94$$

基波分布系数

$$k_{q1} = \frac{\sin\frac{q\alpha}{2}}{q\sin\frac{\alpha}{2}} = \frac{\sin\frac{3 \times 20°}{2}}{3 \times \sin\frac{20°}{2}} = 0.96$$

每条支路匝数

$$N = \frac{2pqN_c}{2a} = \frac{2 \times 2 \times 3 \times 20}{1} = 240 \text{ 匝}$$

基波相电动势

$$E_{p1} = 4.44fNk_{y1}k_{q1}\Phi_1$$
$$= 4.44 \times 50 \times 240 \times 0.94 \times 0.96 \times 7.5 \times 10^3$$
$$= 360.6\text{V}$$

2.2.2 改善电动势波形的方法

发电机电动势除基波外，还存在一系列高次谐波。一是由于发电机气隙磁通密度沿气隙空间分布的波形不是理想的正弦波；二是由于电枢铁芯和转子铁芯有齿、槽造成气隙磁阻不均匀引起的。

发电机电动势存在高次谐波，会使电动势波形变坏，产生许多不利的影响。如发电机的附加损耗增加，效率下降，温升升高；还可能引起输电线路谐振而产生过电压；对邻近输电线的通信线路产生干扰；使异步电动机的运行性能变坏。因此必须尽可能地削弱电动势中的高次谐波。

下面介绍削弱气隙磁通密度非正弦分布引起的电动势高次谐波方法。

（1）改善磁场分布接近正弦。改善磁场分布的目的是使磁密的分布比较接近正弦。凸极机可采用合适的磁极形状，对隐极机可改变励磁绕组分布范围来实现。

（2）采用适当的三相连接方式。在三相绕组中，各相的三次谐波电动势大小相等、相位也相同，并且三的奇数倍次谐波电动势（如九次，十五次等）也有此特点。当三相绕组接成 Y 连接时，线电动势为两相的相电动势之差，故三次谐波电动势为零。电机绕组多采用 Y 形连接。

当三相绕组接成△时，△回路中产生三次谐波环流。三次谐波电动势正好等于三次谐波电流所引起的阻抗压降，所以在线电动势中也不会出现三次谐波。但作△连接时会在绕组中产生附加的三次谐波环流，使损耗增加、效率降低、温升变高，故发电机绕组很少采用△形连接。

（3）采用短距绕组。选择适当的短距绕组，可使高次谐波的短距绕组系数远比基波的小，故能在基波电动势降低不多的情况下大幅度削弱高次谐波。

一般说，如短距 $\frac{\tau}{v}$，可以消去 v 次谐波，例如短距 $\frac{\tau}{5}$，可消去五次谐波。

在选择节距时，主要考虑削弱五次和七次谐波，通常取 $y_1 = \frac{5}{6}\tau$ 左右，这时五次和七次谐波电动势大约只有整距时的 1/4。至于更高次的谐波由于幅值很小，影响不大，可以不必考虑。

（4）采用分布绕组。采用分布绕组同样可以起到削弱高次谐波的作用。当 q 增加时，基波分布系数减小的不多，但谐波分布系数却显著下降，从而削弱高次谐波电动势。

随着 q 的增加，电机的槽数也增加，使电机的成本提高。事实上，当 $q>6$ 时高次谐波分布系数下降已不明显，因此一般交流电机的每极每相槽数 q 在 2～6 之间，小型异步电动机的 q 在 2～4 之间。

小　　结

相电动势的公式为 $E_{p1} = 4.44 N k_{w1} f \Phi_1$。此式说明，相电动势的大小与每极磁通、转子转速、相绕组的串联匝数和绕组系数有关。

习　　题

（1）试述短距系数 k_{y1} 和分布系数 k_{q1} 的物理意义。

（2）比较交流电机的相电动势公式和变压器相电动势公式的异同。

（3）非正弦磁场所引起的谐波电动势有什么削弱方法？

（4）为什么同步发电机电枢绕组一般不接成三角形接线，而变压器总希望有一侧接成三角形接线？

（5）一台 2 极，$Z = 24$ 的三相交流电机，采用双层叠绕组，并联支路数 $a = 1$，$y = \frac{7}{9}\tau$，每个线圈匝数 $N_c = 30$，每极气隙磁通 $\Phi_1 = 6.5 \times 10^{-3}$ Wb，试求每相绕组的感应电动势？

（6）为什么同步发电机的三相绕组一般都接成 Y 形？

2.3　交流旋转电机绕组的磁动势

【学习目标】

（1）了解交流绕组电动势的特点。

（2）了解各种磁动势在电机中的应用。

（3）了解交流绕组各种磁动势的内在关系。

（4）熟悉单相绕组产生的磁动势性质。

（5）熟悉三相绕组产生的磁动势性质。

章节名称	能力要素	知识和技能要求	考核标准
交流旋转电机绕组的磁动势	（1）能说出各种交流绕组磁动势的基本特点。 （2）能认识交流绕组旋转磁动势的一般和特殊表达式	（1）了解交流绕组磁动势的基本特点。 （2）了解交流绕组磁动势的分析方法。 （3）了解交流绕组各种磁动势之间的内在关系	（1）重点考核内容： 1）交流绕组磁动势的基本特点。 2）交流绕组各种磁动势的内在关系。 （2）考核方式：口试或笔试。 （3）占总成绩的比例：5%～10%

当电流流过交流绕组时，绕组就会产生磁动势，磁动势的大小随着电流的大小而发生变化。它对电机的能量转换和运行性能有很大的影响。我们主要讨论单相绕组和三相绕组的基波磁动势。

2.3.1 单相绕组的磁动势—脉振磁动势

图 2.14 所示为一台两极异步电动机的示意图。定子上有一集中整距绕组 U1 - U2。绕组中通以电流,假设某一瞬间电流的方向由 U2 流入,从 U1 流出,电流所建立的磁场的磁力线分布如图中虚线所示,它产生的是两极的磁场。对定子而言,上端为 S 极,下端为 N 极。

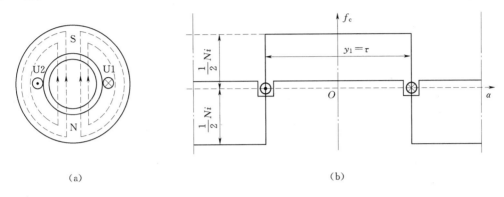

(a)   (b)

图 2.14 两极单相绕组的脉振磁场和磁动势

(a) 单相绕组磁力线分布图; (b) 气隙磁动势分布图

假如将电机从 U_2 绕组边处切开后展平如图 2.14 (a) 所示。选定绕组 U2U1 的轴线处为坐标原点,用纵坐标表示磁动势 f,横坐标 a 表示沿气隙圆周离开原点的空间距离。若略去铁芯中的磁阻不计,可认为绕组作产生的磁动势全部降落在两个气隙上,并均匀分布,则定子内圆各处气隙中的磁动势正好等于绕组磁动势的一半,即 $\frac{1}{2}Ni$。同时规定,磁力线从定子进入转子的磁动势为正,反之为负,则可得到沿气隙圆周空间分布的磁动势曲线,如图 2.14 (b) 所示。可见磁动势波形为矩形波,宽度等于线圈宽度,高度为 $\frac{1}{2}Ni$。

如果绕组中的电流为直流电,则矩形波的幅值不随时间发生变化。如果绕组中的电流为交流电,且其随时间按余弦规律变化,即 $i=\sqrt{2}I\cos\omega t$,则气隙磁动势为

$$f=\frac{1}{2}Ni=\frac{\sqrt{2}}{2}NI\cos\omega t \tag{2.24}$$

式 (2.24) 说明,磁动势矩形波的幅值随时间按余弦规律变化,变化的频率即为交流电源的频率,但其轴线位置在空间保持固定不变。当电流达到正的最大值时,磁动势矩形波的幅值为正的最大值 $\left(\frac{\sqrt{2}}{2}NI\right)$;电流为 0 时,矩形波的幅值也为 0;当电流为负的最大值时,磁动势矩形波的幅值为正的最大值 $\left(-\frac{\sqrt{2}}{2}NI\right)$,如图 2.15 所示。

我们把这种空间位置固定不动,幅值大小和正负随时间而变化的磁动势,称为脉振磁动势。

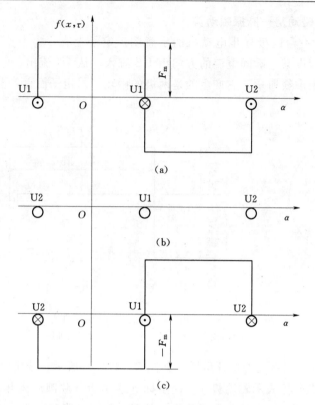

图 2.15　不同时刻的脉振磁动势

(a) $\omega t = 0$，$i = I_m$；(b) $\omega t = 90°$，$i = 0$；(c) $\omega t = 180°$，$i = -I_m$

对于空间按矩形波分布的脉振磁动势，可用傅里叶级数分解为基波和一系列奇次谐波，如图 2.16 所示。

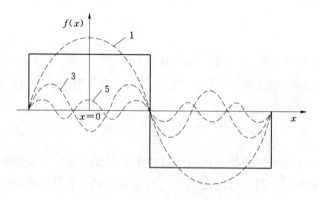

图 2.16　矩形波磁动势的分解

对于有 p 对磁极的电机，可推导出其基波磁动势的表达式为

$$f_1 = \frac{2\sqrt{2}}{\pi} k_{w1} \frac{NI}{p} \cos\omega t \cos\alpha$$

$$= 0.9 k_{w1} \frac{NI}{p} \cos\omega t \cos\frac{\pi}{\tau}x = F_{pm1}\cos\omega t \cos\frac{\pi}{\tau}x \tag{2.25}$$

$$F_{pm1} = 0.9k_{w1}\frac{NI}{p}(\text{安匝}/\text{极})$$

式中：I 为相电流；F_{pm1} 为单相绕组基波磁动势最大幅值。

可见，f_1 也是一个脉振磁动势。

单相绕组基波磁动势在空间按余弦规律分布，其幅值位置固定于绕组轴线处，其幅值大小随时间按余弦规律变化，其脉振的频率为电流的频率，其最大幅值为 $0.9k_{w1}\dfrac{NI}{p}$（安匝/极）。它是时间的函数又是空间的函数。

通常交流电机绕组采用分布短距绕组来削弱电动势中的高次谐波，同理，分布和短距也可削弱磁动势中的高次谐波，分布系数和短距系数计算公式也相同。因此，当电机采用对称三相分布短距绕组时，气隙中的磁动势可以认为就是基波磁动势。

2.3.2 单相脉振磁动势的分解

我们可以推导出在脉动过程中，一个单相脉振磁动势始终可以看成由两个反向旋转的基波磁动势相加而成。这两个旋转磁动势转向相反，转速相同，大小相等，其幅值为脉振磁动势最大幅值的一半；当脉振磁动势的幅值达到最大值时，两个旋转磁动势向量恰与脉振磁动势的向量同向，如图 2.17 所示。

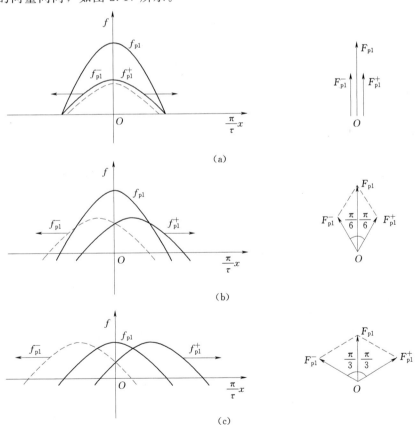

图 2.17（一） 基波脉振磁动势分解为两个旋转磁动势

（a）$\omega t = 0°$；（b）$\omega t = 30°$；（c）$\omega t = 60°$

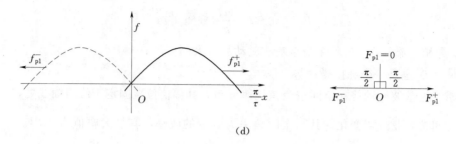

(d)

图 2.17（二）　基波脉振磁动势分解为两个旋转磁动势

(d) $\omega t = 90°$

2.3.3　三相绕组的磁动势—旋转磁动势

1. 三相旋转磁动势

以两极三相交流电机为例，在电机的定子铁芯中，放置三相对称绕组 U1—U2、V1—V2、W1—W2。规定绕组轴线的正方向符合右手螺旋定则，即指从每相的首端进，尾端出，大拇指所指的方向代表绕组轴线正方向。如图 2.18（e）～（h）所示的 $\overline{\text{U}}$、$\overline{\text{V}}$、$\overline{\text{W}}$。在三相对称绕组中通入三相对称电流，其表达式如下

$$
\left.
\begin{aligned}
i_{\text{U}} &= I_{\text{m}} \cos \omega t \\
i_{\text{V}} &= I_{\text{m}} \cos(\omega t - 120°) \\
i_{\text{W}} &= I_{\text{m}} \cos(\omega t - 240°)
\end{aligned}
\right\}
\tag{2.26}
$$

三相电流的波形如图 2.18 所示。假设电流的瞬时值为正时，从绕组的首端流入，尾端流出。电流流入端用符号⊗表示，流出端用符号⊙表示。

根据一相绕组产生的脉振磁动势的大小与电流成正比，其方向可用右手螺旋定则确定，其幅值位置均在该相绕组的轴线上的规律，选取几个特别的瞬时观察，进而分析出三相对称绕组流过三相对称电流所产生的磁动势的特点。

选择 $\omega t = 0°$，$\omega t = 120°$，$\omega t = 240°$，$\omega t = 360°$ 等几个特定的时刻分析。

首先分析 $\omega t = 0°$ 时，此时 $i_{\text{U}} = I_{\text{m}}$，U 相电流从 U1 流入，以 "×" 表示，从 U2 流出，以 "⊙" 表示，$i_{\text{V}} = i_{\text{W}} = -\frac{1}{2} I_{\text{m}}$，电流分别从 V1 及 W1 流出，以 "⊙" 表示，而从 V2 及 W2 流入，以 "⊗" 表示。根据右手螺旋定则可知，三相绕组中电流产生的合成磁场的方向是从上向下，如图 2.18（a）所示。

用同样的方法可以画出 $\omega t = 120°$，$\omega t = 240°$，$\omega t = 360°$ 时的电流及三相合成磁场的方向，分别如图 2.18（b）、（c）、（d）所示。

我们还可以用每相脉振磁动势 F_{U}、F_{V}、F_{W} 三相量叠加的方法，分析上述四个特定时刻的三相合成磁动势 F 的性质、大小和位置。我们知道当单相交流电通入单相绕组时会产生磁动势，当仅考虑基波，此磁动势在空间是余弦分布，它幅值将与电流的瞬时值成正比，即随时间按余弦规律变化，磁动势的轴线位置始终在该相绕组的轴线上。当三相对称绕组通入三相对称电流时，三个单相绕组产生的在各自绕组轴线上的脉振的磁动势 F_{U}、F_{V}、F_{W}，合成后就得到三相绕组的合成磁动势 F。此时合成磁动势与脉振的磁动势相比，不仅大小发生变化，性质也发生变化。以 $\omega t = 0°$ 时为例，如图 2.18（e）所示，因为每相

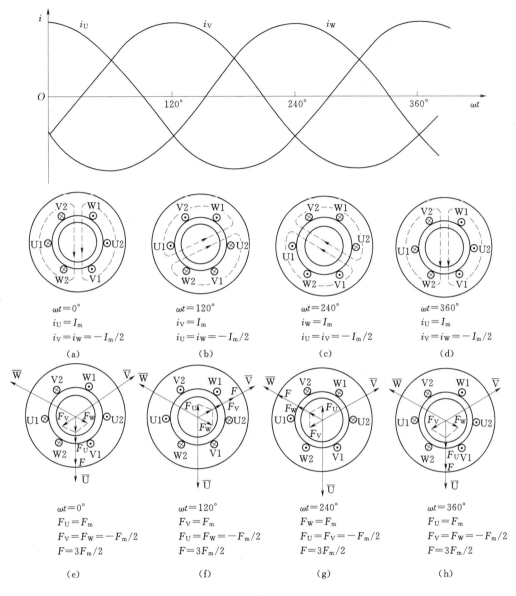

图 2.18　两极旋转磁场示意图

脉振磁动势的大小和该相电流的瞬时值成正比，所以此时 U 相电流为最大，瞬时 U 相磁动势幅值 $F_U = F_m$，也是最大，且为正值，F_U 在 U 相的轴线上，与该相轴正方向一致；而 $i_V = i_W = -\dfrac{1}{2} I_m$，则 $F_V = F_W = -\dfrac{F_m}{2}$，$F_V$、$F_W$ 分别在 V、W 相的相轴上，与该相轴的正方向相反。可见三相合成后磁动势的幅值为 $F = \dfrac{3}{2} F_m$，位置在 U 相的轴线上，与该轴正方向一致。用同样的方法可以画出 $\omega t = 120°$，$\omega t = 240°$，$\omega t = 360°$ 时的三相合成磁动势 F 的大小、位置和方向，分别如图 2.18（f）～（h）所示。

　　通过比较这四个时刻，可以看出三相基波合成磁场在空间是余弦分布，其轴线在空间是旋转的，其幅值等于 $\dfrac{3}{2}F_m$ 恒定不变，旋转磁场矢量顶点的轨迹为一圆，所以称为圆形旋转磁场。

　　另外如果将三相定子绕组排列成每个线圈在空间跨过 1/4，如图 2.19 所示。当通以对称电流时，用同样的方法可以画出四个特定瞬间的电流分布和合成磁场图，可见这是一个四极旋转磁场。

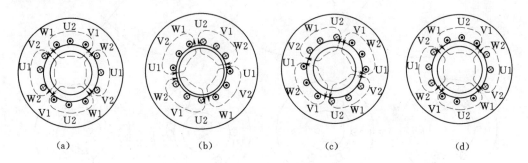

图 2.19　四极旋转磁场示意图

(a) $\omega\tau=0°$；(b) $\omega\tau=120°$；(c) $\omega\tau=240°$；(d) $\omega\tau=360°$

2. 旋转磁动势的转向

　　由图 2.18 可知，三相绕组中流过交流电流的相序是正序 U-V-W，旋转磁动势的转向也是 U-V-W，即从 U 相绕组的轴线转向 V 相绕组的轴线，再转向 W 相绕组的轴线。若任意对调两相绕组所接电源的相序。则三相绕组中流过交流电的相序是负序 U-W-V，用上面同样的分析方法可知，旋转磁动势的转向会反转，转向为 U-W-V。

　　由此可得出结论，旋转磁动势的转向与通入三绕组中的电流相序有关，总是从载有超前电流相绕组的轴线转向载有滞后电流相绕组的轴线。

3. 旋转磁动势的转速

　　旋转磁动势的转速与电源的频率和定子绕组的极对数有关。当电机为一对磁极时，电流变化一个周期，旋转磁动势旋转 360° 空间电角度，对应的机械角度也是一周为 360°。因此，当电机为 p 对磁极时，电流变化一个周期，旋转磁动势也是旋转 360° 空间电角度，而对应机械角度为 360°/p，即旋转了 1/p 周。

　　若电源的频率为 f，每分钟变化 $60f$ 次，则旋转磁场磁动势每分钟转速为

$$n_1=\frac{60f}{p}(\text{r/min}) \tag{2.27}$$

　　式（2.27）说明，旋转磁动势转速与电机的极对数成反比，和电源的频率成正比。

4. 旋转磁动势的幅值

　　由磁动势相量图分析法可证明旋转磁动势的幅值是单相脉振磁动势最大幅值的 $\dfrac{3}{2}$ 倍，即

$$F_1=\frac{3}{2}F_{pm1}=1.35\frac{IN}{p}k_{w1} \tag{2.28}$$

　　综合以上分析，我们可以得到以下结论：单相磁势是一个脉振磁势，其基波的幅值在

相绕组轴线处、且固定不变。最大幅值为 $0.9\dfrac{IN}{p}k_{w1}$ 安/极。脉振频率为绕组中电流的频率。

脉振磁势可以分解为两个幅值是原来幅值一半的旋转磁势。该两个旋转磁势旋转方向相反，旋转速度相同。

当三相对称绕组流过三相对称电流时，其合成磁势的基波是一个幅值不变的旋转磁势，该磁势具有下述特点：

（1）旋转方向与电流相序有关。始终从超前电流相转向滞后电流相。

（2）当某相电流达最大值时，合成磁势轴线正好转到该相绕组的轴上。

（3）幅值等于单相脉振磁势基波最大幅值的 3/2 倍。

（4）旋转速度 $n_1=\dfrac{60f}{p}$。

小　　结

单相交流绕组流过交流电产生脉振磁动势，其基波的幅值在相绕组轴线处，且固定不变。脉振磁动势可以分解成两个转速相同、幅值相同、转向相反的旋转磁动势。

当三相对称绕组流过三相对称电流时，其合成磁动势的基波是一个幅值恒定的圆形旋转磁动势，该磁动势具有下述特点：旋转速度 $n_1=\dfrac{60f}{p}$；旋转方向与电流相序有关，始终从超前电流相转向滞后电流相；幅值等于单相脉振磁动势基波最大幅值的 3/2 倍；当某相电流达最大值时，合成磁动势轴线正好转到该相绕组的轴线上。

习　　题

（1）单相绕组的磁动势性质是什么？

（2）三相绕组的合成磁动势性质是什么？

（3）交流电机单相磁动势的幅值大小、幅值位置、脉动频率各与哪些因素有关？这些因素中哪些是由构造决定的，哪些是由运行条件决定的？

（4）交流电机三相合成基波圆形旋转磁动势的幅值大小、幅值空间位置、转向和转速各与哪些因素有关？这些因素中哪些是由构造决定的，哪些是由运行条件决定的？

第3章 同 步 电 机

同步电机是交流电机的一种，其转子的转速始终与定子旋转磁场的转速相同。从原理上看，同步电机既可作为发电机，也可用作为电动机或调相机。现代电力工业中，无论是水力发电、火力发电或者原子能发电，几乎全部采用同步发电机。在工矿企业和电力系统中，同步电动机和同步调相机应用的也比较多。

3.1 同步发电机的基本工作原理和结构

【学习目标】

(1) 掌握同步发电机的基本工作原理。

(2) 掌握同步发电机各主要部件的结构及其作用。

(3) 理解同步发电机铭牌数据的含义，熟悉额定值之间的换算。

(4) 了解同步发电机的励磁方式特点及应用。

章节名称	能力要素	知识和技能要求	考核标准
同步发电机的基本工作原理和结构	(1) 能说出同步发电机的基本工作原理。 (2) 能认识同步发电机各主要部件，并知道其主要作用。 (3) 能读懂同步发电机的铭牌。 (4) 能辨别同步发电机的励磁方式	(1) 掌握三相同步发电机的基本工作原理。 (2) 了解同步发电机的定子、转子的材料、结构形式和主要作用。 (3) 掌握同步发电机的额定值及计算。 (4) 了解同步发电机的励磁方式	(1) 重点考核内容： 1) 同步发电机的基本工作原理。 2) 同步发电机各主要部件的结构及其主要作用。 3) 额定值之间的计算。 (2) 考核方式：口试或笔试。 (3) 占总成绩的比例：5%～10%

3.1.1 同步发电机的工作原理

1. 三相同步发电机的基本工作原理

同步发电机定子铁芯的内圆均匀分布着定子槽，槽内按一定规律嵌放着对称的三相绕组 U1-U2、V1-V2、W1-W2，如图 3.1 所示。转子铁芯上装有制成一定形状的成对磁极，磁极上绕有励磁绕组。通以直流电流时，将会在电机的气隙中形成极性相间的分布磁场，称为励磁磁场。

当原动机拖动转子以恒定速度旋转时，励磁磁场随转轴一起旋转并顺次切割定子各相绕组。定子绕组中将会感应出大小和方向按周期性变化的三相对称的正弦规律变化感应电动势。各相电动势的大小相等，三相电动势时间相位差120°，满足了三相电动势对称要求。如果同步发电机带上负载，就有电能输出，实现机械能转换为电能。

其中，定子绕组感应电动势的频率为

$$f=\frac{pn}{60} \tag{3.1}$$

由式（3.1）可见，当同步发电机的极对数一定时，定子绕组感应电动势的频率与转子转速之间存在着恒定的比例关系，这是同步电机的主要特点。

由于我国电力系统的标准频率为 50Hz，所以同步发电机转速为 $n=\frac{3000}{p}$，电机的极对数与转速成反比。由计

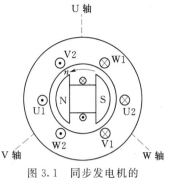

图 3.1　同步发电机的
结构原理图

算可知，如一台汽轮机的转速为 $n=3000\mathrm{r/min}$，则被其拖动的发电机极对数 $p=1$。

2. 同步发电机的铭牌

发电机型号都是由汉语拼音大写字母与数字组成。其中，汉语拼音字母是从发电机全名称中选择有代表意义的汉字，取该汉字的第一个拼音字母组成。

汽轮发电机有 QFQ、QFN、QFS 等系列，前两个字母表示汽轮发电机；第三个字母表示冷却方式，Q 表示氢外冷，N 表示氢内冷，S 表示双水内冷。水轮发电机系列有 TS 系列，T 表示同步，S 表示水轮。例如：QFS－300－2 表示容量 300MW 双水内冷 2 极汽轮发电机。TSS1264/160－48 表示双水内冷水轮发电机，定子外径为 1264cm，铁芯长为 160cm，极数为 48。

（1）额定容量 S_N。额定容量指发电机出线端额定视在功率，单位为 VA、kVA 或 MVA，$S_N=\sqrt{3}U_NI_N$。

（2）额定功率 P_N。额定功率指发电机额定输出的有功功率，$P_N=\sqrt{3}U_NI_N\cos\varphi_N$。

（3）额定电压 U_N。额定电压指该台发电机额定运行时，定子三相线端的线电压，单位为 V 或 kV。

（4）额定电流 I_N。额定电流指该台发电机额定运行时，流过定子绕组的线电流，单位为 A。

（5）额定功率因数 $\cos\varphi_N$。额定功率因数指该台发电机额定运行时的功率因数。

（6）额定励磁电压 U_{fN}。额定励磁电压指该台发电机额定运行时，转子励磁绕组两线端的直流电压，单位为 V。

（7）额定励磁电流 I_{fN}。额定励磁电流指该台发电机额定运行时，流过转子励磁绕组的直流电流，单位为 A。

（8）额定转速。额定转速指该台发电机额定运行时对应电网频率的同步转速，单位为 r/min。

3.1.2　三相同步发电机的类型

同步电机有旋转电枢和旋转磁极两种结构形式，前者适用于小容量同步电机，近来应用很少；后者应用广泛，是同步电机的基本结构形式。

在旋转磁极式结构中，根据磁极形状又可分为隐极式和凸极式两种类型，如图 3.2 所

示。隐极同步发电机气隙均匀，转子机械强度高，适合于高速旋转，多与汽轮机构成发电机组，是汽轮发电机的基本结构形式。凸极同步发电机的气隙不均匀，比较适合于中速或低速旋转，常与水轮机构成发电机组，是水轮发电机的基本结构形式。

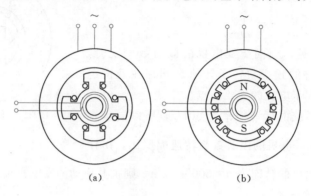

图 3.2 旋转磁极式同步发电机示意图

(a) 凸极式；(b) 隐极式

3.1.3 汽轮发电机的基本结构

汽轮发电机是以汽轮机或燃气轮机为原动机的同步发电机，是火力发电厂、核能发电厂的主要设备之一，其基本结构为隐极式。如图 3.3 所示，为一台汽轮发电机基本结构示意图。

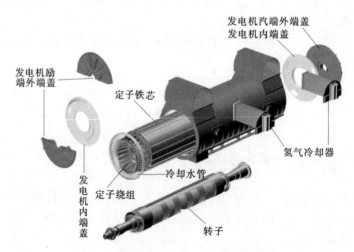

图 3.3 汽轮发电机基本结构示意图

由于汽轮机和燃气轮机采用高转速运行时效率较高，因此汽轮发电机一般做成具有最高同步速的两极结构。汽轮发电机由于转速高、离心力大，其外形必然细长，均为卧式结构。汽轮发电机的主要部件有定子、转子、端盖和轴承等。

1. 定子

定子又称为电枢，主要由定子铁芯、定子绕组、机座以及紧固连接部件组成。

(1) 定子铁芯。定子铁芯是构成电机磁路和固定定子绕组的重要部件。要求导磁性能好、损耗小、刚度好，振动小，并在结构和通风系统布置上能有良好的冷却效果。

定子铁芯由厚度为 0.35mm 或 0.5mm 的涂有绝缘漆膜硅钢片叠成，每叠厚 30～60mm。各段叠片间留有 6～10mm 的通风槽，以利于铁芯散热。当定子铁芯外圆的直径大于1m 时，由于材料标准尺寸的限制，必须做成扇形冲片，然后按圆周拼合起来叠装而成。叠装时把各层扇形片间的接缝互相错开，压紧后仍为一整体圆筒形，如图 3.4 所示。

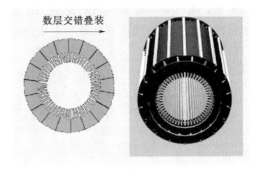

图 3.4　定子铁芯示意图

（2）定子绕组。定子绕组又称电枢绕组，作用是产生对称的三相交流电动势，向负载输出三相交流电流，实现机电能量的转换。定子绕组一般采用双层短距叠绕组形式，按一定规律连接成三相对称绕组。

定子绕组由多个线圈连接组成，为了减小绕组中导体集肤效应引起的附加损耗，每个线圈常用若干股相互绝缘的扁铜线绕制而成，并且在槽内及端部还要按一定方式进行编织换位。

2. 转子

转子主要由转子铁芯、励磁绕组、阻尼绕组、护环、中心环、滑环及风扇等部件组成。

（1）转子铁芯。转子铁芯既是转子磁极的主体，又要承受由于高速旋转产生的巨大离心力，因此要求转子铁芯具备高导磁性能和高机械强度。转子铁芯常用含有镍、铬、钼、钒的优质合金钢材料，与转轴锻造成一体。转轴的一部分作为磁极，加工出若干个槽，槽内嵌放励磁绕组。转子表面约占圆周长 1/3 的部分不开槽，称大齿，即主磁极。如图 3.5 所示，为隐极发电机转子铁芯。

（2）励磁绕组。励磁绕组采用同心式线圈结构，由扁铜线绕制而成。励磁绕组嵌放在转子铁芯槽内，使用不导磁高强度材料做成的槽楔将励磁绕组固定在槽内压紧。

（3）阻尼绕组。某些大型汽轮发电机为了降低不平衡运行时转子的发热，转子上装有阻尼绕组。阻尼绕组的作用是提高同步发电机承担不对称负载的能力和抑制转子机械振荡。当发电机正常稳定运行时，阻尼绕组不起任何

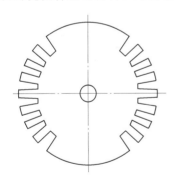

图 3.5　隐极发电机转子铁芯

作用。

（4）护环、中心环与滑环。护环为金属圆筒，用于保护励磁绕组的两个端部，防止因离心力作用而甩出，因此要求采用高强度非导磁的合金钢制成。中心环用于支持护环，并阻止励磁绕组的轴向移动。滑环装在转轴上，实现励磁绕组与励磁电源的连接，一端经引线连接励磁绕组，另一端经电刷接励磁电源。

3.1.4　水轮发电机的基本结构

水轮发电机与汽轮发电机的基本工作原理相同，但在结构上有很大区别。水轮发电机由水轮机驱动，由于转速较低通常采用凸极式转子。从支撑方式角度看，隐极同步发电机只有卧式一种，但凸极同步发电机有立式和卧式两类。冲击式水轮机驱动的发电机多采用卧式结构，一般用于小容量发电机；而低速、大容量水轮发电机则采用立式结构。

立式水轮发电机转子部分必须支撑在一个推力轴承上。根据推力轴承安放位置的不同，立式水轮发电机可分为悬式和伞式两种基本结构，如图3.6所示。

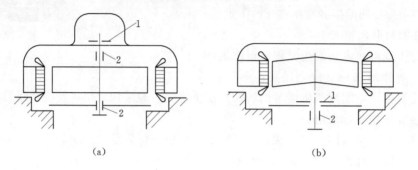

（a）　　　　　　　　　　　　　　　（b）

图3.6　悬式和伞式水轮发电机示意图

（a）悬式；（b）伞式

1—推力轴承；2—导轴承

悬式结构是将推力轴承装在转子的上部，整个转子悬挂在机架上。该结构适用于中高速机组，优点是机组径向机械稳定性较好，轴承损坏较小，轴承维护检修方便。伞式结构则是将推力轴承装在转子下部的机架上，整个转子是处于一种被托架着的状态转动。该结构适用于中低速大容量机组。优点是电站厂房高度可降低，减轻机组重量；缺点是推力轴承直径较大，轴承损耗较大，轴承的维护检修较不方便。

1. 定子

水轮发电机定子铁芯的基本结构与汽轮发电机相同。同时，定子绕组的结构也与汽轮发电机相似。只是由于水轮发电机的磁极数多，定子绕组多采用双层波绕组，可节省极相组间的连接线，并且多采用分数槽绕组以改善绕组感应电动势的波形。

2. 转子

凸极同步发电机的转子由磁极、励磁绕组、磁轭和阻尼绕组等部分构成。

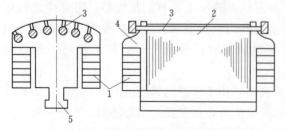

图3.7　凸极同步发电机的磁极与绕组

1—励磁绕组；2—磁极铁芯；3—阻尼
绕组；4—磁极钢板；5—T形尾

磁极一般由1～3mm的钢板叠压而成，高速电机则采用实心形式。励磁绕组是集中式绕组，多采用绝缘扁铜线绕制而成，套装在磁极铁芯上，如图3.7所示。阻尼绕组由若干插在极靴槽中的铜条经两端环短接而成，其作用与汽轮发电机阻尼绕组的作用相同。磁轭可用铸钢，也可用冲片叠压。在磁极的两端面加上磁极压板，用柳丁或拉紧螺杆等进行紧固。磁极用 T 形尾或鸽尾与磁轭相连，二者连接应牢固，以满足旋转受力要求。

3.1.5 三相同步发电机的励磁方式

同步发电机运行时，必须在励磁绕组中通入直流电流，以建立主磁场。所谓励磁方式是指同步发电机获得直流励磁电流的方式，而将供给励磁电流的装置称为励磁系统。励磁系统主要有两个组成部分：一是励磁功率部分，主要用于向同步发电机的励磁绕组提供直流电流的励磁电源；二是励磁调节部分，可以根据发电机电压及运行工况的变化，自动调节励磁功率单元输出的励磁电流的大小，以满足系统运行的要求。

发电机的励磁方式按励磁电源的不同分为三种方式：直流励磁机励磁方式、交流励磁机励磁方式与静止励磁方式。其中，交流励磁机励磁方式按整流器是否旋转又可分为：交流励磁机静止整流器励磁方式与交流励磁机旋转整流器励磁方式两种。

1. 直流励磁机励磁方式

该励磁方式以直流发电机作为励磁机，并且与同步发电机同轴旋转，采用并励、他励或永磁励磁方式，输出的直流电流经电刷、滑环送入同步发电机转子励磁绕组。该励磁方式是通过励磁调节器改变直流励磁机的励磁电流大小，改变直流励磁机输出的电压高低，从而调节发电机的励磁电流，实现调节同步发电机的输出端电压与输出无功功率大小。如图 3.8 所示，为直流励磁机励磁系统工作原理图。

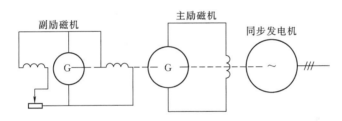

图 3.8　直流励磁机励磁系统

2. 交流励磁机静止整流器励磁方式

该励磁方式又称为三机励磁方式，同一轴上有三台交流发电机，即主发电机、交流主励磁机和交流副励磁机，系统的工作原理如图 3.9 所示。副励磁机的励磁电流开始时由外部直流电源提供，待电压建立起来后再转为自励（有时采用永磁发电机）。副励磁机的输出电流经过静止晶闸管整流器整流后供给主励磁机，而主励磁机的交流输出电流经过静止的三相桥式硅整流器整流后供给主发电机的励磁绕组。

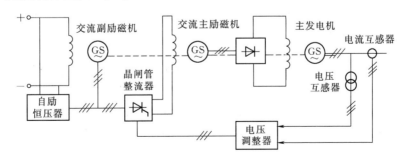

图 3.9　交流励磁机静止整流器励磁系统

3. 交流励磁机旋转整流器励磁方式

静止整流器的直流输出必须经电刷和集电环输送到旋转的励磁绕组，对大容量的同步发电机其励磁电流达到数千安培，使得集电环严重过热。因此，在大容量的同步发电机中，常采用不需要电刷和集电环的旋转整流器励磁系统。主励磁机是旋转电枢式三相同步发电机，旋转电枢的交流电流经与主轴一起旋转的硅整流器整流后，直接送到主发电机的转子励磁绕组。交流主励磁机的励磁电流由同轴的交流副励磁机经静止的晶闸管整流器整流后供给。由于这种励磁系统取消了集电环和电刷装置，故又称为无刷励磁系统。如图3.10所示，为交流励磁机旋转整流器励磁系统工作原理图。

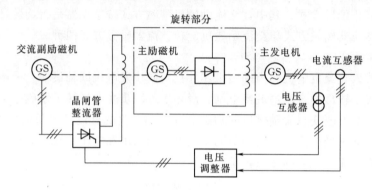

图 3.10 交流励磁机旋转整流器励磁系统

4. 静止励磁方式

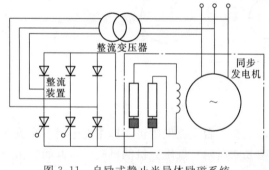

图 3.11 自励式静止半导体励磁系统

静止励磁方式型式较多，其中应用较多的是自并励励磁方式。该励磁方式的励磁电源取自发电机本身。发电机的励磁电流由并接在发电机端的励磁整流变压器经由晶闸管整流器、电刷、集电环提供，系统如图3.11所示。该系统由于取消了励磁机部分，整个励磁装置没有旋转部件，属于静止励磁方式的一种。

小　　结

同步电机的主要特点是电枢电流的频率与转速之间的严格不变的关系，而直流电机和异步电机的转速是可以变动的。另外，同步电机基本上采用旋转磁极式，而直流电机却是旋转电枢式。

汽轮发电机的结构形式主要是由于转速高和容量大的特点，因此必须采用隐极结构，且转子直径小，各零部件机械强度要求高。

由于水轮机多为立式低转速的，因此水轮发电机一般采用立式凸极结构，且极数多，体积较大。

同步发电机的发展方向为单机容量不断增大，冷却方式、冷却介质和电机所用材料不断改进。

习　题

(1) 简述同步发电机的工作原理。

(2) 水轮发电机与汽轮发电机结构上与什么不同，各有什么特点?

(3) 同步发电机电枢绕组感应电动势的频率、磁极数及同步转速之间有何关系? 试求下列电机的极数或转速:

1) 一台汽轮发电机 $f=50\text{Hz}$，$n=1500\text{r/min}$，磁极数为多少?

2) 一台水轮发电机 $f=50\text{Hz}$，$p=48$，转速为多少?

(4) 试比较同步发电机各种励磁方式的特点及其使用范围?

(5) 有一台 QFS-300-2 的汽轮发电机，$U_N=18\text{kV}$，$\cos\varphi=0.8$，$f_N=50\text{Hz}$，试求: ①发电机的额定电流; ②发电机在额定运行时能发多少有功和无功功率?

(6) 有一台 TS854-210-40 的水轮发电机，$P_N=100\text{MW}$，$U_N=13.8\text{kV}$，$\cos\varphi=0.9$，$f_N=50\text{Hz}$，求: ①发电机的额定电流; ②额定运行时能发多少有功和无功功率? ③转速是多少?

综　合　实　训

1. 实训目标

(1) 掌握同步电机正确使用方法。

(2) 掌握同步电机的绕组结构和连接方式。

(3) 掌握同步电机的拆装顺序。

2. 实训要求

(1) 能够正确安装和使用常用的同步电机。

(2) 能熟练拆装同步电机。

(3) 掌握电机常用仪表、工具的性能和使用方法。

3.2　同步发电机的空载运行

【学习目标】

(1) 了解气隙磁场的特点。

(2) 理解同步发电机的空载特性。

(3) 掌握同步发电机空载特性的工程应用。

章节名称	能力要素	知识和技能要求	考核标准
同步发电机的空载运行	(1) 能说出气隙磁场的特点。 (2) 能认识同步发电机空载特性的工程应用	(1) 了解气隙磁场的特点。 (2) 理解同步发电机的空载特性。 (3) 掌握同步发电机空载特性的工程应用	(1) 重点考核内容: 1) 气隙磁场的特点。 2) 同步发电机的空载特性及其应用。 (2) 考核方式: 口试或笔试。 (3) 占总成绩的比例: 5%

原动机带动发电机在同步转速下运行，励磁绕组通过适当的励磁电流，电枢（定子）绕组不带任何负载（开路）时的运行情况，称为空载运行。

空载运行是同步发电机最简单的运行方式，其气隙磁场由转子磁动势 F_f（励磁磁动势）单独建立，称为励磁磁场。

3.2.1 空载气隙磁场

空载运行时，由于电枢电流为零，同步发电机仅有由励磁电流建立的主极磁场。一台四极凸极同步发电机空载运行时，电机内的磁通分布如图

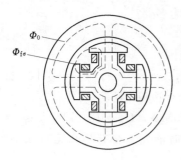

图 3.12 同步发电机
的空载磁路

3.12 所示。从图中可见，主极磁通分为主磁通 Φ_0 和主极漏磁通 $\Phi_{f\sigma}$ 两部分。其中，主磁通通过气隙与定、转子交链，随着转子同步速旋转，在定子绕组中感应三相电动势，从而实现定、转子间的机电能量转换；漏磁通只与转子绕组交链，不参与定、转子间能量转换。

3.2.2 空载特性

当转子以同步速旋转时，主磁场在气隙中形成旋转磁场，从而使定子电枢绕组切割主磁通感应三相对称电动势，即 $\dot{E}_{0A}=E_0\angle 0°$，$\dot{E}_{0B}=E_0\angle 120°$，$\dot{E}_{0C}=E_0\angle -120°$。

其三相基波电动势的有效值为

$$E_0 = 4.44 f N_1 k_{w1} \varphi_0 \tag{3.2}$$

式中：φ_0 为每极基波磁通，单位为 Wb；N_1 为定子绕组每相串联匝数；k_{w1} 为基波电动势的绕组系数。

当原动机转速恒定、f 为恒定值时，改变直流励磁电流 I_f，相应的主磁通大小改变，则每相感应电动势 E_0 大小也改变。因此在额定转速下，发电机励磁电动势 E_0 与励磁电流 I_f 之间的函数关系，称为发电机的空载特性，即 $E_0 = f(I_f)$，如图 3.13 所示。由于 $E_0 \propto \varphi_0$，$F_f \propto I_f$，因此改变坐标的比例，空载特性也可表示为 $\Phi_0 = f(F_f)$ 的关系曲线，该曲线称为同步发电机的磁化曲线。

空载特性是同步发电机的基本特性，由图 3.13 可见，当主磁通 Φ_0 较小时，电机的整个磁路处于不饱和状态，空载曲线下部为直线。直线部分的延长线 0h 称为气隙线，气隙线表示了在电机磁路不饱和的情况下，主磁通随励磁磁动势的变化关系。随着主磁通的增加，铁芯逐渐饱和，铁芯部分所消耗的磁动势较大，主磁通 Φ_0 不再随着励磁磁动势线性增加，因此空载曲线向下弯曲。

为了充分地利用铁磁材料，在电机设计时，通常把电机的额定电压点设计在磁化曲线的弯曲处，如图 3.13 曲线 1 上的 c 点，此时的磁动势称为额定空载磁动势 F_{f0}。线段 $\overline{ac}$ 表示消耗在铁芯部分的磁动势，线段 $\overline{ab}$ 表示消耗于气隙部分的磁动势 F_δ。F_{f0} 与 F_δ 的比值反映了电机磁路的饱和程度，称为电机磁路的饱和系数，用 K_μ

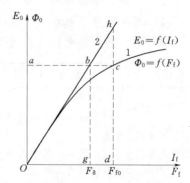

图 3.13 同步发电机的空载特性

表示，其表达式为

$$K_\mu = \frac{F_{f0}}{F_\delta} = \frac{\overline{ac}}{\overline{ab}} = \frac{\overline{dh}}{\overline{dc}} > 1 \tag{3.3}$$

通常，同步电机的饱和系数 $K_\mu = 1.1 \sim 1.25$ 左右。磁路越饱和，铁芯部分所消耗的磁动势也越大。

3.2.3 空载特性的工程应用

空载特性在同步发电机理论中有着重要作用，将设计好的电机的空载特性与标准空载曲线的数据相比较，如果两者接近，说明电机设计合理；反之，则说明该电机的磁路过于饱和或者材料没有得到充分利用。如果磁路过于饱和，则励磁绕组用铜过多，且电压调节困难；如果磁路饱和度太低，则负载变化时电压变化较大，且铁芯利用率较低，铁芯耗材较多。空载特性结合短路特性可以求取同步电机的参数。发电厂通过测取空载特性来判断三相绕组的对称性以及励磁系统的故障。

小 结

同步发电机的空载特性实际上也反应了它的磁化曲线。而一台电机的磁化曲线实际上只决定于电机各段铁芯和气隙的尺寸以及铁芯的材料，当电机制成后，其磁化曲线就确定不变了。

综 合 实 训

1. 实训目标

掌握测量同步发电机的空载特性方法。

2. 实训要求

空载试验：在 $n = n_N$、$I = 0$ 的条件下，测取空载特性曲线 $U_0 = f(I_f)$。

3.3 同步发电机的负载运行

【学习目标】

（1）理解电枢反应的概念。

（2）掌握不同 ψ 角时电枢反应的性质、作用和对电机的影响。

章节名称	能力要素	知识和技能要求	考核标准
同步发电机的负载运行	能说出电枢反应对电机运行的各种影响	（1）理解电枢反应的概念。 （2）掌握同步发电机电枢反应的性质以及对电机的影响	（1）重点考核内容： 1）电枢反应的概念。 2）不同 ψ 角时电枢反应的性质和作用。 （2）考核方式：口试或笔试。 （3）占总成绩的比例：5%～10%

3.3.1 电枢反应概念

同步发电机空载运行时，气隙中仅存在一个以同步转速旋转的主极磁场，在定子绕组

中感应空载电动势 $\dot{E}_0$。当接上三相对称负载时，就有三相对称电流流过定子绕组，产生一个旋转的电枢磁动势。因此，对称负载时在同步发电机的气隙中同时存在着两个磁动势，电枢磁动势与励磁磁动势相互作用形成负载时气隙中的合成磁动势，并建立负载时的气隙磁场。对称负载时电枢磁动势的基波对主极磁场基波的影响称为对称负载时的电枢反应。

电枢反应的性质取决于电枢磁动势基波和励磁磁动势基波的空间相对位置。该相对位置与励磁电动势 $\dot{E}_0$ 和电枢电流 $\dot{I}_a$ 之间的相位差 ψ 有关。ψ 称为内功率因数角，与负载的性质有关。下面就 ψ 角的几种情况，分别讨论电枢反应的性质。

为了分析方便，电枢绕组的每一相均用一个等效整距集中线圈表示，励磁磁动势和电枢磁动势仅取其基波。由交流旋转磁场原理可知，三相合成旋转磁动势的幅值总是与电流为最大的一相绕组的轴线重合。

3.3.2 不同 ψ 的电枢反应性质

1. $\dot{I}$ 和 $\dot{E}_0$ 同相 ($\psi = 0°$) 时的电枢反应

图 3.14 (a) 是一台凸极同步发电机的原理图。此时转子磁极轴线（直轴或 d 轴）超前于 U 相轴线 90°。旋转的励磁磁场在定子三相绕组中感应对称的三相电动势，感应电动势和电流的时间相量图如图 3.14 (b) 所示。三相绕组合成的基波磁动势 $\overline{F_a}$ 的轴线总是和转子磁极轴线相差 90° 电角度，而与转子的交轴（或 q 轴）相重合。因此，$\psi = 0°$ 时的电枢反应称为交轴电枢反应。

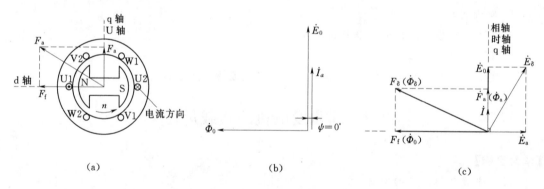

图 3.14 $\psi = 0°$ 时的电枢反应
(a) 空间相量图；(b) 时间相量图；(c) 时间-空间相量图

由图 3.14 (c) 可见，交轴电枢反应使气隙合成磁场轴线位置从空载时的直轴处逆转向后移一个锐角，其位移角度的大小取决于同步发电机的负载大小，而幅值也有所增加。

$\psi = 0°$ 时，同步发电机的负载近似为电阻性负载。此时定子电流产生的交轴电枢磁场与流过励磁电流的转子励磁绕组相互作用产生电磁力，与转子形成电磁转矩。该电磁转矩的方向与转子的旋转方向相反，对转子起到制动作用，使发电机的转速下降。为了维持发电机的转速不变，需要相应地增加原动机的输入功率。

2. $\dot{I}$ 滞后 $\dot{E}_0$ 90° ($\psi = 90°$) 时的电枢反应

三相绕组中电流的方向及产生的磁动势如图 3.15 (a) 所示。此时电枢磁动势 $\overline{F_a}$ 的轴线滞后于转子的励磁磁动势 $\overline{F_{\mathrm{f}}}$ 180°电角度，即 $\overline{F_{\mathrm{a}}}$ 与 $\overline{F_{\mathrm{f}}}$ 的方向相反。此时转子的励磁磁动势和电枢磁动势一同作用在直轴上，方向相反，电枢反应为纯去磁作用，合成磁动势的幅值减小。所以这一电枢反应称之为直轴去磁电枢反应。如图 3.15（b）所示，为 $\psi=90°$ 时三相空载电动势和电枢电流的相量图。

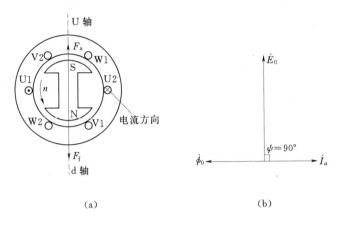

图 3.15 $\psi=90°$时的电枢反应
（a）空间相量图；（b）时间相量图

$\psi=90°$ 时，同步发电机的负载电流为感性无功电流。电枢磁场对转子载流导体产生的电磁力不形成电磁转矩，则对发电机转子的转速不会产生制动作用，但会使发电机的端电压降低。若要维持端电压不变，需要相应地增加励磁电流。

3. $\dot{I}$ 超前 $\dot{E}_0$ 90° $（\psi=-90°）$ 时的电枢反应

三相绕组中电流的方向及产生的磁动势如图 3.16（a）所示。此时电枢磁动势 $\overline{F_{\mathrm{a}}}$ 的轴线滞后于转子的励磁磁动势 $\overline{F_{\mathrm{f}}}$ 0°电角度，即 $\overline{F_{\mathrm{a}}}$ 与 $\overline{F_{\mathrm{f}}}$ 的方向相同。此时转子的励磁磁动势和电枢磁动势一同作用在直轴上，二者同相，电枢反应为纯助磁作用，合成磁动势的幅值增大。所以这一电枢反应称之为直轴助磁电枢反应。如图 3.16（b）所示，为 $\psi=-90°$ 时三相空载电动势和电枢电流的相量图。

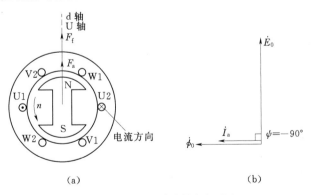

图 3.16 $\psi=-90°$时的电枢反应
（a）空间相量图；（b）时间相量图

$\psi=-90°$ 时，同步发电机的负载电流是容性无功电流。电枢磁场对转子载流导体产生的电磁力不形成电磁转矩，则对发电机转子的转速不会产生制动作用，但会使发电机的端电压升高。若要维持端电压不变，需要相应地减小励磁电流。

4. $0°<\psi<90°$时的电枢反应

一般情况下，同步发电机既向电网输出一定的有功功率，又向电网输送一定的电感性无功功率，此时$0°<\psi<90°$，即电枢电流$\dot{I}$滞后于励磁电动势$\dot{E}_0$一个锐角ψ，这时的电枢反应如图3.17所示。

此时电枢磁动势$\overline{F_a}$滞后励磁磁动势$\overline{F_f}$一个（$90°+\psi$）的空间电角度。该位置既不在电机的交轴上，又不在直轴上。所以，此时的电枢反应既非单纯交磁性质，也非纯去磁性质，而是兼有两种性质。因此可将此时的电枢磁动势$\overline{F_a}$分解成直轴和交轴两个分量。即

$$\overline{F_a}=\overline{F_{ad}}+\overline{F_{aq}} \tag{3.4}$$

$$F_{ad}=F_a\sin\psi \tag{3.5}$$

$$F_{aq}=F_a\cos\psi \tag{3.6}$$

式中：$\overline{F_{aq}}$为交轴电枢反应分量，起交磁作用；$\overline{F_{ad}}$为直轴电枢反应分量，起去磁作用。

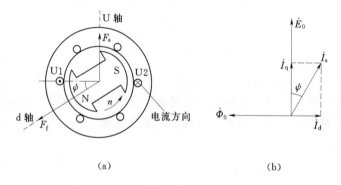

图 3.17 $0°<\psi<90°$时的电枢反应

（a）空间相量图；（b）时间相量图

如图3.17（b）所示，为$0°<\psi<90°$时三相空载电动势和电枢电流的相量图，其中每相电枢电流可分解为直轴和交轴两个分量。即

$$\dot{I}=\dot{I}_d+\dot{I}_q \tag{3.7}$$

$$I_d=I\sin\psi \tag{3.8}$$

$$I_q=I\cos\psi \tag{3.9}$$

$0°<\psi<90°$时，电枢反应既有交轴电枢反应，又有直轴去磁电枢反应，使发电机的转速和端电压均下降。若要维持发电机的转速和端电压不变，需要相应地增加原动机的输入功率和转子的励磁电流。

小 结

同步发电机对称负载运行时，电枢磁动势的基波对主极磁场基波的影响称为电枢反应。电枢反应性质取决于负载的性质和电机内部的参数。

电枢反应的存在是同步发电机实现机电能量转换的关键。

$\varphi=0°$时，电枢反应为交轴性质的。发电机输出有功功率，输出的有功功率对发电机转子会形成制动的电磁转矩，为了维持发电机的频率恒定，需要相应地增加原动机的输入功率。

$\varphi=90°$时，电枢反应为直轴去磁性质的。为了维持发电机的端电压恒定，需要相应地增加直流励磁电流，此时发电机输出感性无功功率。

$\varphi=-90°$时，电枢反应为直轴助磁性质的。为了维持发电机的端电压恒定，需要相应地减少直流励磁电流，此时发电机输出容性无功功率。

习　　题

（1）试比较三相对称负载时同步发电机的电枢磁动势和励磁磁动势的性质，它们的大小、位置和转速各由哪些因素决定的？

（2）何谓同步发电机的电枢反应？电枢反应的性质主要取决于什么？

（3）试分析在下列情况下电枢反应各起什么作用？

1）三相对称电阻负载。

2）纯电容负载 $x_C^*=0.8$，发电机同步电抗 $x_t^*=1.0$。

3）纯电感性负载 $x_L^*=0.7$。

综　合　实　训

1. 实训目标

掌握测量同步发电机在对称负载下的运行特性的试验方法。

2. 实训要求

（1）纯电阻负载特性曲线：在 $n=n_N$、$I=I_N$、$\cos\varphi=1$ 的条件下，测取纯电阻负载特性曲线。

（2）纯电感负载特性曲线：在 $n=n_N$、$I=I_N$、$\cos\varphi\approx0$ 的条件下，测取纯电感负载特性曲线。

3.4　同步发电机的电动势方程式和相量图

【学习目标】

（1）熟悉隐极同步电机对称稳态运行时的基本方程式、等效电路和相量图。

（2）熟悉凸极同步电机对称稳态运行时的基本方程式和相量图。

（3）理解各电抗参数的意义。

章节名称	能力要素	知识和技能要求	考核标准
同步发电机的电动势方程式和相量图	能说出各电抗参数的物理意义	（1）熟悉同步电机对称稳态运行时的基本方程式、等效电路和相量图。 （2）理解各电抗参数的物理意义。	（1）重点考核内容： 1）各电抗参数的物理意义。 2）同步发电机各参数的计算。 （2）考核方式：口试或笔试。 （3）占总成绩的比例：5%～10%

3.4.1 隐极同步发电机的电动势方程式和相量图

1. 隐极同步发电机的电动势方程式

当隐极同步发电机负载运行时，气隙中将存在着两种旋转磁场，即由交流励磁的电枢旋转磁场和由直流励磁的励磁旋转磁场。在不计磁路饱和时，空载特性是一条直线，因此可以利用叠加原理进行分析。即把电枢磁场和励磁磁场作为相互独立的磁场存在于同一磁路中，这些磁场分别在定子绕组中产生感应电动势，感应电动势之和为每相绕组的气隙合成电动势 $\dot{E}_\delta$。$\dot{E}_\delta$ 减去定子绕组的漏阻抗压降后，即为发电机的端电压。此时各物理量之间的电磁关系如下：

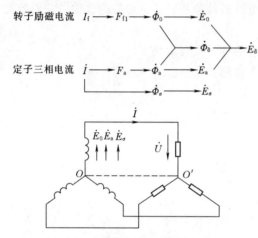

图 3.18 同步发电机相绕组中
各物理量的正方向规定

由图 3.18 所示同步发电机各物理量规定的正方向，得出一相电动势平衡方程式

$$\dot{E}_0 + \dot{E}_a + \dot{E}_\sigma = \dot{U} + \dot{I} R_a \qquad (3.10)$$

由于不计饱和时有 $E_a \propto \Phi_a \propto F_a \propto I_a$，因此可将 $\dot{E}_a$ 写成负电抗压降的形式，即

$$\dot{E}_a = -j \dot{I} x_a \qquad (3.11)$$

式中：x_a 称为电枢反应电抗，在物理意义上表示对称三相电流产生的电枢反应磁场在定子相绕组中感应电动势的能力。

同理，每相感应漏电动势也可以写成电抗压降的形式，即

$$\dot{E}_\sigma = -j \dot{I} x_\sigma \qquad (3.12)$$

将式（3.11）、式（3.12）代入式（3.10），可得

$$\dot{E}_0 = \dot{U} + \dot{I} R_a + j \dot{I} x_a + j \dot{I} x_\sigma = \dot{U} + \dot{I} R_a + j \dot{I} (x_a + x_\sigma)$$

$$= \dot{U} + \dot{I} R_a + j \dot{I} x_t \qquad (3.13)$$

式中：$x_t = x_a + x_\sigma$，称为隐极同步发电机的同步电抗，等于电枢反应电抗和电枢漏抗之和。同步电抗表征对称稳态运行时电枢旋转磁场和电枢漏磁场的一个综合参数。

2. 隐极同步发电机的等效电路

根据式（3.13）可以作出隐极同步发电机的等效电路，如图 3.19 所示。从等效电路来看，隐极同步发电机就相当于励磁电动势 E_0 和同步阻抗 $x_t = x_a + x_\sigma$ 的串联电路。由于等效电路简单，物理意义明显，因此在工程分析中被广泛应用。

3. 隐极同步发电机的相量图

考虑磁路饱和时，如果已知发电机带负载的情况，即已知 $\dot{U}$、$\dot{I}$、$\cos\varphi$，以及发电机的参数 R_a 和 x_t，根据式（3.13）可以画出隐极同步发电机的相量图，如图 3.20 所示。图中，

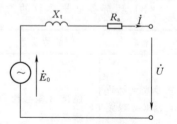

图 3.19 隐极同步发电机的等效电路

$\dot{U}$ 与 $\dot{I}$ 之间的夹角 φ 为功率因数角；$\dot{E}_0$ 与 $\dot{I}$ 之间的夹角 ψ 为内功率因数角；$\dot{E}_0$ 与 $\dot{U}$ 之间的夹角 δ 称为功率角，简称功角。

根据相量图可直接计算出 E_0 和 ψ 的值，即

$$E_0 = \sqrt{(U\cos\varphi + R_{\mathrm{a}}I)^2 + (U\sin\varphi + x_{\mathrm{t}}I)^2} \qquad (3.14)$$

$$\psi = \arctan\frac{x_{\mathrm{t}}I + U\sin\varphi}{R_{\mathrm{a}}I + U\cos\varphi} \qquad (3.15)$$

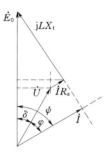

图 3.20 隐极同步发电机的相量图

【例 3.1】 有一台汽轮发电机，定子三相绕组 Y 连接，$P_{\mathrm{N}}=25000\mathrm{kW}$，$U_{\mathrm{N}}=10.5\mathrm{kV}$，$\cos\varphi=0.8$（滞后），$x_{\mathrm{t}}^*=2.13$，电枢电阻略去不计。试求：额定负载下励磁电动势 E_0 及 $\dot{E}_0$ 与 $\dot{I}$ 的夹角 ψ。

解：$E_0^* = \sqrt{(U^*\cos\varphi)^2 + (U^*\sin\varphi + I^*x_{\mathrm{t}}^*)^2} = \sqrt{0.8^2 + (0.6 + 1\times2.13)^2} = 2.845$

$$E_0 = E_0^* U_{\mathrm{N}\Phi} = 2.845 \times \frac{10.5}{\sqrt{3}}\mathrm{kV} = 17.25(\mathrm{kV})$$

$$\tan\psi = \frac{Ix_{\mathrm{t}} + U\sin\varphi_{\mathrm{N}}}{U\cos\varphi_{\mathrm{N}}} = \frac{1\times2.13 + 1\times0.6}{0.8} = 3.4125$$

得 $\qquad\qquad\qquad\qquad\qquad\qquad \psi = 73.67°$

3.4.2 凸极同步发电机的电动势方程式和相量图

1. 凸极同步发电机的电动势方程式

由于凸极式同步发电机的定、转子之间的气隙不均匀，当同一电枢磁动势作用在直轴时得到的电枢磁通量比作用在交轴时得到的电枢磁通量大。而作用在直轴和交轴之间的不同位置时所产生的电枢磁通量都将不一样。则需利用双反应理论进行分析，即当电枢磁动势的轴线既不和直轴又不和交轴重合时，可以把电枢磁动势 F_{a} 分解成直轴分量 F_{ad} 和交轴分量 F_{aq}，再分别求出直轴和交轴磁动势的电枢反应，最后再将它们的效果进行叠加。

当不计磁路饱和时，可将凸极同步发电机的电枢电流 $\dot{I}$ 分解为 $\dot{I}_{\mathrm{q}}$ 和 $\dot{I}_{\mathrm{d}}$，则存在以下电磁关系：

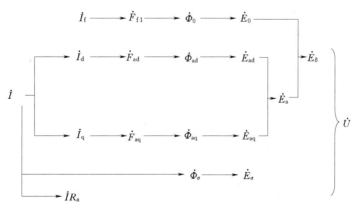

根据基尔霍夫第二定律，可得凸极同步发电机电枢回路的电动势平衡方程式为

$$\dot{E}_0 + \dot{E}_{aq} + \dot{E}_{ad} + \dot{E}_\sigma = \dot{U} + \dot{I}R_a \tag{3.16}$$

同理，直轴和交轴电枢反应电动势可用相应的负电抗压降来表示，即

$$\left.\begin{array}{c} \dot{E}_{ad} = -jx_{ad}\dot{I}_d \\ \dot{E}_{aq} = -jx_{aq}\dot{I}_q \end{array}\right\} \tag{3.17}$$

式中：x_{ad} 和 x_{aq} 分别为凸极同步发电机直轴电枢反应电抗和交轴电枢反应电抗。

将式（3.17）代入式（3.16），则电动势方程式为

$$\begin{aligned} \dot{E}_0 &= \dot{U} + \dot{I}R_a + jx_{ad}\dot{I}_d + jx_{aq}\dot{I}_q + jx_\sigma\dot{I} \\ &= \dot{U} + \dot{I}R_a + jx_{ad}\dot{I}_d + jx_{aq}\dot{I}_q + jx_\sigma(\dot{I}_d + \dot{I}_q) \\ &= \dot{U} + \dot{I}R_a + j\dot{I}_d(x_{ad} + x_\sigma) + j\dot{I}_q(x_{aq} + x_\sigma) \\ &= \dot{U} + \dot{I}R_a + j\dot{I}_d x_d + j\dot{I}_q x_q \end{aligned} \tag{3.18}$$

式中：x_d 和 x_q 分别为凸极同步发电机的直轴同步电抗和交轴同步电抗。x_d 和 x_q 分别表征在对称负载下，单位直轴或交轴电流三相联合产生的电枢总磁场（包括电枢反应磁场和漏磁场）在电枢每一相绕组中感应的电动势。

由于凸极同步发电机气隙不均匀，所以有两个同步电抗 x_d 和 x_q。且由于 $x_{ad} > x_{aq}$，则 $x_d > x_q$，一般 $x_q \approx 0.6x_d$。

2. 凸极同步发电机的相量图

根据式（3.18）可作出凸极同步发电机带阻感性负载的相量图，如图 3.21 所示。在作此相量图时，为将 $\dot{I}$ 分解为 $\dot{I}_q$ 和 $\dot{I}_d$，假设 ψ 角为已知的。然而实际上，内功率因数角 ψ 是无法测量的，不能事先给定。但是在负载确定，即 U、I、$\cos\varphi$ 已知的条件下，可以确定 ψ 角。

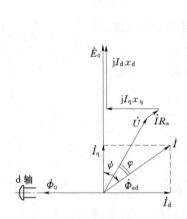

图 3.21 凸极同步发电机带阻
感性负载的相量图

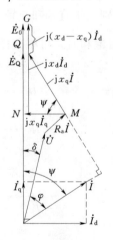

图 3.22 凸极同步发电机
确定 ψ 角相量图

由相量图 3.22 所示，由于

$$\overline{MQ} = \frac{I_q x_q}{\cos\psi} = I x_q$$

得 ψ 的计算式

$$\psi = \arctan \frac{I x_q + U\sin\varphi}{I R_a + U\cos\varphi} \qquad (3.19)$$

因而求得励磁电动势 E_0 的计算式为

$$\dot{E}_0 = \dot{U} + \dot{I} R_a + j\dot{I} x_q + j\dot{I}_d (x_d - x_q) \qquad (3.20)$$

【例 3.2】 有一台水轮发电机，定子三相绕组 Y 接法，$U_N = 10.5\text{kV}$，$I_N = 165\text{A}$，$\cos\varphi_N = 0.8$（滞后），其直轴和交轴同步电抗标幺值分别为 $x_d^* = 1.0$，$x_q^* = 0.6$，电枢电阻忽略不计。试计算发电机额定运行时，发电机的励磁电动势 E_0。

解：

$$\psi = \arctan \frac{I^* x_q^* + U^* \sin\varphi}{U^* \cos\varphi} = \arctan\frac{0.6 + 0.6}{0.8} = \arctan 1.5 = 56.31°$$

直轴电枢电流 $\qquad I_d^* = I^* \sin\psi = 1 \times \sin 56.31° = 0.8321$

励磁电动势

$$E_0^* = U^* \cos(\psi - \varphi) + I_d^* x_d^* = 1.0 \times \cos(56.31° - 36.87°) + 0.832 \times 1 = 1.775$$

$$E_0 = E_0^* U_{N\Phi} = 1.775 \times 10.5/\sqrt{3} = 10.76(\text{kV})$$

小　　结

同步发电机电动势方程式是描述电机各物理量之间相互关系的一种表达形式。相量图是各种磁动势单独作用产生各自的磁通及电动势，利用叠加原理作出的，主要作定性分析。

习　　题

（1）同步电抗对应什么磁通？它的物理意义是什么？

（2）为什么隐极同步发电机只有一个同步电抗 x_t，而凸极同步发电机有交轴同步电抗 x_q 和直轴同步电抗 x_d 之分？

（3）一台汽轮发电机，$P_N = 300000\text{kW}$，$U_N = 18000\text{V}$，Y 接法，$\cos\varphi_N = 0.8$（滞后），$x_t^* = 2.28$，电枢电阻忽略不计，试求额定负载下的励磁电动势 E_0 和功率角 δ_N？

（4）有一台汽轮发电机，$P_N = 100\text{MW}$，$U_N = 10500\text{V}$，Y 接法，每相同步电抗 $x_t = 1.04\Omega$，$\cos\varphi_N = 0.8$（滞后），忽略电枢绕组的电阻，试求额定负载运行时的 E_0、ψ 和 δ_N。

（5）一台水轮发电机，$x_d^* = 0.854$，$x_q^* = 0.554$，Y 接法，$\cos\varphi_N = 0.8$（滞后），电枢电阻忽略不计，试求额定负载下的 E_0^* 和 δ_N？

（6）有一台水轮发电机，额定功率为 1500kW，额定电压是 6300V，Y 接法，额定功率因数 $\cos\varphi_N = 0.8$（滞后），已知额定运行时的参数：$x_d = 21.2\Omega$，$x_q = 13.7\Omega$，电枢电阻略去不计。试求在额定运行时的励磁电动势 E_0。

（7）有一台 $P_N = 725000\text{kW}$，$U_N = 10.5\text{kV}$，Y 接法，$\cos\varphi_N = 0.8$（滞后）的水轮发电机，$R_a^* = 0$，$x_d^* = 1$，$x_q^* = 0.554$，试求在额定负载下励磁电动势 E_0 及 $\dot{E}_0$ 与 $\dot{I}$ 的夹角。

综 合 实 训

1. 实训目标

掌握测量同步发电机同步电抗的试验方法。

2. 实训要求

用低转差法测定同步电抗 x_d 和 x_q。

3.5　同步发电机的运行特性

【学习目标】

(1) 理解同步发电机的各运行特性的定义。

(2) 掌握同步发电机的运行特性及参数的实验求取方法。

(3) 理解同步发电机运行特性的工程应用。

章节名称	能力要素	知识和技能要求	考核标准
同步发电机的运行特性	(1) 掌握同步发电机的运行特性及参数的实验求取方法。 (2) 能读懂同步发电机的运行特性曲线，并解释曲线的形状	(1) 理解同步发电机各运行特性的定义。 (2) 掌握同步发电机的运行特性及参数的实验求取方法。 (3) 理解同步发电机运行特性的工程应用	(1) 重点考核内容： 1) 同步发电机的运行特性实验。 2) 同步发电机参数的计算。 (2) 考核方式：口试、笔试或操作。 (3) 占总成绩的比例：5%～10%

当同步发电机在转速（频率）保持恒定，并假定功率因数 $cos\varphi$ 不变，则发电机有三个互相影响的变量，即发电机的端电压 U、负载电流 I 和励磁电流 I_f。当保持其中某一变量为常数时，其他二者之间的函数关系称为同步发电机的运行特性。同步发电机的运行特性有空载特性、短路特性、外特性和调整特性。空载特性在本章开始已作了介绍，空载特性曲线本质上就是电机的磁化曲线。本节主要介绍短路特性、外特性和调整特性。

3.5.1　同步发电机短路特性

短路特性是指保持同步发电机在额定转速状况下，将定子三相绕组短路，定子绕组的相电流 I_k（稳态短路电流）与转子励磁电流 I_f 的关系。

1. 短路特性

如图 3.23 所示为同步发电机短路试验接线图。试验时，电枢绕组三相端点短路，原动机拖动转子到同步转速 n_N，调节励磁电流 I_f 从 0 增加到 $1.2I_N$ 为止。记录不同短路电流时的 $I_a = I_k$、I_f，作出短路特性 $I_k = f(I_f)$，如图 3.24 所示。

短路试验时，发电机的端电压 $U = 0$，限制短路电流的仅是发电机的内部阻抗。由于一般同步发电机的电枢电阻 R_a 远小于同步电抗 x_d，所以短路

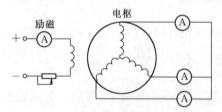

图 3.23　同步发电机短路试验接线图

电流可认为是纯感性的，即 $\varphi \approx 90°$。此时的电枢磁动势基本上是一个纯去磁作用的直轴磁动势，此时电枢绕组的电抗为直轴同步电抗 x_d。发电机中气隙合成磁动势数值很小，致使磁路处于不饱和状态，所以短路特性为一直线，如图 3.24 所示。即

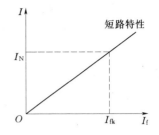

图 3.24 同步发电机短路特性

$$I_k = \frac{E_0}{x_d} \propto I_f \qquad (3.21)$$

2. 同步电抗的确定

短路试验时，短路电流为纯感性的，电枢反应起去磁作用，使磁路处于不饱和状态，所以在气隙线和短路特性曲线上查出励磁电动势 E'_0 和短路电流 I_k，从而求得直轴同步电抗 x_d 的不饱和值。即

$$x'_d = \frac{E'_0}{I_k} \qquad (3.22)$$

其标幺值为

$$x'^*_d = \frac{I_N x'_d}{U_N} = \frac{I_N(E'_0/I_k)}{U_N} = \frac{E'_0/U_N}{I_k/I_N} = \frac{E'^*_0}{I^*_k} \qquad (3.23)$$

发电机一般在额定电压下运行，磁路总是较饱和，因此确定 x_d 的饱和值时，在空载特性曲线上取对应额定电压 U_N 的励磁电流为 I_{f0}，再从短路特性曲线上求取对应 I_{f0} 的短路电流为 I_k，则 x_d 的饱和值为

$$x_d = \frac{U_N}{I_k} \qquad (3.24)$$

在凸极同步发电机中，利用上述方法可求取直轴同步电抗 x_d，再利用经验公式近似求取交轴同步电抗 x_q，即

$$x_q \approx 0.6 x_d \qquad (3.25)$$

3. 短路比 K_C

在同步电机的设计与试验中，短路比是一个常用数据。短路比是空载时使空载电压为额定值的励磁电流 I_{f0} 与短路时使短路电流为额定值的励磁电流 I_{fk} 的比值。短路比用 K_C 表示，则

$$K_C = \frac{I_{f0}}{I_{fk}} = \frac{I_{k0}}{I_N} \qquad (3.26)$$

由式（3.22）得 $I_{k0} = \dfrac{E'_0}{x_d}$，代入上式得

$$K_C = \frac{E'_0/x_d}{I_N} = \frac{E'_0/U_N}{I_N x_d/U_N} = K_u \frac{1}{x^*_d} \qquad (3.27)$$

式（3.27）表明：短路比是直轴同步电抗不饱和值的标幺值 x^*_d 的倒数乘以空载额定电压时的主磁路的饱和系数 K_u。短路比是反映电机综合性能的一个指标，它既和电机的体积大小、材料以及造价等因素有关，又和电机的运行性能有关。短路比对电机的影响如下：

（1）短路比大，则同步电抗小，负载变化时发电机的电压变化就小，并联运行时发电机的稳定度较高；设计上，电机气隙较大，则转子的额定励磁磁动势和用铜量增大。

（2）短路比小，则同步电抗大，这时短路电流较小，但是负载变化时发电机的电压变化就大，发电机的稳定度较差。

因此设计合理的同步发电机，短路比的选择要兼顾运行性能和电机造价这两方面。由于水电站输电距离一般较长，稳定性问题比较严重，所以对水轮发电机要求选择较大的短路比，一般取 $K_c=0.8\sim1.3$，对汽轮发电机要求 $K_c=0.5\sim0.7$。

【例 3.3】 一台 QFSS-200-2 型双水内冷汽轮发电机，$U_N=15.75\text{kV}$，$\cos\varphi_N=0.85$，$I_N=8625\text{A}$，星形连接。空载实验：$U=U_N=15.75\text{kV}$ 时，$I_{f0}=630\text{A}$；从气隙线查得：$U_N=15.75\text{kV}$ 时，$I_{f\delta}=560\text{A}$。短路试验的数据为：

I_k/A	4270	4810	8625
I_f/A	560	630	1130

试求发电机直轴同步电抗值及其标幺值。

解：

$$Z_N=\frac{U_N/\sqrt{3}}{I_N}=\frac{15750/\sqrt{3}}{8625}=1.054\ \Omega$$

在气隙线上，对应 $I_{f\delta}$ 的 $E_0=15.75\text{kV}$。

在短路特性曲线上，对应 $I_{f\delta}$ 的 $I_k=4270\text{A}$，则直轴同步电抗的不饱和值为

$$x_d'=\frac{E_0'}{I_k}=\frac{15750/\sqrt{3}}{4270}=2.13\ \Omega$$

$$x_d'^*=\frac{x_d'}{Z_N}=\frac{2.13}{1.054}=2.02$$

在短路特性上，对应 I_{f0} 的 $I_k=4810\text{A}$，则直轴同步电抗的饱和值为

$$x_d=\frac{U_N/\sqrt{3}}{I_k}=\frac{15750/\sqrt{3}}{4810}=1.89\ \Omega$$

$$x_d^*=\frac{x_d}{Z_N}=\frac{1.89}{1.054}=1.79$$

3.5.2 同步发电机外特性

1. 外特性

外特性是指发电机保持额定转速不变，$I_f=$ 常数、$\cos\varphi=$ 常数时，发电机的端电压 U 与负载电流 I 之间的关系曲线 $U=f(I)$。外特性既可用直接负载法测取，也可用作图法间接求取。

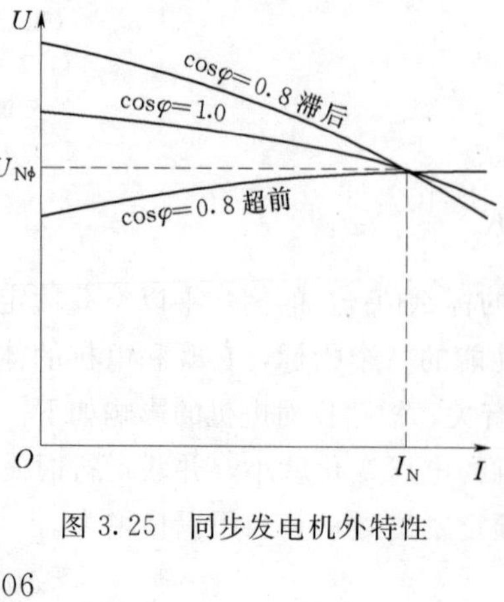

图 3.25 同步发电机外特性

如图 3.25 所示，表示带有不同功率因数的负载时同步发电机的外特性。对于感性负载 $\cos\varphi=0.8$（滞后）和纯电阻负载 $\cos\varphi=1.0$ 时，外特性曲线是下降的，这是由于这两种情况下，$0°<\psi<90°$，电枢反应均有去磁作用与绕组漏阻抗压降引起的。对于容性负载 $\cos\varphi=0.8$（超前）时，由于 $\psi<0°$，电枢反应具有助磁作用与容性电流的漏抗电压上升，则外特性曲线也可能是上升的。

2. 电压变化率

从同步发电机的外特性可以求出其电压变化率，如图 3.26 所示。发电机在额定负载（$I=I_N$，$\cos\varphi=\cos\varphi_N$，$U=U_N$）运行时，励磁电流为额定励磁电流 I_{fN}。保持励磁和转速不变而卸去负载，此时端电压将上升到空载电动势 E_0，如图 3.26 所示。同步发电机的电压变化率（或电压调整率）定义为

$$\Delta U\% = \frac{E_0 - U_N}{U_N} \times 100\% \qquad (3.28)$$

图 3.26　由外特性求电压变化率

电压变化率是表征同步发电机运行性能的重要数据之一。现代的同步发电机多装有快速自动调压装置，能自动调整励磁电流以维持电压基本不变，所以 $\Delta U\%$ 的数值可大些。但为了防止短路故障跳闸切断负载时电压剧烈上升，可能击穿绕组绝缘，所以要求 $\Delta U\%$ 小于 50%。水轮发电机的 $\Delta U\%$ 约为 18%～30%，汽轮发电机由于同步电抗较大，故 $\Delta U\%$ 也较大，约为 30%～48%（以上均为 $\cos\varphi=0.8$ 滞后时的数值）。

3.5.3　同步发电机调整特性

调整特性是指发电机保持 $n=n_N$、$U=U_N$、$\cos\varphi=$ 常数时，励磁电流 I_f 与负载电流 I 的关系曲线 $I_f=f(I)$。

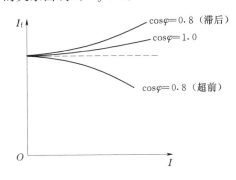

图 3.27　同步发电机的调整特性

如图 3.27 所示，表示带有不同功率因数的负载时，同步发电机具有不同的调整特性曲线，并且调整特性的变化趋势与外特性正好相反。对于感性负载和纯电阻负载时，为了补偿负载电流形成的电枢反应的去磁作用和漏阻抗压降以维持端电压为额定电压，必须随负载电流 I 的增大相应地增加励磁电流。因此，此时的调整特性曲线是上升的。对于容性负载时，为了抵消电枢反应助磁作用以维持发电机端电压不变，必须随负载电流相应地减小励磁电流。因此，此时的调整特性曲线是向下的。

3.5.4　同步发电机的损耗和效率

同步发电机的效率特性是指转速为同步转速、端电压为额定电压、功率因数为额定功率因数时，发电机的效率与输出功率的关系；即 $n=n_1$，$U=U_N$，$\cos\varphi=\cos\varphi_N$ 时，$\eta=f(P_2)$。

同步电发电机的损耗包括电枢的基本铁损耗 p_{Fe}、电枢基本铜损耗 p_{Cu}、励磁损耗 p_{Cuf}、机械损耗 p_{mec} 和附加损耗 p_Δ。其中，电枢基本铁损耗 p_{Fe} 是指主磁通在电枢铁芯齿部和轭部中交变所引起的损耗；电枢基本铜损耗 p_{Cu} 是换算到基准工作温度时，电枢绕组的直流电阻损耗；励磁损耗 p_{Cuf} 包括励磁绕组的基本铜耗、变阻器内的损耗、电刷的电损耗以及励磁设备的全部损耗；机械损耗 p_{mec} 包括轴承、电刷的摩擦损耗和通风损耗；附加损耗

p_Δ 包括电枢漏磁通在电枢绕组与其他金属结构部件中所引起的涡流损耗, 高次谐波磁场掠过主极表面所引起的表面损耗等。

同步发电机的效率是输出的电功率 P_2 与输入的功率 P_1 之比。总损耗 $\sum p$ 确定后, 则同步发电机的效率为

$$\eta = \frac{P_2}{P_1} \times 100\% = \frac{P_2}{P_2 + \sum p} \times 100\% \tag{3.29}$$

其中
$$\sum p = p_{Fe} + p_{Cu} + p_{Cuf} + p_{mec} + p_\Delta$$

小　结

表征同步发电机稳定运行性能的主要数据和参数有: 短路比、直轴和交轴同步电抗、漏电抗。短路比是表征发电机静态稳定度的一个重要参数, 而各个电抗参数则用于定量分析电机稳定运行状态的数据。

同步发电机的特性主要有外特性和调整特性。外特性反映负载变化而不调节励磁时端电压的变化情况, 调整特性反映的是负载变化时, 为保持端电压恒定, 励磁电流的调整规律。

习　题

(1) 同步发电机短路特性曲线为什么是直线? 当 $I_k = I_N$ 时, 这时的励磁电流已处于空载特性曲线的饱和段, 为什么此时求得的 x_d 却是不饱和值, 而在正常负载下却是饱和值?

(2) 同步发电机的短路比的大小会产生哪些影响?

(3) 负载大小的性质对发电机外特性和调整特性有何影响, 为什么? 电压变化率与哪些因素有关?

(4) 一台水轮发电机, $P_N = 72500 \text{kW}$, $U_N = 10.5 \text{kV}$, Y 接法, $\cos\varphi_N = 0.8$ (滞后), 空载特性数据如下:

E_0^*	0.55	1.0	1.21	1.27	1.33
I_f^*	0.52	1.0	1.51	1.76	2.09

短路特性曲线为过原点的直线, $I_k^* = 1$ 时, $I_f^* = 0.965$。试求直轴同步电抗的标幺值。

综 合 实 训

1. 实训目标

(1) 掌握测量同步发电机在对称负载下的运行特性的试验方法。

(2) 掌握由试验数据计算同步发电机在对称运行时的稳态参数。

2. 实训要求

(1) 测量电枢绕组实际冷态直流电阻。

(2) 三相短路试验: 在 $n = n_N$、$U = 0$ 的条件下, 测取三相短路特性曲线 $I_k = f(I_f)$。

（3）外特性：在 $n=n_N$、$I_f=$ 常数、$\cos\varphi=1$ 和 $\cos\varphi=0.8$（滞后）的条件下，测取外特性曲线 $U=f(I)$。

（4）调整特性：在 $n=n_N$、$I_f=$ 常数、$\cos\varphi=1$ 和 $\cos\varphi=0.8$（滞后）的条件下，测取调整特性曲线 $I_f=f(I)$。

3.6 同步发电机并列运行的方法和条件

【学习目标】

（1）掌握同步发电机准同期并列的条件及方法。

（2）掌握同步发电机自同步法并列的方法。

章节名称	能力要素	知识和技能要求	考核标准
同步发电机并列运行的方法和条件	（1）能说出同步发电机的准同期并列的条件。 （2）能进行同步发电机并列运行操作	（1）掌握同步发电机准同期并列的条件及方法。 （2）理解同步发电机自同步并列的方法	（1）重点考核内容： 1）同步发电机准同期并列的条件及方法。 2）同步发电机自同步并列的特点。 （2）考核方式：口试、笔试或操作。 （3）占总成绩的比例：5%～10%

现代发电厂通常采用多台同步发电机并联运行的方式，而更大的电力系统则由多个发电厂并联组成。因此，研究同步发电机投入并联运行的方法及并联运行的规定，对于经济、合理的利用动力资源，发电设备的运行与维护，供电的可靠性与稳定性等，不仅具有理论意义，还具有极大的实际意义。

同步发电机单机运行时，随着负载的变化，发电机的频率和端电压将发生相应的变化，供电的质量和可靠性较差。为了克服这些缺点，现代发电厂与变电所通常采用并联运行的方式，如图 3.28 所示。电网供电与单机供电相比主要优点：

（1）提高了供电的可靠性，一台发电机发生故障或定期检修不会引起停电事故。

（2）提高了供电的经济性和灵活性，例如水力发电厂与火电厂并联时，在枯水期和丰水期，两种电厂可以调配发电，使得水资源得到合理使用。在用电高峰期和低谷期，可以灵活地决定投入电网的发电机数量，提高了发电效率和供电灵活性。

（3）提高了供电质量，由于电网的容量巨大（相对于单台发电机或者个别负载可视为无穷大），因此单台发电机的投入与停机，个别负载的变化，对电网的影响甚微，衡量供

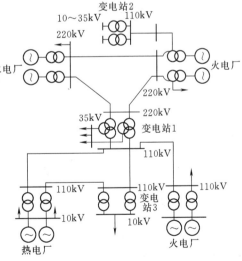

图 3.28 电力系统示意图

电质量的电压和频率可视为恒定不变的常数。同步发电机并联到电网后，它的运行情况要受到电网的制约，即发电机的电压、频率要与电网一致。

3.6.1 准同步法

1. 准同步法并列的条件

同步发电机投入并联运行时，为了避免产生冲击电流，防止发电机组的转轴受到突然的冲击扭矩遭受损坏，以及电力系统受到严重的干扰，则待投入并列运行的发电机需要满足下列条件：

（1）发电机电压和电网电压大小相等。

（2）发电机电压相位和电网电压相位相同。

（3）发电机的频率和电网频率相等。

（4）发电机的相序与电网相序相同。

上述条件中的第（4）个条件，只要在电机安装时或大修后按规定调试后，此条件就满足了。

2. 准同步法的并列操作

把发电机调整到完全符合上述四条并联条件后并入电网，这种方法称为准同步法。这是靠操作人员将发电机调整到符合并联条件后才进行合闸并网的操作。调整过程中常用同步指示器来判断条件的满足情况。最简单的同步指示方法是灯光法，是利用三组同步指示灯来检验合闸的条件，一般用于实验，也可采用同步表法进行并网操作。

（1）灯光法。灯光法的同步指示器由三组相灯组成，并有直接接法（图 3.29）和交叉接法（图 3.30）两种。

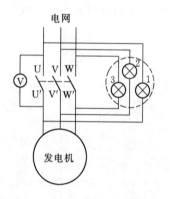

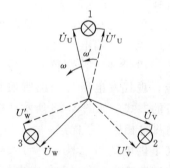

图 3.29 直接接法时的接线图　　　　图 3.30 交叉接法时的相量图

设采用直接接法，即电机各相端与电网同相端对应，则每组灯上的电压 ΔU 相同，且 $\Delta \dot{U} = \dot{U}_2 - \dot{U}_1$。现假定发电机与电网的电压幅值相同，但频率不等，即 $U_2 = U_1$，$f_2 \neq f_1$，将其三相形式绘于同一相量图，如图 3.30 所示。由于发电机侧的相量角频率为 $\omega_2 = 2\pi f_2$，电网侧的相量角频率为 $\omega_1 = 2\pi f_1$，设 $f_2 > f_1$，则 $\dot{U}_2$ 相对于 $\dot{U}_1$ 以角速度 $\omega_2 - \omega_1$ 旋转。当二者重合时，$\Delta U = 0$；而二者反相时，则 $\Delta U = 2U_1$，表明 $\Delta \dot{U}$ 以频率 $f_2 - f_1$ 在 $(0 \sim 2)U_1$ 之间交变，即三组相灯以频率 $f_2 - f_1$ 闪烁，同亮同暗。

综上可知，采用直接接法并列操作可按以下步骤进行：将待并列运行的发电机转速升高到接近同步转速，调节励磁电流使端电压与电网电压相等。此时，若相序正确，则在发电机频率与电网频率相差时，三组相灯会同时亮、暗。调节发电机转速使灯光亮、暗的频率很低，并在三组灯全暗时刻，迅速合闸，完成并网操作。

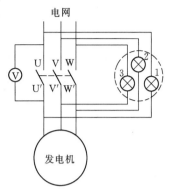

上述操作保证了合闸时刻 $\Delta U \approx 0$，所以没有明显的电流冲击。但是，合闸前灯光仍在极缓慢地亮、暗变化，说明 f_2 和 f_1 并不是严格相等，合闸后 ΔU 依然存在。分析表明，正是由于 ΔU 的存在所产生的自整步作用，才使得电机最终能同步运行，并使 $f_2 = f_1$ 的并列运行条件最终得以满足。

如采用图 3.31 所示的交叉接法，即一组灯同相端连接，另两组灯交叉相端连接，则加于各组相灯的电压不等，如图 3.32 所示，从而各组灯的亮度也不一样。

图 3.31　交叉接法的接线图

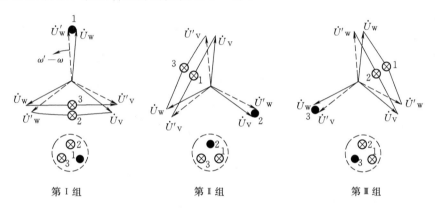

第Ⅰ组　　　　　　　第Ⅱ组　　　　　　　第Ⅲ组

图 3.32　旋转灯光法并网过程分析

设 $\omega_2 > \omega_1$，则发电机侧电压相量相对于电网侧电压相量的旋转角速度为 $\omega_2 - \omega_1$，结合图 3.32 可知结果为三组灯的亮度会依次变化。首先是第Ⅰ组灯熄灭，再是第Ⅱ组，接下来是第Ⅲ组，周而复始，循环变化，好像灯光在逆时针旋转，旋转速度为 $\omega_2 - \omega_1$。反之，若 $\omega_2 < \omega_1$，则情况类似，只是灯光的旋转方向变为顺时针。因此，交叉接法又称之为旋转灯光法，其优点是显示直观。根据灯光旋转方向，调节发电机转速，使灯光旋转速度逐渐变慢，最后在第Ⅰ组灯光熄灭、另两组灯光等亮时迅速合闸，完成并列操作，并最终由自整步作用牵入同步运行。

（2）同步表法。同步表法是在仪表的监视下，调节待并发电机的电压和频率，使之符合与系统并列的条件时的并列操作。其原理接线如图 3.33 所示。

系统电压和待并发电机电压分别由电压表 PV1 和 PV2 监视，调节待并列发电机的励磁电流，使其电压与系统电压大小相等。系统频率和待并列发电机频率分别由频率表 PF1 和 PF2 监视，调节待并列发电机的原动机转速，使其频率接近系统的频率。准同步法并列条件中的相位与频率相同，可由同步表 PS 监视，如图 3.34 所示，同步表表盘有一红线刻度。当同步表的指针向快的方向旋转时，表明待并列发电机高于系统频率，此时应减小原动机转速，反之亦然。并列操作时，调节待并列发电机的励磁电流和转速，使仪表 PV1 和 PV2、PF1 和 PF2 的读数相同，同步表 PS 的指针转动缓慢，指针转至接近红线时，表明并列条件已满足，应迅速合闸，完成并列操作。

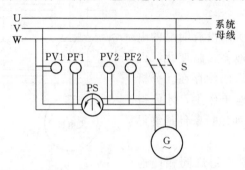

图 3.33　准同步法并列的原理接线图

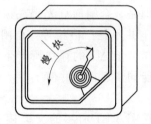

图 3.34　同步表外形图

实际操作中，除相序相同要绝对满足外，其余三个条件允许有一定的偏差，例如频率偏差不超过 0.2%～0.5%。

3.6.2　自同步法

上述准同步方法的优点是合闸时能使新投入的发电机和电网避免过大的冲击电流，缺点是操作较复杂，要求操作人员技术熟练而且比较费时间。当电网发生故障时，电网电压和频率都在变动，要满足准同步法条件比较困难。此时，为了把发电机迅速投入电网，可采用自同步法。

用自同步法进行并网操作，是在相序一致的情况下先将励磁绕组通过适当电阻短接，原动机将发电机拖动到接近同步速时，在没有接通励磁电流的情况下合闸将发电机并入电网，并迅速加入直流励磁，利用电机"自整步"作用将发电机拉入系统同步运行。

自同步法的优点是操作简单迅速，不需要增加复杂设备，但缺点是合闸及投入励磁时会产生冲击电流，一般用于系统故障时的并联操作。

小　　结

同步发电机并列运行可提高供电的可靠性，改善电能质量，并且能在很大区域进行电能的调度，充分利用自然资源，从而使整个电力系统达到经济运行要求。

同步发电机投入并列运行的方法有准同步法和自同步法。正常情况下采用准同步法，电力系统故障的情况采用自同步法。

采用准同步法并列运行的条件：待并列发电机电压与系统电压大小相等；待并列发电机电压与系统电压相位相同；待并列发电机的频率与系统频率相等；带并列发电机电压相序与系统电压相序相同。

习　　题

（1）试述三相同步发电机准同步并列的条件？为什么要满足这些条件？怎样检验是否满足？

（2）同步发电机并列时，为什么通常使发电机的频率略高于电网的频率？频率相差很大时是否可以？为什么？

（3）什么是同步发电机的"自整步"作用？什么情况下同步发电机的"自整步"作用才能得以发挥？

综 合 实 训

1. 实训目标

掌握三相同步发电机投入电网并联运行的条件与操作方法。

2. 实训要求

（1）用准同步法将三相同步发电机投入电网并联运行。

（2）用自同步法将三相同步发电机投入电网并联运行。

3.7 并列运行时有功功率的调节和静态稳定

【学习目标】

（1）掌握并联于无穷大电网的同步发电机的功角特性。

（2）掌握并联于无穷大电网的同步发电机的有功功率调节的理论和方法。

（3）理解静态稳定的概念。

章节名称	能力要素	知识和技能要求	考核标准
并列运行时有功功率的调节和静态稳定	（1）能说出静态稳定的定义。 （2）能进行同步发电机有功功率调节	（1）掌握并联于无穷大电网的同步发电机的功角特性及有功功率调节方法。 （2）掌握同步发电机静态稳定的概念及判定	（1）重点考核内容： 1）同步发电机的功角特性。 2）同步发电机有功功率调节方法。 （2）考核方式：口试或笔试。 （3）占总成绩的比例：5%～10%

一台同步发电机并入电网后，必须向电网输送功率，并根据电力系统的需要随时进行调节，以满足电网中负载变化的需要。为了掌握有功功率的调节，首先必须研究电机的功率平衡关系和功角特性。

3.7.1 同步发电机功率和转矩平衡方程式

1. 功率平衡方程式

同步发电机由原动机拖动旋转，在对称负载下稳定运行时，由原动机输入的机械功率 P_1 扣除发电机的机械损耗 p_Ω、铁耗 p_{Fe} 和附加损耗 p_{ad} 后，转化为电磁功率 P_M，其能量转换过程如图 3.35 所示。得功率平衡方程式为

$$P_1 - (p_\Omega + p_{Fe} + p_{ad}) = P_M \tag{3.30}$$

$$P_1 = p_0 + P_M \tag{3.31}$$

式中：p_0 为空载损耗，$p_0 = p_\Omega + p_{Fe} + p_{ad}$。

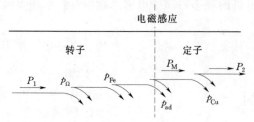

电磁感应

转子　定子

图 3.35　发电机能量流程示意图

电磁功率 P_M 是从转子侧通过气隙合成磁场传递到定子的功率。电磁功率扣除电枢绕组铜损耗 p_{Cu}，即为发电机输出的电功率 P_2。

$$P_2 = P_M - p_{Cu} \tag{3.32}$$

因定子绕组的电阻很小，略去定子绕组的铜耗 p_{Cu} 则有

$$P_M \approx P_2 = mUI\cos\varphi \tag{3.33}$$

2. 转矩平衡方程式

将式（3.31）两边同除以 Ω，得到发电机转矩平衡方程式为

$$\frac{P_1}{\Omega} = \frac{p_0}{\Omega} + \frac{P_M}{\Omega}$$

$$T_1 = T_0 + T \tag{3.34}$$

式中：T_1 为原动机输入转矩（驱动性质）；T_0 为发电机空载转矩（制动性质）；T 为发电机电磁转矩（制动性质）。

3.7.2　同步发电机功角特性

1. 凸极电机功角特性

对于凸极发电机，电枢绕组电阻远小于同步电抗，可忽略不计，则电磁功率等于输出功率，即

$$P_M \approx P_2 = mUI\cos\varphi = mUI\cos(\psi - \delta)$$
$$= mUI(\cos\psi\cos\delta + \sin\psi\sin\delta)$$
$$= mI_qU\cos\delta + mI_dU\sin\delta \tag{3.35}$$

由简化相量图，不计饱和时

$$I_q x_q = U\sin\delta, I_d x_d = E_0 - U\cos\delta$$

$$\left. \begin{array}{l} I_q = \dfrac{U\sin\delta}{x_q} \\[2mm] I_d = \dfrac{E_0 - U\cos\delta}{x_d} \end{array} \right\} \tag{3.36}$$

将式（3.36）代入式（3.35）可得

$$P_M = m\frac{E_0 U}{x_d}\sin\delta + m\frac{U^2}{2}\left(\frac{1}{x_q} - \frac{1}{x_d}\right)\sin2\delta \tag{3.37}$$

$$P_M' = m\frac{E_0 U}{x_d}\sin\delta$$

$$P_M'' = m\frac{U^2}{2}\left(\frac{1}{x_q} - \frac{1}{x_d}\right)\sin2\delta$$

式中：P_M' 为基本电磁功率；P_M'' 为附加电磁功率，附加电磁功率是由于交轴和直轴的磁阻不同而引起的。

式（3.37）表示，在恒定励磁和恒定电网电压（即 $E_0 =$ 常数，$U =$ 常数）时，电磁

114

功率的大小只取决于功率角 δ，$P_M = f(\delta)$ 称为同步发电机的功角特性。如图 3.36 所示，为凸极同步发电机的功角特性曲线。

由凸极同步发电机的功角特性可知，由于 $x_d \neq x_q$，附加的电磁功率不为零，且在 $\delta = 45°$ 时，附加电磁功率达到最大值，如图 3.36 中的曲线 2，这部分功率与 E_0 无关。凸极同步发电机的功角特性即是基本电磁功率图 3.36 中的曲线 1 和附加电磁功率特性曲线相加，如图 3.36 中的曲线 3。凸极电机的最大电磁功率比具有同样 E_0、U 和 x_d（即 x_t）的隐极电机稍大一些，并且在 $\delta < 90°$ 时出现。

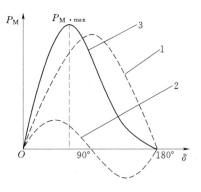

图 3.36 凸极同步发电机的功角特性
1—基本电磁功率；2—附加电磁功率；
3—凸极同步发电机的电磁功率

2. 隐极电机功角特性

对于隐极发电机，由于 $x_q = x_d = x_t$，因此只有基本电磁功率，则功角特性表达式为

$$P_M = m \frac{E_0 U}{x_t} \sin\delta \tag{3.38}$$

隐极同步发电机的功角特性曲线 $P_M = f(\delta)$ 如图 3.37 所示，当隐极同步发电机与系统并联运行时，系统电压 U 和频率是恒定的，若励磁电流不变，则空载电动势也是不变的，因此电磁功率即发电机的输出功率是功角 δ 的正弦函数。当 $\delta = 90°$ 时，电磁功率达到极限值 $P_{M \cdot max} = m \frac{E_0 U}{x_t}$；当 $\delta > 180°$ 时，电磁功率由正值变为负值，此时发电机不再向系统输出有功功率，而是向系统吸收有功功率，则同步电机转入电动机运行状态。

由以上分析可知，功角 δ 是研究同步发电机并联运行的一个重要物理量。功角 δ 具有双重的物理意义：一是励磁电动势 $\dot{E}_0$ 和端电压 $\dot{U}$ 两个时间相量之间的夹角；二是励磁磁动势 $\overline{F_{fl}}$ 和定子合成等效磁动势 $\overline{F_u}$ 空间相量之间的夹角。

由图 3.38 可见，电机的合成气隙磁场在转子内沿主极轴线逐渐扭斜，功角 δ 则反映了气隙合成磁场扭斜的角度。功角 δ 愈大则磁场所产生的磁拉力愈大，相应的电磁功率和电磁转矩也愈大。

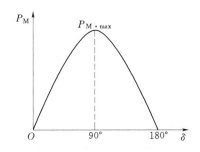

图 3.37 隐极同步发电机的功角特性

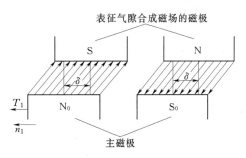

图 3.38 功角的物理意义

综上所述，功率角 δ 不仅决定了发电机并联运行时的输出功率，而且还反映了转子运动相对的空间位置，通过功率角 δ 把同步电机的电磁变化关系和机械运动紧密地联系起

来。同步发电机转子相对位置变化，引起发电机有功功率的变化；相反，转子的相对空间位置又受到电磁过程的制约。

3.7.3 有功功率调节

为简化分析，以并联在无穷大电网的隐极同步发电机为例，忽略磁路饱和与定子绕组电阻的影响，且保持励磁电流不变，来分析有功功率的调节。

当发电机并联与系统处于空载运行状态时，发电机的输入机械功率 P_1 恰好和空载损耗相平衡，没有多余的部分可以转化为电磁功率，即 $P_1 = p_0$，$T_1 = T_0$，$P_M = 0$，如图 3.39（a）所示。此时虽然可以有 $E_0 > U$，且有电流 $\dot{I}$ 输出，但是为无功电流。此时气隙合成磁场和转子磁场的轴线重合，功率角等于零。

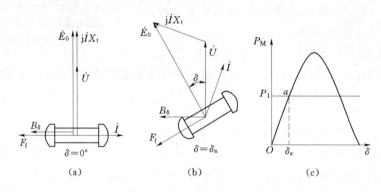

图 3.39　并联运行的同步发电机有功功率调节
（a）空载运行时的相量图；（b）负载运行时的相量图；（c）负载运行的有功功率调节

当增加原动机的输入功率 P_1 时，即增加了原动机的输入转矩 T_1，这时 $T_1 > T_0$，使电机转子开始加速旋转，主磁极的位置将逐渐开始超前气隙合成磁场，相应的 $\dot{E}_0$ 将超前 $\dot{U}$ 一个功角 δ，如图 3.39（b）所示。此时 $\delta > 0$ 使 $P_M > 0$，发电机开始向电网输出有功电流，并同时出现与电磁功率 P_M 相对应的制动电磁转矩 T。当 δ 增大到某一数值，使电磁制动转矩增大到与增大的驱动转矩相平衡时，发电机的转速就不再加速，最后在功角特性上新的运行点稳定运行，如图 3.39（c）所示。

以上分析表明，对于一个并联在无穷大电网上的同步发电机，要调节发电机输出的有功功率，就必须调节来自原动机的输入功率。还需指出，并不是无限制地增加来自原动机的输入功率，发电机输出功率都会相应增加。这是由于当功角 δ 达到 90° 即达到电磁功率的极限值 $P_{M \cdot max}$ 时，如果继续增加原动机的输入功率，则无法建立新的平衡，导致电机转速将连续上升而失步。

3.7.4 静态稳定

并联在电网运行的同步发电机，经常会受到来自电网或原动机方面的微小扰动，致使发电机运行状态发生变化。若在扰动消失后，发电机能自行恢复到原运行状态稳定运行，则称发电机是"静态稳定"的；否则，就是静态不稳定的。

以隐极同步发电机为例，当发电机为隐极发电机时，功率特性如图 3.40 所示，图中有两个平衡点 a 和 d 点。设输入功率为 P_1，电磁功率为 P_M，发电机若要保持稳定运行，

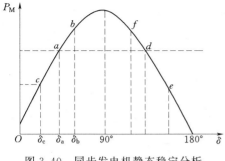

图 3.40 同步发电机静态稳定分析

功率一定要达到平衡，即 $P_1 = P_M + p_0$，忽略空载损耗，则 $P_1 = P_M$，下面分析 a、d 两点的运行特性。

假设发电机稳定运行在 a 点，当由于某种短暂的微小扰动使原动机输入的能量微小增大时，发电机转子将加速运行，使转子得到一个位移增量 $\Delta\delta$，运行点由原来的 δ_a 增大到 δ_b，电磁功率也相应地增加到 P_{Mb}，由图可见，正的功角增量 $\Delta\delta = \delta_b - \delta_a$ 产生正的电磁功率 $\Delta P_M = P_{Mb} - P_{Ma}$。但是一旦扰动消失，发电机发出的电磁功率 P_M 将大于输入的有效功率（$P_1 = P_M$），转子上制动性质的转矩增加，迫使电机减速，功角 δ 逐渐减小，因此发电机将回到原来的 a 点稳定运行。

若发电机稳定运行在 d 点，当发电机受到原动机输入能量微小增大的扰动时，发电机转子将加速运行，功角 δ 增加，运行点由原来的 δ_d 变到 δ_e。显然电机产生的电磁功率减小，转子上制动性质的转矩减小。当扰动突然消失，电机输入的有效功率将大于电磁功率，使功角 δ 继续增大，将使电机产生更大的加速度，转子不断地加速而失去同步。因此 d 点是静态不稳定点。

同步发电机失去同步后，必须立即减小原动机输入的机械功率，否则将使转子达到极高的转速，以致离心力过大而损坏转子。同时，当发电机失步后，发电机的频率和电网频率不一致，定子绕组中将出现一个很大的电流而烧坏定子绕组。因此，保持同步是十分重要的。

分析表明，从功角特性曲线上可看出，曲线上升部分的工作点，发电机运行是静态稳定的，因此同步发电机静态稳定的条件用数学式表示为

$$\frac{\mathrm{d}P_M}{\mathrm{d}\delta} > 0 \tag{3.39}$$

反之，曲线下降部分，即 $\frac{\mathrm{d}P_M}{\mathrm{d}\delta} < 0$，发电机的运行是静态不稳定的。在 $\frac{\mathrm{d}P_M}{\mathrm{d}\delta} = 0$ 处，保持同步的能力恰好为零，所以该点为同步发电机的静态稳定极限。

$\frac{\mathrm{d}P_M}{\mathrm{d}\delta}$ 是衡量同步发电机稳定运行能力的一个系数，称为比整步功率，用 P_{syn} 表示。对于隐极机同步发电机的比整步功率为

$$P_{syn} = \frac{\mathrm{d}P_M}{\mathrm{d}\delta} = m\frac{E_0 U}{x_t}\cos\delta \tag{3.40}$$

上式表明功角 δ 愈小，比整步功率愈大，发电机的稳定性愈好。

实际中，为了使同步发电机能稳定运行，在电机设计时，使发电机的极限功率 $P_{M \cdot max}$ 比其额定功率 P_N 大一定的倍数，这个倍数称为静态过载能力，用 K_m 表示。对于隐极同步发电机的静态过载能力为

$$k_{m} = \frac{P_{M \cdot max}}{P_N} = \frac{m \dfrac{E_0 U}{x_t}}{m \dfrac{E_0 U}{x_t} \sin\delta_N} = \frac{1}{\sin\delta_N} \qquad (3.41)$$

一般要求 $k_m > 1.7$，通常在 $1.7 \sim 3$ 之间，与此对应的发电机额定运行时的功率角 δ_N 在 $25° \sim 35°$。

【例 3.4】 一台汽轮发电机数据如下：$S_N = 31250kVA$，$U_N = 10500V$ （Y 接法），$\cos\varphi_N = 0.8$ （滞后），$x_t = 7.0\Omega$，此发电机并联于无穷大电网运行，试求：

(1) 当发电机在额定状态下运行时，功率角 δ_N，电磁功率 P_M，过载能力 k_m 为多大？

(2) 若维持上述励磁电流不变，但输入有功功率减半时，δ_N、电磁功率 P_M、$\cos\varphi_N$，输出的无功功率将变为多少？

解： (1) 额定电流 $\qquad I_N = \dfrac{S_N}{\sqrt{3}U_N} = \dfrac{31250 \times 10^3}{\sqrt{3} \times 10500} = 1718.3(A)$

$$\tan\psi = \frac{Ix_t + U\sin\varphi_N}{U\cos\varphi_N} = \frac{1718.3 \times 7 + 10500/\sqrt{3} \times 0.6}{10500/\sqrt{3} \times 0.8} = 3.23$$

得 $\qquad\qquad\qquad\qquad \psi = 72.8°$

$$\delta_N = \psi - \varphi = 72.8° - \arccos0.8 = 35.93°$$

电磁功率 $\qquad P_M = P_N = S_N\cos\varphi = 31250 \times 0.8 = 25000(kW)$

过载能力 $\qquad k_m = \dfrac{P_{M \cdot max}}{P_N} = \dfrac{1}{\sin\delta_N} = \dfrac{1}{\sin35.93°} = 1.7$

(2) 若励磁电流不变，则 E_0 不变

$$E_0 = \frac{P_M x_t}{mU\sin\delta} = \frac{25000 \times 10^3 \times 7}{3 \times (10500/\sqrt{3}) \times \sin35.93°} = 16398.8(V)$$

由于输入有功功率减小一半，则

$$P'_M = \frac{1}{2}P_{MN} = \frac{1}{2} \times 25000 = 12500(kW)$$

由于 E_0 不变，则 $\sin\delta$ 需减小一半，即

$$\sin\delta = \frac{1}{2}\sin\delta_N = \frac{1}{2} \times \sin35.93° = 0.2934$$

得 $\qquad\qquad\qquad\qquad\qquad \delta = 17.06°$

根据隐极电机相量图，得

$$Ix_t = \sqrt{E_0^2 + U^2 - 2E_0 U\cos\delta}$$

$$I = \sqrt{E_0^2 + U^2 - 2E_0 U\cos\delta}/x_t$$

$$= \sqrt{16398.8^2 + (10500/\sqrt{3})^2 - 2 \times 16398.8 \times (10500/\sqrt{3}) \times \cos17.07°} \div 7$$

$$= 1535.9(A)$$

$$\cos\varphi = \frac{P_2}{\sqrt{3}U_N I_N} = \frac{12500 \times 10^3}{\sqrt{3} \times 10500 \times 1535.9} = 0.4475$$

$$\varphi = 63.42°$$

此时无功功率为

$$Q=\sqrt{3}UI\sin\varphi=\sqrt{3}\times10500\times1535.9\times\sin63.42°=24980.6(\text{kvar})$$

小　结

功角特性反映同步发电机的有功功率与电机内各物理量之间的关系。功角 δ 在 $0°\sim\delta_{\max}$（极限功率对应的功角）范围内时，同步发电机是静态稳定的。静态稳定性与励磁电流、发电机的同步电抗及所带有功功率情况有关。

并联于无穷大容量的电力系统运行的同步发电机，若要调节其输出的有功功率，就应调节原动机输入的机械功率来改变功角，使之按功角特性关系输出有功功率。在调节有功功率同时，由于功角 δ 的改变，即使励磁电流不变，无功功率的输出也有改变。

习　题

(1) 说明同步发电机的功角在时间和空间上各有什么含义？

(2) 与无穷大电网并联运行的同步发电机，如何调节有功功率，试用功角特性分析说明？

(3) 试比较在与无穷大电网并联运行的同步发电机的静态稳定性能：

1) 正常励磁、过励、欠励。

2) 在轻载状态下运行或在重载状态下运行。

(4) 与无限大容量电网并联运行的同步发电机如何调节无功功率？

(5) 一台汽轮发电机，$P=25000\text{kW}$，$U_N=10.5\text{kV}$（Y 接法），$\cos\varphi_N=0.8$（滞后），定子每相同步电抗 $x_t^*=1$，定子电阻忽略不计，磁路不饱和。当发电机并联运行于无穷大电网时，试求：

1) 发电机输出有功功率为 $P_N/2$，$\cos\varphi=0.8$，励磁电动势 E_0^* 和功率角 δ？

2) 保持此励磁电流不变，将输出有功功率提高为额定值 P_N、这时无功功率 Q_2 为多少？

(6) 一台 11kV、50Hz、4 极星形连接的隐极同步发电机，同步电抗 $x_t=12\Omega$ 不计电枢电阻，该发电机并联于额定电压的电网运行。输出有功功率 3MW，功率因素为 0.8（滞后），试求：

1) 求每相空载电动势 E_0 和功率角 δ？

2) 如果励磁电流保持不变，求发电机不失去同步时所能产生的最大电磁转矩。

(7) 有一台汽轮发电机并联于无穷大电网运行，额定负载时功角 $\delta_N=20°$，现因电网发生故障，系统电压下降为原来的 60%，若原动机的输入功率不变，试求：

1) 此时功角 δ 为多少？

2) 为使 δ 角不超过 $25°$，则应增加励磁电流使发电机的 E_0 上升为原来的多少倍？

(8) 有一台水轮发电机 $P_N=3200\text{kW}$，$U_N=6300\text{V}$，$\cos\varphi_N=0.8$（滞后），$n_N=300\text{r/min}$，$x_d=9\Omega$，$x_q=6\Omega$，该发电机并联于无穷大电网运行，忽略定子绕组电阻，试求：

1) 此发电机在额定运行时的 δ_N 和励磁电动势 E_0。

2) 此发电机在额定运行时电磁功率的基本分量 P_M' 和附加分量 P_M''。

3) 发电机的最大电磁功率 $P_{M.max}$ 和过载能力 k_m。

综　合　实　训

1. 实训目标

三相同步发电机与电网并联运行时有功功率的调节。

2. 实训要求

掌握三相同步发电机并联运行时有功功率的调节方法。

3.8　并列运行时无功功率的调节和 U 形曲线

【学习目标】

(1) 掌握并联于无穷大电网的同步发电机的无功功率调节方法。

(2) 掌握同步发电机 U 形曲线的分析方法。

(3) 了解调相机的运行特点和功率提高。

章节名称	能力要素	知识和技能要求	考核标准
并列运行时无功率的调节和 U 形曲线	能对并联于无穷大电网的同步发电机进行无功功率调节	(1) 掌握并联于无穷大电网的同步发电机的无功功率调节方法。 (2) 掌握同步发电机 U 形曲线的分析方法	(1) 重点考核内容: 1) 同步发电机的无功功率调节方法。 2) 同步发电机 U 形曲线的分析方法。 (2) 考核方式: 口试或笔试。 (3) 占总成绩的比例: 5%~10%

　　电网在向负载提供有功功率的同时，还向负载提供一定数量的无功功率（例如向异步电动机和变压器提供励磁电流），无功功率将由并联在电网上的发电机共同分担。电网的负载大多是感性负载、其电枢反应具有去磁作用，为了维持发电机端电压不变，必须增大励磁电流。因此，无功功率的调节必须依靠调节励磁电流。

3.8.1　无功功率的功角特性

　　并联于无穷大电网的同步发电机当电网电压和频率恒定、参数（x_d、x_q、x_t）为常数、空载电动势 E_0 不变（即 I_f 不变）时，$Q = f(\delta)$ 为无功功率的功角特性。

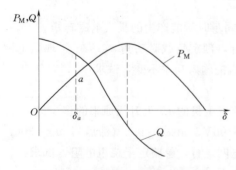

图 3.41　隐极发电机的有功功率和
无功功率的功角特性

　　隐极同步发电机的无功功率特性如图 3.41 所示，当电网电压和频率恒定、参数为常数、空载电势 E_0 不变（即 I_f 不变）时，无功功率 Q 也是功角 δ 的函数。当励磁电流保持不变时，有功功率的调节会引起无功功率变化。当 $Q>0$ 时，发电机输出感性无功（吸收容性）；当 $Q<0$ 时，发电机向电网吸收感性无功（输出容性）。

3.8.2　无功功率的调节

　　以隐极同步发电机为例，不计磁路饱和的影响，且忽略电枢绕组电阻。当发电机的端电

压恒定，在保持发电机输出的有功功率不变时，则有

$$P_{M} = \frac{mE_0U}{x_t}\sin\delta = 常数，即 E_0\sin\delta = 常数 \tag{3.42}$$

$$P_2 = mUI\cos\varphi = 常数，即 I\cos\varphi = 常数 \tag{3.43}$$

上述两式表明，在输出恒定的有功功率时，如调节励磁电流，电动势相量 $\dot{E}_0$ 端点的轨迹为图 3.42 中的 AB 线，电枢电流相量 $\dot{I}$ 端点的轨迹为 CD 线。不同励磁电流时的 $\dot{E}_0$ 和 $\dot{I}$ 的相量端点在轨迹线上有不同的位置，图 3.42 反映了三种不同励磁情况下的相量图。

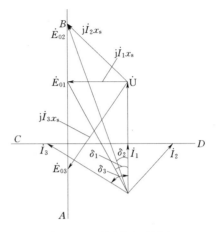

图 3.42　不同励磁时同步
发电机的相量图

（1）当励磁电流 $I_f = I_{f0}$，相应的空载电动势为 $\dot{E}_{01}$，此时 $\dot{I}_1$ 与 $\dot{U}$ 同相位，即 $\cos\varphi = 1$，电枢电流全为有功分量，且其值最小。这种情况通常称为"正常励磁"。

（2）当增加励磁电流，使 $I_f > I_{f0}$ 时，则 $\dot{E}_{02} > \dot{E}_{01}$，此时电枢电流 $\dot{I}_2$ 滞后于端电压。电枢电流 $\dot{I}_2$ 中除有功分量 $\dot{I}_2\cos\varphi_2$ 外，还出现一个滞后的无功分量 $\dot{I}_2\sin\varphi_2$，即输出一个感性的无功功率。此状态下的励磁称为"过励"状态。

（3）当减小励磁电流，使 $I_f < I_{f0}$ 时，则 $\dot{E}_{03} < \dot{E}_{01}$，此时电枢电流 $\dot{I}_3$ 超前于端电压。电枢电流 $\dot{I}_3$ 中除有功分量 $\dot{I}_3\cos\varphi_3$ 外，还出现一个超前的无功分量 $\dot{I}_3\cos\varphi_3$，即输出一个容性的无功功率。此状态下的励磁称为"欠励"状态。如果进一步减小励磁电流，空载电动势将更小，功率角将增大，当 $\delta = 90°$ 时，发电机达到稳定运行的极限状态。若再进一步减小励磁电流，发电机将不能稳定运行。

综上所述，在保持原动机输入功率不变时，通过调节励磁电流可以达到调节同步发电机无功功率的目的。当从某一"欠励"状态开始增加励磁电流时，发电机输出超前的无功功率开始减少，电枢电流中的无功分量也开始减少。达到"正常励磁"状态时，发电机输出的无功功率为零，电枢电流中的无功分量也变为零。此时，如果继续增加励磁电流，发电机将输出滞后性的无功功率，电枢电流中的无功分量又开始增加。

3.8.3　同步发电机的 U 形曲线

用试验方法，在保持电网电压 U 和发电机输出有功功率不变条件下，改变励磁电流 I_f，测定对应的电枢电流 I，将二者之间的关系 $I = f(I_f)$ 绘成曲线。由于曲线形状与字母"U"相似，故称为同步发电机的 U 形曲线，如图 3.43 所示。

同步发电机的 U 形曲线是一簇曲线，每一条 U 形曲线对应一定的有功功率，随着输出有功功率增大，曲线愈往上移。每一条 U 形曲线上都有一个最低点，对应 $\cos\varphi = 1$ 的情况。将所有的最低点连接起来，将得到与 $\cos\varphi = 1.0$ 对应的曲线。该曲线对应电机"正

常励磁"状态；曲线左侧为"欠励"状态，功率因数超前；曲线右侧为"过励"状态，功率因数滞后。

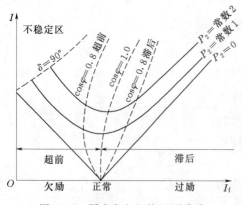

图 3.43　同步发电机的 U 形曲线

由图 3.43 所示，U 形曲线左侧有一个不稳定区（对应 δ＞90°）。由于"欠励"区域更靠近不稳定区，因此，发电机一般不宜工作在"欠励"状态。

3.8.4　调相运行与调相机

在电力系统中，80% 左右的电能消耗于异步电动机用于转换成机械能来拖动生产机械、且系统中还有许多的变压器进行升压和降压，它们运行时都需要吸收感性的无功功率。如果仅靠同步发电机在向电力系统输送有功功率的同时再供给感性无功功率，往往不能满足电力系统对感性无功功率的需求。因此，系统中还必须有能提供无功功率的电源，如电容器、同步电动机、调相机等。

1. 同步电机的可逆原理

同步电机和其他旋转电机一样具有可逆性，既可以作为发电机运行，也可以作为电动机运行，完全取决于它的输入功率是机械功率还是电功率。以一台已投入电网运行的隐极同步电机为例，说明其从同步发电机过渡到同步电动机运行状态的物理过程，以及其内部各电磁物理量之间的关系变化。

如前所述，同步电机运行于发电机状态时，其转子主磁极轴线超前于气隙合成磁场的等效磁极轴线一个功率角 δ，这时转子磁极拖着合成等效磁极以同步转速旋转，如图 3.44 (a) 所示。这时发电机产生的电磁制动转矩与输入的驱动转矩相平衡，将原动机输入的机械功率转变为电功率输送给电网。因此，此时电磁功率 P_M 和功率角 δ 均为正值，励磁电动势 $\dot{E}_0$ 超前于电网电压 $\dot{U}$ 一个 δ 角度。

若逐步减小发电机的输入功率，转子将瞬时减速，功率角 δ 减小，相应的电磁功率 P_M 也减小。当功率角 δ 减小到零时，相应地电磁功率也为零，发电机的输入功率只能抵偿发电机的空载损耗，此时发电机处于空载运行状态，并不向电网输送功率，如图 3.44 (b) 所示。

若进一步减小发电机的输入功率，则 δ 和 P_M 变为负值，电机开始从电网吸收有功功率来克服空载制动转矩，产生驱动的电磁转矩。如果再卸掉原动机，电机过渡为空载运行的电动机，此时空载损耗全部由电网输入的电功率来供给。如果在电机轴上加上机械负载，则功率角 δ 的绝对值将增大，从电网吸收的电功率和对应的电磁功率也将增大，以平衡电动机的输出功率。此时，功率角 δ 为负值，即 $\dot{E}_0$ 滞后于 $\dot{U}$，主极磁场落后于气隙合成磁场，转子受到一个驱动性质的电磁转矩作用，如图 3.44 (c) 所示。

2. 调相运行及调相机

电网中的主要负载是异步电动机和变压器，它们所需的励磁电流必须由电网提供。因

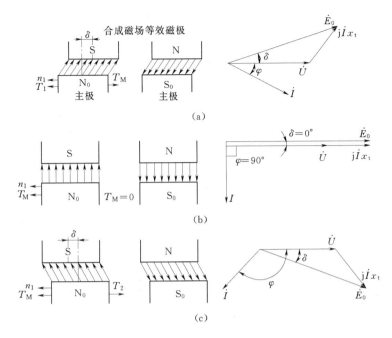

图 3.44 同步发电机过渡到同步电动机的过程
(a) 发电机;(b) 过渡状态;(c) 电动机

此,电网除了供给这些感性负载必要的有功功率之外,还需要供给很大一部分感性无功功率,从而使电网的功率因数降低。功率因数越低,则发电机的容量越得不到充分利用。同时,当感性无功功率通过输电线路传输时,线路中的电压降和损耗也将增大。如果能在适当的位置装上调相机,就地补偿负载所需的感性无功功率,就能显著地提高电力系统的经济性与供电质量。

同步调相机实际上就是一台在空载运行情况下的同步电动机。它从电网吸收的有功功率仅供给电机本身的损耗,因此同步调相机总是在接近于零的电磁功率和零功率因数的情况下运行。忽略调相机的全部损耗,则电枢电流只有无功分量,电动势平衡方程式可简化为

$$\dot{U}=\dot{E}_0+\mathrm{j}\dot{I}x_\mathrm{t} \tag{3.44}$$

根据此公式,绘制出过励和欠励时同步调相机的相量图,如图 3.45 所示。由图可见,过励状态时,电流 $\dot{I}$ 超前 $\dot{U}$90°;而欠励状态时,电流 $\dot{I}$ 滞后 $\dot{U}$90°。因此,只要调节励磁电流,就能灵活地调节无功功率的性质和大小。由于电力系统对感性无功功率需求量加大,故调相机通常运行在过励状态。

同步调相机的额定容量是指它在过励状态下的视在功率,这时的励磁电流称为额定励磁电流。考虑到稳定等因素,欠励状态时的容量约为过励状态时额定容量的

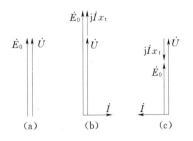

图 3.45 同步调相机的相量图
(a) 正常励磁状态;(b) 过励
状态;(c) 欠励状态

50%～65%。同步调相机一般采用凸极式结构，由于转轴上不带机械负载，因此在机械结构上要求较低，转轴较细，且没有过载能力的要求，静态过载倍数也可以小些，因此相应地可以减小气隙和励磁绕组的用铜量。启动方法与同步电动机相同。

小　　结

并列于无穷大容量的电力系统运行的同步发电机，调节励磁电流，就能调节输出的无功功率。仅调节励磁电流时，同步发电机输出的有功功率不变，但会影响发电机的静态稳定性。

同步电机的 U 形曲线是反映当保持同步发电机输出有功功率不变时，定子电流随励磁电流变化的关系曲线。

忽略定子绕组电阻时，同步电机的电磁功率决定于功角 δ，电动机和发电机在运行上区别主要是 δ 角的符号：$\delta>0°$ 时是发电机运行状态；$\delta<0°$ 时是电动机运行状态；而 $\delta=0°$ 时为调相机运行状态，此时既可看成是空载运行的同步电动机，又可看成是发出无功功率的无功发电机。

习　　题

（1）什么是 U 形曲线？什么时候是正常励磁、过励磁和欠励磁？一般情况下发电机在什么状态下运行？

（2）一水电厂供应一远距离用户，为改善功率因数添置一台调相机，此机应装在水电厂内还是在用户附近？为什么？

（3）一台隐极同步发电机，$S_N=31250kVA$，$U_N=10.5kV$（Y 接法），$\cos\varphi_N=0.8$（滞后），定子每相同步电抗 $x_t=7\Omega$，定子绕组电阻忽略不计，发电机与无穷大电网并联运行。试求：

1）发电机在额定状态下运行时的功角 δ，电磁功率 P_M，励磁电动势 E_0。

2）发电机在额定状态下运行，将其励磁电流加大 10% 时，δ、P_M、$\cos\varphi$ 和定子电流 I（不考虑磁路饱和）？

（4）当 $\cos\varphi=0.5$ 时，用户需要 1000kW，试决定：

1）供给此用户的发电机的 kVA 容量。

2）如果添设一台调相机完全补偿无功功率，求它的容量及发电机供给的容量。

3）如果只将发电机的 $\cos\varphi$ 提高到 0.8，求调相机的容量及发电机供给的容量？

综　合　实　训

1. 实训目标

掌握三相同步发电机并联运行时无功功率的调节。

2. 实训要求

（1）测取当输出功率等于 0 时三相同步发电机的 U 形曲线。

（2）测取当输出功率等于 0.5 倍额定功率时三相同步发电机的 U 形曲线。

3.9 同步发电机的异常运行与突然短路

【学习目标】

（1）了解同步发电机不对称稳态运行时的各序阻抗、各序等效电路。掌握不对称运行对同步发电机的影响。

（2）掌握突然短路对同步电机及电力系统的影响。

（3）了解同步发电机失磁、振荡产生的原因、各表计的变化及抑制的方法。

（4）了解同步发电机的常见故障。

章节名称	能力要素	知识和技能要求	考核标准
同步发电机的异常运行与突然短路	（1）能说出同步发电机不对称运行对电机的影响以及抑制措施。 （2）能说出同步发电机突然短路对电机的影响。 （3）能说出同步发电机失磁、振荡各表计的变化情况	（1）了解同步发电机不对称稳态运行时的各序阻抗、各序等效电路。掌握不对称运行对同步发电机的影响。 （2）掌握同步发电机突然短路时的电磁关系以及对电机的影响。 （3）了解同步发电机失磁、振荡产生的原因、各表计的变化及抑制的方法	（1）重点考核内容： 1）同步发电机不对称运行、失磁和振荡对电机的影响。 2）短路电流对同步发电机的影响。 （2）考核方式：口试或笔试。 （3）占总成绩的比例：5%～10%

3.9.1 同步发电机不对称运行

同步发电机是根据在对称负载下长期运行来设计制造的，因而在使用时尽量使同步电机在对称情况下运行。但是有时会遇到某些原因导致同步发电机出现不对称运行，例如同步发电机接有容量较大的单相负载（如单相电炉，民用电中的照明与家用电器，工业中的电气铁轨采用单相电源为牵引电机供电），输电线路的单相或两相短路，断路器或隔离开关一相未合上等，上述情况都将造成负载不对称，使发电机在不对称负载下运行。同步发电机的不对称运行属于异常运行状态，即介于正常和具有破坏性的事故运行之间的一种运行状态。

在不对称负载情况下运行，同步发电机的电枢电压和电枢电流都会出现三相不对称现象，使得接到电网的变压器和电动机运行情况变坏、效率降低。同时，也对发电机本身以及电网带来不良影响，因此对同步发电机的不对称负载的程度有一定的限制。

同步发电机不对称运行时，电机中包括正序、负序和零序分量。不计饱和时，三相不对称运行时可采用对称分量法将不对称电压和不对称电流分解为正序、负序和零序三个对称系统，在不同相序中取其中一相的等效电路进行分析。

1. 相序电动势

转子励磁磁场按规定的正方向旋转，在定子绕组中产生的三相感应电动势定为正序，由于结构的对称性显然为对称正序电动势。但如果带不对称负载时，则为不对称运行。由于发电机不存在反转的转子励磁磁场，所以不会有负序电动势与零序电动势。

2. 相序阻抗

（1）正序阻抗。转子通入励磁电流正向同步旋转时，电枢绕组中所产生的正序三相对称电流所遇到的阻抗即为正序阻抗。因此正序阻抗实质上是同步发电机正常运行时的同步阻抗。对于隐极同步发电机，即

$$Z_+ = R_+ + jx_+ = R_a + jx_t \qquad (3.45)$$

对于凸极同步发电机，由于气隙不均匀，数值大小取决于正序旋转磁场与转子的相对位置。当发生三相对称稳态短路时，忽略的电枢电阻，正序电抗等于 x_d 的不饱和值。

（2）负序阻抗。当转子正向同步旋转、励磁绕组短路、电枢加上一组对称的负序电压时，负序电枢电流所遇到的阻抗称为负序阻抗。

负序电枢磁场的转速为同步速，但其转向与转子的转向相反，以 $2n_1$ 速度切割转子上的励磁绕组和阻尼绕组，而产生两倍频率的感应电动势和电流。由于凸极同步发电机转子结构不对称，直轴、交轴上的磁路和电路系统不相同，因此对应的负序阻抗与等效电路也不相同。当负序磁场的轴线和转子直轴重合时，忽略铁损耗等效电路如图 3.46（a）所示。当负序磁场轴线和转子交轴重合时，其等效电路如图 3.46（b）所示。在凸极同步发电机中，负序磁场与交轴重合时为交轴负序电抗 x_{q-}，负序磁场与直轴重合时为直轴负序电抗 x_{d-}，因此负序电抗值是变化的，一般取二者的平均值作为负序电抗值，即

$$x_- = \frac{x_{q-} + x_{d-}}{2} \qquad (3.46)$$

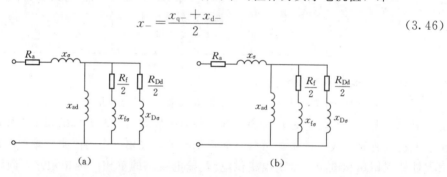

图 3.46　负序阻抗等效电路

（a）负序磁场轴线正对 d 轴；（b）负序磁场轴线正对 q 轴

（3）零序阻抗。当转子正向同步旋转、励磁绕组短接，电枢绕组产生零序电流，该电流所遇到的阻抗称为零序阻抗。由于各相零序电流大小相等、相位相同，流过三相绕组产生的各相磁动势在空间互差 120°电角度，则三相合成基波磁动势为零，不形成旋转磁场。因而零序电流只产生定子漏磁通，零序电抗实质上为一漏电抗。

与零序漏电抗相似，零序电抗的大小与绕组的节距有关。对于单层和双层整距绕组，每槽内线圈边中电流方向总是相同的，故零序电抗等于正序漏电抗，即 $x_0 = x_\sigma$。对于双层短距绕组，有一些槽的上、下层线圈边不同相，流过绕组的电流大小相等、方向相反，槽的零序漏磁通互相抵消，因此零序电抗小于正序漏电抗，即 $x_0 < x_\sigma$。

3. 相序电动势方程式和等效电路

(1) 正序分量

$$\dot{E}_{U0} = \dot{E}_{U+} = \dot{U}_{U+} + j\dot{I}_{U+} x_+$$

(2) 负序分量。转子转向只有正转，定子绕组中无负序的励磁电流，因此为无源电路，即 $\dot{E}_{U0} = 0$。

$$\dot{U}_{U-} + j\dot{I}_{U-} x_- = 0$$

(3) 零序分量。定子绕组中也不存在零序励磁电势，零序电路也为无源电路，即 $\dot{E}_{U0} = 0$。

$$\dot{U}_{U0} + \dot{I}_{U0} x_0 = 0$$

根据上述各式，可得同步发电机各序等效电路，如图 3.48 所示。

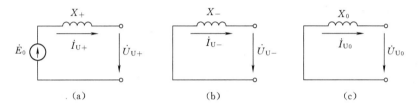

图 3.47 同步发电机各序等效电路
(a) 正序等效电路；(b) 负序等效电路；(c) 零序等效电路

4. 不对称运行对发电机的影响

不对称运行对发电机的影响主要有两方面：使转子表面局部过热；引起发电机振动。

(1) 转子表面局部过热。当发电机不对称运行时，在发电机中会有正序、负序、零序三组对称分量电流产生。负序电流在定、转子气隙中建立一个以同步转速旋转、方向与转子转向相反的旋转磁场（负序旋转磁场），以 $2n_1$ 的转速切割转子，在转子铁芯中感应两倍工频电流，由于转子结构不对称，两倍工频电流在转子上分布不均匀，造成在转子表面和大齿横向槽两侧的电流密度较大，容易出现局部温度升高、过热。

另外，转子上感应的两倍工频电流，不仅沿转子轴向分布，还有径向分布，在转子表面形成环流。电流流经护环及其嵌装表面，槽楔与齿的搭接处等部位时，由于各部位的接触电阻较大，也容易出现高温和过热，这些高温和过热点很可能发生转子局部烧损。由于凸极发电机没有护环，就不存在上述问题，所以水轮发电机较汽轮发电机可允许较高的不对称度。

(2) 引起发电机振动。在不对称负载运行时，负序磁场以两倍同步速旋转与正序主极磁场相互作用而产生 100Hz 的交变电磁转矩。该转矩同时作用在转子和定子铁芯上，引起机组的振动并产生噪音。凸极发电机由于直轴和交轴磁阻不同，交变的电磁转矩作用于机组振动更严重。

同步发电机承受振动的能力取决于其结构。铸造机座比较耐振，而焊接机座承受振动的能力较差，因为焊缝容易开裂。

综上所述，汽轮发电机不对称度的允许值由发热条件决定，而水轮发电机不对称的允许值由振动条件决定。按国家标准规定，在额定负载连续运行时，汽轮发电机三相电流之差不得超过额定值的 8%，水轮发电机和同步补偿机的三相电流之差不得超过额定值的 12%，同时任一相的电流不得大于额定值。

5. 防止措施

根据以上分析可知，不对称运行时对同步发电机产生的不良影响的主要原因是负序电流建立的反转磁场，因此要减少不对称运行的不良影响，就必须尽量减小负磁场的作用。因此在同步发电机的转子上安装阻尼绕组，阻尼绕组由于电阻和漏抗小，又安装在极靴表面，将产生较大的感应电流，其形成的磁场能有效地削弱反转磁场。阻尼绕组的漏阻抗越小，其阻尼作用就越强，反转磁场就越被削弱。另外，阻尼绕组使发电机的负序电抗变小，使得不对称运行引起的电压不对称程度减小，从而进一步改善不对称运行带来的不良影响。

3.9.2 同步发电机的失磁运行

同步发电机在运行中由于某种原因使得励磁磁场消失而继续运行的方式，称为发电机的失磁运行。

1. 导致同步发电机失磁的原因

同步发电机失磁是指发电机的励磁电流突然消失或部分消失的现象。同步发电机失磁故障是电力系统常见故障之一，特别是对于大型机组，励磁系统的环节较多，造成励磁回路短路或者开路故障的概率较大。同步发电机的失磁故障主要由以下原因引起：

（1）转子绕组故障。

（2）直流励磁机磁场绕组断线。

（3）运行中的发电机灭磁开关误跳闸。

（4）磁场变阻器接触不良，或者整流子严重打火。

（5）自动调节励磁装置故障或误操作等原因造成励磁回路断路。

（6）励磁绕组断线，常见的断线位置是凸极电机励磁绕组两个线圈之间的连接处。

2. 失磁运行时的物理过程

同步发电机正常运行时，原动机输入的驱动转矩与电磁转矩相平衡，发电机以同步速稳定运行。当发电机失磁时，励磁磁场逐渐衰减，电磁转矩逐渐减小。而当电磁转矩小于驱动转矩时，将使电机转速升高，发电机与系统失去同步，发电机变成异步运行。此时，从原来向系统输出无功功率变成从系统吸收大量的无功功率，发电机的转速将高于系统的同步转速，即有了转差率 s。

此时由定子电流所产生的旋转磁场将在转子表面、阻尼绕组及励磁线圈中感应出频率与转差率相应的交流电流和电动势，该转子表面感应电流与定子磁场作用产生另一种电磁转矩，称之为异步转矩，是制动性质的转矩。当异步转矩与原动机转矩达到新的平衡时，发电机进入稳定的异步运行状态。由于该稳定状态是在调速器作用下减小原动机输入功率后达到的，因此电机从电网中吸收感性无功功率以建立气隙磁场，同时向电网输送比失磁前较少的有功功率，此时发电机输出的有功功率称为异步功率。在无励磁运行状态下，发电机能输出有功功率的大小与转差率 s 有关，同时还与原动机调速率特性有关。

3. 失磁运行的不良影响

（1）对发电机的影响。当发电机失磁异步运行后，定子磁场将在转子的阻尼绕组、转子体表面、转子绕组中产生差频电流，引起附加温升。该电流在槽楔与齿壁之间、槽楔与套箍之间以及齿与套箍的接触面上，都可能引起局部高温，产生严重的过热现象，从而危及转子的安全。同时定子电流增大，使定子绕组损耗增大，也将引起发电机的温度升高。

（2）对电网的影响。发电机失磁以后，向电网输出的有功功率大为减少，同时从电网中吸收大量无功功率，其数值可接近和超过额定容量，造成电网的电压水平下降。当失磁发电机容量在电网中所占比重较大时，会引起电网电压水平的严重下降，甚至引起电网振荡和电压崩溃，造成大面积的停电事故。这时，失磁电机应靠失磁保护动作或立刻从电网中解列，停机检查。当失磁发电机在电网容量中所占比重较小时，电网可供其所需的无功功率而不致使电网电压降得过低，失磁发电机可不必立即从电网解列。

4. 无励磁运行时表计的指示变化与原因

发电机控制盘上有用以监视电机运行的各种表计。发电机失磁后，表计指示的变化反映电机内部电磁关系的变化。

（1）转子电流表的指示为零或接近于零。当发电机失去励磁后，转子电流迅速衰减，其衰减程度与失磁原因及励磁回路情况有关。当励磁回路开路时，转子电流表指示为零；当励磁回路短路或经灭磁电阻闭合时，转子回路有交流电流通过，直流电流表有指示，但指示值很小（接近于零）。

（2）定子电流表的指示升高并摆动。失磁后的发电机进入异步运行状态时，既向电网输出有功功率，又从电网吸收很大的无功功率，因此定子电流升高，造成电流表指示值的上升。摆动的原因是由于转子回路中有差频脉动电流所引起的，摆动的幅度与励磁回路电阻的大小及转子构造等因素有关。

（3）有功功率表的指示降低并摆动。异步运行发电机的有功功率的指示平均值比失磁前略有降低，原因是机组失磁后，转速升高，这时调速系统自动使气门或导水翼开度关小，以调整转速。所以原动机输入的转矩减小，输出有功功率减小，则有功功率表指示降低。有功功率降低的程度和大小，与汽轮机的调整特性以及该发电机在某一转差下所产生的异步力矩的大小有关。有功功率表摆动的原因与定子电流表的摆动原因一样。

（4）发电机的母线电压表降低并摆动。发电机失磁后，需向系统吸收感性的无功电流来建立定子磁场，定子电流增大，线路压降增大，导致母线电压下降。电压表指示摆动的原因是由于电流摆动引起的。如发电机带 50% 额定功率时，6.3kV 母线电压平均值约为失磁前的 78%，最低值达 72%。

（5）无功功率表指示为负值，功率因数表示指示进相。失磁后的发电机的无功功率，由输出变为输入而发生了反向，发电机进入定子电流超前于电压的进相运行状态。

5. 发生发电机无励磁异步运行时的处理原则

对于发电机发生失磁后的处理方法，各厂结合实际试验数据一般都有具体的规定。

对于不允许无励磁运行的发电机应立即从电网上解列，以避免损坏设备或造成系统事故。

对于允许无励磁运行的发电机应按无励磁运行规定执行,一般进行以下操作:

(1) 迅速降低有功功率到允许值(本厂失磁规定的功率值与表计摆动的平均值相符合),此时定子电流将在额定电流左右摆动。

(2) 手动断开灭磁开关,退出自动电压调节装置和发电机强行励磁装置。

(3) 注意其他正常运行的发电机定子电流和无功功率值是否超出规定,必要时按电机允许过负荷规定执行。

(4) 对励磁系统进行迅速而细致的检查,如果为工作励磁机问题,应迅速启动备用励磁机恢复励磁。

(5) 注意厂用分支电压水平,必要时可倒至备用电源。

(6) 在规定无励磁运行的允许时间内,如果仍不能使机组恢复励磁,则应该将发电机自系统解列。

发电机失磁后短时间内采用异步运行方式,继续与电网并列且输出一定有功功率,对于保证机组和电网安全、减少负荷损失均具有重要意义。在实际的机组运行过程中,运行人员应结合失磁时的各种现象作出准确判断和果断处理,确保机组的安全、稳定、经济地运行。

3.9.3 同步发电机的振荡

当同步发电机接到功率为无穷大电网上运行时,发电机端电压 U 和频率 f 则固定不变了。从功角特性公式得出,在一定的励磁电流下,当同步发电机的输入功率变化时,电机的电磁功率 P_M 发生变化,功率角 δ 也随之发生变化。但由于机组转动部分的惯性,功率角 δ 不可能立即变到新的稳定状态,需经过若干次衰减振荡后,才能达到新的稳定数值。功率角 δ 的振荡反应转子转速围绕着同步转速上、下振荡。这种转子的振荡会引起定子电流和功率的振荡,从而导致定子电流的有效值和铜耗增加。振荡严重时可能导致转子失去同步,使电机无法正常工作。

1. 同步发电机振荡的物理过程

设同步电机原先以稳定的同步角速度 Ω_1 旋转,当时的功率角为 δ_a,相应的电磁转矩 T_a 与扣除损耗后的有效输入转矩 T_{1a} 相平衡,即 $T_a = T_{1a}$。现将原动机的有效输入转矩突然增大到 T_{1b},此时系统中的原平衡被破坏,电机转子开始加速运转,一直到新的位置 0b 才重新平衡。功率角由原来的 δ_a 增为 δ_b,而产生了更大的电磁转矩 T_b,此时 $T_b = T_{1b}$。由于电机的转子有机械惯性存在,在 δ_b 处其瞬时角速度大于 Ω_1,使其继续向前移动。此时电磁转矩 T 大于有效输入转矩 T_{1b},使电机转子一直在减速旋转,直到功率角达到 δ_c 位置为止,转速回到初始值 Ω_1,此过程如图 3.48 所示。但同步电机转子处于 0c 处时,其电磁转矩 T_c 远大于有效输入转矩 T_{1b},又导致转子产生减速运行而使 δ 值减小,当 δ 再次减小到转矩平衡点 δ_b 时,由于减速使其瞬时值低于 Ω_1 而使功率角 δ 继续减小。假设发电机转子上没有阻尼转矩存在,则此发电机转子将持久在 $\delta_a \sim \delta_c$ 区域振荡。由于实际存在机械和电气损耗,所以振荡幅度渐趋衰减,最后在平衡位置 δ_b 稳定运行。

事实上,同步发电机均装设阻尼绕组。在振荡过程中,阻尼绕组中将出现感应电势和电流,并形成电磁转矩。当转子转速高于同步速时,电磁转矩起制动作用;而当转子转速低于同步转速时,电磁转矩又具有驱动作用。因此,采用阻尼绕组能大大抑制同步电机的振荡。

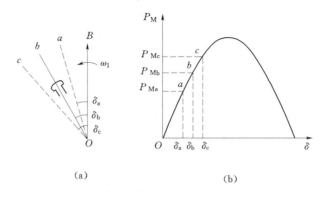

（a）　　　　　　　　　　　（b）

图 3.48　由同步电机功角特性说明振荡现象
（a）磁极位置；（b）电磁功率及转矩的变化

通过以上分析可知，由电机本身惯性引起的振荡，振荡频率决定于电机的机械和电磁参数，称为自由振荡。若转子受到周期性外转矩的作用，引起转子按照交变转矩的频率振荡，称为强制振荡。当同步发电机由转矩不均匀的原动机拖动运行时，将发生强制振荡。在最严重的情况下，同步发电机同时存在上述两种振荡，并且自由振荡与强制振荡的频率相接近而引起共振现象，这时对电机存在极大的危险以致损坏电机。

2. 振荡运行时各表计的指示情况

（1）定子电流表指针剧烈摆动，电流可能超过正常值。振荡的发电机与其他电机之间出现电动势差，在其作用下产生了环流；由于转子转速的摆动，其转矩和功率时大时小，造成环流也时大时小变化，定子电流表指示就来回摆动；环流加上原来的负荷电流，定子电流有可能超出正常值。

（2）发电机电压表指针剧烈摆动，并经常降低。振荡时功角的变化引起电压摆动。电流的增加，阻抗压降增大，导致电压下降。

（3）有功功率表在全刻度范围内摆动。振荡时发电机输出的功率随功角时大时小变化，造成功率表指示全刻度范围内摆动。

（4）转子电流表、电压表指针在正常值附近摆动。

振荡时，定子磁场和转子间有相对运动，在转子绕组中感应交流电流，又叠加在励磁电流上，使电流表、电压表指针在正常值附近摆动。

3.9.4　同步发电机三相突然短路

同步发电机发生突然短路的过渡过程虽然很短，但短路电流的峰值可达额定电流的十倍以上，因而在电机内产生很大的电磁力和电磁转矩，严重时可能损坏定子绕组端部的绝缘并使转轴、机座发生变形。

同步发电机的突然短路是指发电机在原来正常稳定运行的情况下，发电机出线端发生三相突然短路。发电机从原来的稳定运行状态过渡到稳定短路状态，该过渡过程包括次暂态（有阻尼绕组）、暂态和稳态短路三个阶段。

突然短路时，定子电流在数值上发生急剧变化，电枢反应磁通也随之变化，并在转子的励磁绕组和阻尼绕组中感应电动势和感应电流，转子各绕组的感应电流将建立各自的磁场，又反过来影响电枢磁场。这种定子和转子绕组之间的互相影响，致使在短路过程中，定子绕组的电抗小于稳态同步电抗，从而导致定子电流剧增，并且是一个随时间衰减的电流，这就是突然短路暂态过程的特点。

1. 突然短路定子绕组的电抗的变化

为简化分析，假设几个方面：不考虑机械过渡过程，只考虑电磁过渡过程，电机的转速保持为同步速不变；电机的磁路不饱和，可以利用迭加原理；不考虑强励的情况，发生短路后，励磁系统的励磁电流始终保持不变；突然短路前发电机为空载运行，突然短路发生在发电机的出线端。此时励磁绕组和阻尼绕组仅交链励磁磁通 Φ_0。图 3.49 为无阻尼绕组同步发电机正常稳态运行时横轴磁通和纵轴磁通示意图。

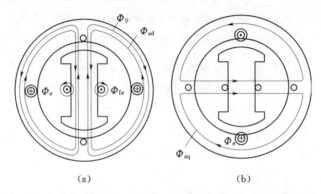

图 3.49　无阻尼绕组同步发电机正常稳态运行时磁通分解示意图
（a）纵轴方向；（b）横轴方向

（1）直轴次暂态电抗 x_d''。发生三相突然短路时，电枢电流和电枢磁通会突然变化，突然变化的直轴电枢反应磁通 Φ_{ad} 要穿过转子绕组，但励磁绕组及阻尼绕组交链的磁通不能突变，故感应电流产生的磁通抵消磁通 Φ_{ad} 的变化，从而维持原来的磁通不变。因此磁通 Φ_{ad} 的路径如图 3.50（a）所示，相当于 Φ_{ad} 被挤出，从阻尼绕组和励磁绕组外侧的漏磁路通过，该磁通为次暂态磁通。忽略铁芯的磁阻，此时磁路的磁阻包括气隙磁阻、励磁绕组漏磁路磁阻和阻尼绕组漏磁路磁阻。

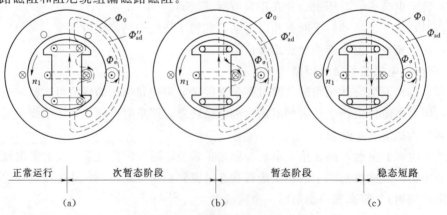

图 3.50　突然短路的过渡过程
（a）次暂态时的直轴磁链情况；（b）暂态时的直轴磁链情况；（c）稳态短路时的直轴磁链情况

因此，相对应的直轴次暂态电抗为 $x''_d = x''_{ad} + x_\sigma$，而 $x''_{ad} = \dfrac{1}{\dfrac{1}{x_{ad}} + \dfrac{1}{x_{f\sigma}} + \dfrac{1}{x_{D\sigma}}}$。

其中 $x_{f\sigma}$、$x_{D\sigma}$ 分别为励磁绕组和阻尼绕组的漏电抗。其等效电路如图 3.51（a）所示，显然直轴次暂态电抗比直轴同步电抗小得多，所以此时的短路电流很大，其值可达额定电流的 $10 \sim 20$ 倍。

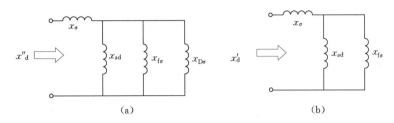

图 3.51　直轴电抗的等效电路
（a）直轴次暂态电抗的等效电路；（b）直轴暂态电抗的等效电路

（2）直轴暂态电抗 x'_d。由于同步发电机的各绕组都有电阻存在，因此阻尼绕组和励磁绕组中因短路而引起的感应电流分量都会随时间衰减为零。由于阻尼绕组匝数少、电感小，感应电流衰减很快；而励磁绕组匝数多、电感较大，感应电流衰减较慢。可近似认为阻尼绕组中感应电流衰减为零后，励磁绕组中的感应电流才开始衰减。此时电枢磁通可穿过阻尼绕组，但仍被挤在励磁绕组外侧的漏磁路，成为暂态磁通，发电机进入暂态过程。

如图 3.50（b）所示，此时磁路的磁阻包括气隙磁阻、励磁绕组漏磁路磁阻，因此相对应的直轴暂态电抗为 $x'_d = x'_{ad} + x_\sigma$，而 $x'_{ad} = \dfrac{1}{\dfrac{1}{x_{ad}} + \dfrac{1}{x_{f\sigma}}}$。其等效电路如图 3.51（b）所示，显然直轴暂态电抗比直轴同步电抗小，比次暂态电抗大，所以此时的短路电流有所减小，但仍然很大。

当励磁绕组中感应电流衰减为零后，只有励磁电流 I_f 存在，电枢反应磁通穿过阻尼绕组和励磁绕组的瞬间，如图 3.50（c）所示，发电机进入稳态短路状态，过渡过程结束。这时发电机的电抗就是稳态运行的直轴同步电抗，突然短路电流也衰减到稳态短路电流值。

（3）交轴次暂态电抗 x''_q 与交轴暂态电抗 x'_q。如果发电机通过负载而短路，则短路电流产生的电枢磁场不仅有直轴分量还会有交轴分量。由于交轴方向没有励磁绕组，则交轴方向的磁路和电抗有所不同。交轴次暂态电抗为 $x''_q = x''_{aq} + x_\sigma$，而 $x''_{aq} = \dfrac{1}{\dfrac{1}{x_{aq}} + \dfrac{1}{x_{D\sigma}}}$。交轴暂态电抗为 $x'_q = x'_{aq} + x_\sigma = x_q$，由于无励磁绕组，等效电路如图 3.52 所示。

2. 突然短路电流

三相短路最初瞬间，由于各相绕组要保持原来的磁通不变，因而定子绕组与转子绕组均有感应电流产生，又由于各绕组都有电阻，所以这些感应电流均会衰减，并且各绕组电流最后衰减为各自的稳态值。定子绕组中的感应电流包括维持短路初瞬磁通不变的非周期

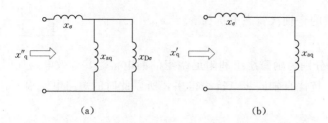

图 3.52 交轴电抗的等效电路

(a) 交轴次暂态电抗的等效电路;(b) 交轴暂态电抗的等效电路

分量和用以抵消转子电流在定子中产生的周期分量,其中非周期分量与短路时刻有关。

定子电流的周期分量的最大值为 $I''_m = \dfrac{E_{om}}{x''_d}$。当阻尼绕组中感应电流衰减为零后,电枢磁通穿过阻尼绕组,电流幅值变为 $I'_m = \dfrac{E_{om}}{x'_d}$,该过程的衰减速度取决于阻尼绕组的时间常数。当励磁绕组中感应电流衰减为零后,到达稳态短路,电枢磁通穿过阻尼绕组和励磁绕组,电流幅值变为 $I_m = \dfrac{E_{om}}{x_d}$,该过程的衰减速度取决于励磁绕组的时间常数。短路电流衰减过程如图 3.53 所示。

3. 突然短路对电机的影响

(1) 定子绕组端部承受巨大电磁力的冲击。突然短路发生时,冲击电流产生巨大的电磁力,对绕组端部容易造成破坏。发电机突然短路会使定子绕组的端部受到很大的电磁力的作用,这些电磁力包括:定子绕组端部和转子励磁绕组端部之间的作用力 F_1、定子绕组端部和定子铁芯之间的吸力 F_2、相邻定子绕组端部之间的作用力 F_3,如图 3.54 所示。以上这些电磁力的作用使得定子绕组端部弯曲,如果端部紧固不良,则在发生突然短路时端部会受到损伤。

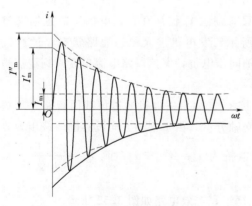

图 3.53 有阻尼绕组的同步发电机
突然短路的电流波形

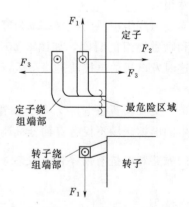

图 3.54 突然短路时定、转子
绕组端部间的作用力

(2) 转轴受巨大电磁转矩的冲击。突然短路时,气隙磁场变化不大,但定子电流却增加很多,因此将产生巨大的电磁转矩。根据产生的原因,电磁转矩可分为两类:一类是短路后供定子、转子绕组中电阻有功损耗所产生的单向冲击转矩；另一类是定子短路电流所建立的静止磁场与转子主极磁场相互作用引起的交变转矩，其方向每半个周期改变一次，轮换为制动和驱动性质的转矩，会引起电机的振动。

（3）绕组发热。突然短路时，各绕组都出现较大电流，而使铜损耗很大，所产生的热量使绕组温升增加。但由于短路电流衰减较快，电机热容量较大，有时过电流保护装置又很快使开关跳闸，因此各绕组的温升实际增加的并不多。

3.9.5 同步发电机常见故障

发电机在运行中会不断受到振动、发热、电晕等各种机械力和电磁力的作用，同时由于设计、制造、运行管理以及系统故障等原因，常常引起发电机温度升高、转子绕组接地、定子绕组绝缘损坏、励磁机碳刷打火、发电机过负载等故障。了解同步发电机运行中的一些常见故障及措施，有利于提高发电机运行中的日常维护水平。

1. 发电机非同期并列

同步发电机采用准同步法并联操作时，应满足准同步法并联条件，如果由于操作不当或其他原因，并列时没有满足条件，发电机就会出现非同期并列，可能使发电机损坏，并对系统造成强烈的冲击，因此应注意防止此类故障的发生。

当待并发电机与系统的电压不相同，其间存有电压差时，在并列时就会产生一定的冲击电流。一般当电压相差在±10％以内时，冲击电流不太大，对发电机影响不大。如果并列时电压相差较多，特别是大容量电机并列时，如果其电压远低于系统电压，则在并列时除了产生很大的电流冲击外，还会使系统电压下降，可能使事故扩大。一般在并列时，应使待并发电机的电压稍高于系统电压。

如果待并发电机电压与系统电压的相位相差很大时，冲击电流和同期力矩将很大，可能达到三相短路电流的两倍，它将使定子绕组和转轴承受很大的冲击力，可能造成定子绕组端部严重变形，联轴器螺栓被剪断等严重后果。

为防止非同期并列，有些厂在手动准同期装置中加装了电压差检查装置和相角闭锁装置，以保证在并列时电压差、相角差不超过允许值。

2. 发电机温度升高

发电机三相负荷不平衡超过允许值时，会使转子温度升高，此时应立即降低负荷，并设法调整系统已减少三相负荷的不对称度，使转子温度降到允许范围之内。

转子温度和进风温度正常，而定子温度异常升高，可能是定子温度表失灵。测量定子温度用的电阻式测温元件的电阻值有时会在运行中逐步增大，甚至开路，这时会出现某一点温度突然上升的现象。

当进风温度和定子、转子温度都升高，表明冷却水系统发生了故障，这时应立即检查空气冷却器是否断水或水压太低。当进风温度正常而出风温度异常升高，表明通风系统失灵，这时必须停机进行检查。有些发电机组通风道内装有导流挡板，如果操作不当就可能使风路受阻，这时应检查挡板的位置并纠正。

3. 发电机定子绕组损坏

发电机由于定子绕组绝缘击穿，接头开焊等情况将会引起接地或相间短路故障。当发电机发生相间短路故障或在中性点接地系统运行的发电机发生接地时，由于在故障点通过大量电流，将引起系统突然波动，同时在发电机旁可以听到强烈的响声，视察窗外可以看见电弧的火光，这时发电机的继电保护装置将立即动作，使主开关、灭磁开关和危急遮断器跳闸，发电机停止运行。

对于在中性点不接地的系统中运行的发电机，发生定子绕组接地故障时，发电机的接地保护装置动作报警。运行人员应立即查明接地点，如接地点在发电机内部，则应立即采取措施，迅速将其切断。如接地点在发电机外部，则应迅速查明原因，并将其消除。

对于容量 15MW 及以下的汽轮机，当接地电容电流小于 5A 时，在未消除故障前，允许发电机在电网一点接地情况下短时间运行，但不超过 2h；对容量或接地电容电流大于上述规定的发电机，当定子回路单相接地时，应立即将发电机从电网中解列，并断开励磁。

发电机在运行中，有时运行人员没有发现系统的突然波动，但发电机因差动保护动作使主断路器跳闸，这时值班人员应检查灭磁开关是否也已跳闸。若由于操作机构失灵没有跳闸时，应立即手动将其跳闸，并把磁场变阻器调回到阻值最大位置，将自动励磁调解装置停用，然后对差动保护范围内的设备进行检查，当发现设备有烧损、闪络等故障时应立即进行检修。

发现任何不正常情况时，应用 2500V 摇表测量一次回路的绝缘电阻，如测得的绝缘电阻值换算到标准温度下的阻值比以往测量的数值下降 1/5 以下，就必须查明原因，并设法消除故障。如测得的绝缘电阻值正常，则发电机可经零起升压后并网运行。

4. 发电机转子绕组接地

发电机转子因绝缘损坏、绕组变形、端部严重积灰时，都将会引起发电机转子接地故障。转子绕组接地分为一点接地和两点接地。当转子绕组一点接地时，线匝与地之间尚未形成电气回路，因此故障点没有电流通过，各种表计指示正常，励磁回路仍能保持正常状态，只是继电保护信号装置发出"转子一点接地"信号，其发电机可以继续运行。但转子绕组一点接地后，如果转子绕组或励磁系统中任一处再发生接地，就会造成两点接地。

转子绕组发生两点接地故障后，部分转子绕组被短路，因为绕组直流电阻减小，所以励磁电流将会增大。如果绕组被短路的匝数较多，就使主磁通大量减少，发电机向电网输送的无功功率显著降低，发电机功率因数增加，甚至变为进相运行，定子电流也可能增大，同时由于部分转子绕组被短路，发电机磁路的对称性被破坏，将引起发电机产生剧烈的振动。

为了防止发电机转子绕组接地，运行中要求每个班值班人员均应通过绝缘监视表计测量一次励磁回路绝缘电阻，若绝缘电阻低于 0.5MΩ 时，值班人员必须采取措施。对运行中励磁回路可能清扫到的部分进行吹扫，使绝缘电阻恢复到 0.5MΩ 以上，当转子绝缘电阻下降到 0.01MΩ 时，就应视作已经发生了一点接地故障。

当转子绕组发生一点接地故障后，就应立即设法消除，以防止发展成两点接地。如果是稳定的金属性接地故障，而一时没有条件安排检修时，就应投入转子两点接地保护装置，以防止发生两点接地故障后，烧损转子，使事故扩大。

转子绕组发生匝间短路故障时，情况与转子两点接地相同，但一般这时短路的匝数不多，影响没有两点接地严重。如果转子两点接地保护装置投入时，则它的继电器也将动作，此时应立即切断发电机主断路器，使发电机与系统解列并停机，同时切断灭磁开关，把磁场变阻器放在电阻最大位置，待停机后对转子和励磁系统进行检查。

小　结

三相同步电机的不对称稳定运行采用对称分量法分析。正序阻抗就是对称运行时的同步电抗。在一定的定子负序磁动势下，由于转子感应电流起着削弱负序磁场的作用，使得定子绕组中的感应电动势减小，因此负序电抗小于正序电抗。零序电流不建立基波气隙磁通，因此零序电抗的性质是漏电抗。

不对称运行对电机的主要影响是转子发热和电机振动。如发电机转子采用较强的阻尼系统可以改善这种情况。

同步发电机失磁时，电机转速高于同步速，发电机处于异步运行状态。同步发电机的失磁运行将引起发电机温度升高，同时系统无功功率的不足致使电压水平降低。对于不允许无励磁运行的发电机应立即从电网上解列。对于允许无励磁运行的发电机，应在规定无励磁运行的允许时间内使机组恢复励磁，否则也应该将发电机自系统解列。

发电机突然短路时，励磁绕组和阻尼绕组感应出对电枢反应磁通起抵制作用的电流，使电枢反应磁通被挤到励磁绕组和阻尼绕组的漏磁路上，其磁路的磁阻比稳态运行时的主磁路磁阻增大很多，因此次暂态电抗 x_d'' 和暂态电抗 x_d' 比稳态电抗 x_d 小得多，使得突然短路电流比稳定短路电流大很多倍。

由于突然短路电流很大，一般可达额定电流 20 倍左右，将产生很大的电磁力和电磁转矩，因此同步发电机的设计、制造和运行都必须考虑，避免造成严重事故。

习　题

（1）从磁路和电路两个方面来分析同步发电机三相突然短路电流大的原因？

（2）同步发电机三相突然短路时，定子各相电流的直流分量起始值与短路瞬间转子的空间位置是否有关？与其对应的励磁绕组中的交流分量幅值是否也与该位置有关？为什么？

（3）同步发电机三相突然短路时，定子各相电流的交流分量起始值与短路瞬间转子的空间位置是否有关？与其对应的激磁绕组中的直流分量起始值是否也与该位置有关？为什么？

（4）同步发电机三相突然短路时，定子、转子各分量短路电流为什么会衰减？衰减时哪些分量是主动的？哪些分量是随动的？为什么会有此区别？

（5）为什么变压器的 $x_+ = x_-$，而同步电机 $x_+ \neq x_-$？

（6）一台汽轮发电机有下列参数：$x_\mathrm{d}^* = 1.62$，$x_\mathrm{d}'^* = 0.208$，$x_\mathrm{d}''^* = 0.126$，$T_\mathrm{d}' = 0.74\mathrm{s}$，$T_\mathrm{d}'' = 0.208\mathrm{s}$，$T_\mathrm{a} = 0.132\mathrm{s}$。设发电机在空载额定电压下发生三相突然短路，试求：

1）在最不利情况下定子突然短路电流的表达式。

2）最大冲击电流值。

3）在短路后经过 0.5s 时的短路电流瞬时值。

4）在短路后经过 3s 时的短路电流瞬时值。

第4章 异 步 电 机

　　交流旋转电机除了同步电机之外，还有另一类电机是异步电机。异步电机与同步电机相比，异步电机的转速不仅与电网的频率有关，还随负载大小的变化而变化。异步电机既可以作电动机运行，也可以作发电机运行，但主要用作电动机运行。

　　异步电动机的结构简单，制造、使用和维护方便，运行可靠，价格便宜，效率较高。主要的缺点是必须从电网中吸收滞后的无功功率来建立磁场，使电网的功率因数降低。异步电动机有三相和单相之分，其中三相异步电动机在工农业中应用最广泛；单相异步电动机则主要用于家用电器中。据不完全统计，在电网的总负载中，异步电动机占总动力负载的85％以上。本章主要介绍异步电机的工作原理、结构、运行性能分析和异步电动机的机械特性及其起动、调速、制动等。

4.1　三相异步电动机的工作原理和基本结构

【学习目标】

　　（1）掌握三相异步电动机的工作原理和基本结构。

　　（2）了解三相异步电机转差率及其三种运行状态。

　　（3）理解三相异步电动机的铭牌数据的含义，熟悉额定值之间的换算。

章节名称	能力要素	知识和技能要求	考核标准
三相异步电动机的工作原理和基本结构	（1）能说出三相异步电动机的基本工作原理。 （2）能认识三相异步电动机的主要部件并了解其作用。 （3）能读懂三相异步电动机的铭牌	（1）掌握三相异步电动机的基本工作原理。 （2）了解三相异步电动机定子、转子的材料、结构形式和主要作用。 （3）了解三相异步电动机转差率及其三种运行状态。 （4）了解三相异步电动机的铭牌数据	（1）重点考核内容： 1）三相异步电动机的基本工作原理。 2）三相异步电动机主要的结构及其主要作用。 3）额定值之间的换算。 4）三相异步电动机转差率及其三种运行状态。 （2）考核方式：口试或笔试。 （3）占总成绩的比例：5％～10％

4.1.1　三相异步电动机的工作原理

　　1. 工作原理

　　三相异步电动机和其他类型电动机一样，也是利用通电导体在磁场中产生电磁力形成电磁转矩的原理制成的。

图 4.1 是异步电动机工作原理示意图。在异步电动机的定子铁芯里，嵌放着对称的三相绕组 U1-U2、V1-V2、W1-W2，以鼠笼式异步电动机为例，转子是一个闭合的多相绕组鼠笼电机。图 4.1 所示定子、转子上的小圆圈表示定子绕组和转子导体。

当异步电动机三相对称定子绕组中通入三相对称交流电流时，定子电流便产生一个以同步转速 $n_1=\dfrac{60f_1}{p}$ 旋转的圆形磁场，磁场的旋转方向取决于三相电流的相序。图 4.1 中 U、V、W 三相绕组顺时针排列，当定子绕组中通入 U、V、W 相序的三相交流电流时，定子旋转磁场为顺时针转向。转子开始是静止的，故转子与旋转磁场之间存在相对运动，转子导体切割定子旋转磁场而感应电动势，由于转子绕组自身闭合，转子绕组内便产生了感应电流。转子有功分量电流与感应电动势同相位，其方向由右手定则确定。载有有功分量电流的转子绕组在磁场中受到电磁力作用，由左手定则可判定电磁力 F 的方向。电磁力 F 对转轴形

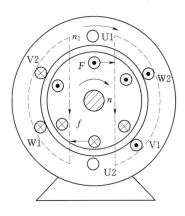

图 4.1 异步电动机工作原理示意图

成一个电磁转矩，其作用方向与旋转磁场方向一致，拖着转子沿着旋转磁场方向旋转，将输入的电能变成转子旋转的机械能。如果电动机轴上带有机械负载，则机械负载便随电动机转动起来。

异步电动机的转子旋转方向始终与旋转磁场的方向一致，而旋转磁场的方向又取决于通入定子电流的相序，因此只要改变定子电流相序，即任意对调电动机的两根电源线，便可使电动机反转。

异步电动机的转子转速 n 总是低于定子磁场的转速 n_1，因为只有这样，转子绕组和旋转磁场间才有相对运动，才能产生感应电动势和感应电流，形成电磁转矩，使电动机旋转。如果 $n=n_1$，转子绕组和旋转磁场之间无相对运动，转子绕组中无感应电动势和感应电流产生，则异步电动机电磁转矩为零，异步电动机无法转动。由于异步电动机的转子电流是依靠电磁感应作用产生的，所以又称为感应式电动机。又由于电动机转速与旋转磁场转速不同步，所以称为异步电动机。

2. 转差率

同步转速 n_1 与转子转速 n 之差再与同步转速 n_1 之比称为转差率，用字母 s 表示，即

$$s=\frac{n_1-n}{n_1} \tag{4.1}$$

根据转差率 s，可以求电动机的实际转速 n，即

$$n=(1-s)n_1 \tag{4.2}$$

转差率 s 是异步电动机的一个重要参数，它反映异步电动机的各种运行情况，对电动机的运行有着极大的影响。

异步电动机负载越大，转速就越低，其转差率就越大；反之，负载越小，转速就越高，其转差率就越小，因此转差率可直接反映转速的高低。异步电动机带额定负载时，其

额定转速很接近同步转速，因此转差率很小，一般 s_N 在 0.01～0.06。

【例 4.1】 一台 50Hz、八极的三相异步电动机，额定转差率 $s_N=0.043$，问该异步电动机的同步转速是多少？当该机运行在 700r/min 时，转差率是多少？当该机运行在起动时，转差率是多少？

解： 同步转速

$$n_1=\frac{60f_1}{p}=\frac{60\times50}{4}\text{r/min}=750\text{r/min}$$

额定转速

$$n_N=(1-s_N)n_1=(1-0.043)\times750\text{r/min}=717\text{r/min}$$

当 $n=700$r/min 时，转差率

$$s=\frac{n_1-n}{n_1}=\frac{750-700}{750}=0.067$$

当电动机起动时，$n=0$，转差率

$$s=\frac{n_1-n}{n_1}=\frac{750}{750}=1$$

3. 异步电机的三种运行状态

根据转差率大小和正负，异步电机分为三种运行状态，即电动机运行状态、发电机运行状态和电磁制动运行状态。

(1) 电动机运行状态。当定子绕组接至电源，转子会在电磁转矩的驱动下旋转，电磁转矩为驱动转矩，其转向与旋转磁场方向相同。此时电机从电网中取得电功率转变成机械功率，由转轴传给负载。电动机转速 n 与定子旋转磁场转速 n_1 同方向，如图 4.2（b）所示。当电机静止时，$n=0$，$s=1$；当异步电动机处于理想空载运行时，转速 n 接近于同步转速 n_1，转差率接近于零。故异步电机作电动机运行时，转速变化范围为 $0<n<n_1$，转差率变化范围为 $0<s<1$。

(2) 发电机运行状态。异步电机定子绕组仍然接至电源，转轴上不再接负载，而是用原动机拖动转子以高于同步转速并顺着旋转磁场的方向旋转，如图 4.2（c）所示。此时磁场切割转子导体的方向与电动机状态时相反，因此转子电动势、转子电流及电磁转矩的方向也与电动机运行状态时相反，电磁转矩变为制动转矩，为克服电磁转矩的制动作用，电机必须不断地从原动机输入机械功率，由于转子电流改变方向，定子电流跟随改变方向，也就是说，定子绕组由原来从电网吸收电功率，变成向电网输出电功率，使电机处于发电机运行状态。异步电机作发电机状态运行时，$n>n_1$，则 $-\infty<s<0$。

(3) 电磁制动运行状态。异步电机定子绕组仍然接至电源，用外力拖动转子逆着旋转磁场的方向转动，此时切割方向与电动机状态时相同，因此转子电动势、转子电流和电磁转矩的方向与电动机运行状态时相同，但电磁转矩与转子转向相反，对转子的旋转起着制动作用，故称为电磁制动运行状态，如图 4.2（a）所示。为克服这个制动转矩，外力必须向转子输入机械功率，同时电机定子又从电网中吸收电功率，这两部分功率都在电机内部以损耗的方式转化为热能消耗了。异步电机作电磁制动状态运行时，转速变化范围为 $-\infty<n<0$，相应的转差率变化范围为 $1<s<\infty$。

由此可知，区分这三种运行状态的依据是转差率的大小：当 $0<s<1$ 时，为电动机运行状态；当 $-\infty<s<0$ 时，为发电机运行状态；当 $1<s<\infty$ 时，为电磁制动运行状态。

综上所述，异步电机既可以作电动机运行，也可以运行在发电机状态和电磁制动状态，但异步电机主要作为电动机运行，异步发电机很少使用；而电磁制动状态往往只是异步电机在完成某一生产过程中而出现的短时运行状态，如起重机下放重物等。

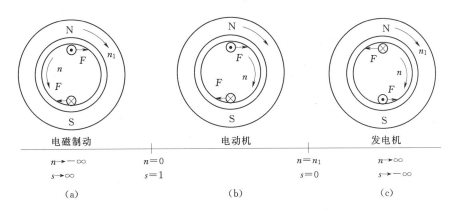

图 4.2 异步电机的三种运行状态

(a) 电磁制动；(b) 电动机；(c) 发电机

4.1.2 三相异步电动机的基本结构

异步电动机主要由固定不动的定子和旋转的转子两大部分组成。电动机装配时，转子装在定子腔内，定子与转子间有很小的间隙，称为气隙。图 4.3 所示为鼠笼式异步电动机拆开后的结构图。

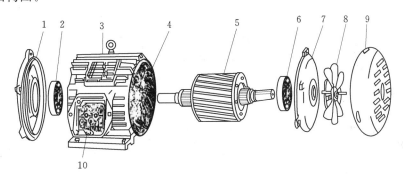

图 4.3 鼠笼式异步电动机拆开后的结构图

1—端盖；2—轴承；3—机座；4—定子绕组；5—转子；6—轴承；

7—端盖；8—风扇；9—风罩；10—接线盒

1. 定子部分

定子由定子铁芯、定子绕组和机座等部件组成。定子的作用是用来产生旋转磁场。

（1）定子铁芯。定子铁芯是电机磁路的一部分，同时也用于安放定子绕组。定子铁芯中的磁通为交变磁通，为了减小交变磁通在铁芯中引起的铁耗（涡流损耗和磁滞损耗），定子铁芯由导磁性能较好、厚 0.5mm 的表面具有绝缘层的硅钢片叠压而成。当铁芯的直径小于 1m，用整圆的硅钢片叠成；当铁芯的直径大于 1m 时，用扇形的硅钢片叠成，如图 4.4 所示。定子铁芯叠片内圆开有槽，是用于嵌放定子绕组的。

（2）定子绕组。定子绕组是电机的电路部分，定子绕组嵌放在定子铁芯的内圆槽内，由许多线圈按一定的规律连接而成。定子绕组是三相对称绕组，它由三个完全相同的绕组组成，三个绕组在空间互差 120°电角度。

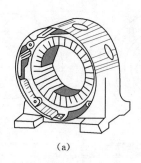 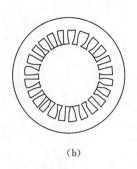

(a) (b)

图 4.4 定子机座和铁芯冲片

(a) 定子机座；(b) 定子铁芯冲片

（3）机座。机座是电机的外壳，用以固定和支撑定子铁芯及端盖。机座应具有足够的强度和刚度，同时还应满足通风散热的需要。按安装结构可分为立式和卧式。小型异步电机的机座一般用铸铁铸成，大型异步电机的机座常用钢板焊接而成。

2. 转子部分

转子由转子铁芯、转子绕组、转轴和端盖等部件构成。转子的作用是用来产生感应电流，形成电磁转矩，从而实现机电能量转换。

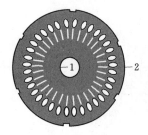

图 4.5 转子铁芯冲片

1—转子冲片；2—定子冲片

（1）转子铁芯。转子铁芯的作用与定子铁芯相同，也是电机磁路的一部分。通常用定子冲片内圆冲下来的中间部分做转子叠片，即一般仍用 0.5mm 厚的硅钢片叠压而成，转子铁芯叠片外圆冲槽，用于安放转子绕组，如图 4.5 所示。整个转子铁芯固定在转轴上，或固定在转子支架上，转子支架再套在转轴上。

（2）转子绕组。转子绕组按其结构形式可分为鼠笼式和绕线式两种。

1）鼠笼式转子绕组。在转子铁芯的每一个槽中插入一根裸导条，在导条两端分别用两个短路环把导条连成一个整体，形成一个自身闭合的多相短路绕组，如果去掉转子铁芯，整个绕组如同一个"鼠笼子"，故称鼠笼式转子。大型异步电动机的鼠笼转子一般采用铜条转子，中小型异步电动机的鼠笼转子一般采用铸铝转子，如图 4.6 所示。

鼠笼式转子结构简单、制造方便、是一种经济、耐用的转子，所以得到广泛应用。

2）绕线式转子绕组。与定子绕组一样，绕线式转子绕组也是对称的三相绕组，一般作星形连接。绕组的三根出线端分别接到转轴上彼此绝缘的三个滑环上，称为集电环，通过电刷装置与外部电路相连，如图 4.7 所示。这种转子的特点是可在转子绕组回路串入外接电阻，从而改善电动机的起动、制动与调速性能。

与鼠笼式转子相比，绕线式转子结构复杂，价格较高，一般用于要求起动转矩大或需要平滑调速的场合。

（3）转轴。转轴的作用是支撑转子和传递机械功率。为保证其强度和刚度，转轴一般用低碳钢制成，整个转子靠轴承和端盖支撑着。

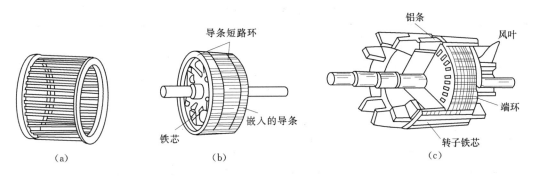

图 4.6　鼠笼式转子

（a）铜条转子绕组；（b）铜条转子；（c）铸铝转子绕组

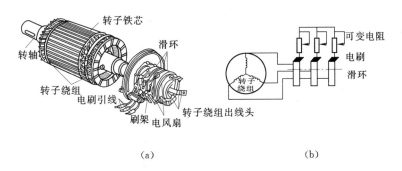

图 4.7　绕线式转子

（a）绕线转子；（b）绕线转子回路接线示意图

（4）端盖。端盖是电机外壳机座的一部分，一般用铸铁或钢板制成。中小型电机一般采用带轴承的端盖。

3. 气隙

异步电动机定子内圆和转子外圆之间有一个很小的间隙，称为气隙。异步电动机气隙一般为 0.2～2mm。气隙的大小与均匀程度对异步电动机的参数和运行性能影响很大。从性能上看，气隙越小，产生同样大小的主磁通时所需要的励磁电流也越小，由于励磁电流为无功电流，减少励磁电流可提高功率因数，但是气隙过小，会使装配困难，或使定子与转子之间发生摩擦和碰撞，所以气隙的最小值一般由制造、运行和可靠性等因素来决定。

4.1.3　异步电动机的额定值和使用常识

异步电动机的机座上都装有一块铭牌，上面标出电动机的型号和主要技术数据。了解铭牌上有关数据，对正确选择、使用、维护和维修电动机具有重要意义。表 4.1 为三相异步电动机的铭牌，现分别说明如下。

1. 型号

异步电动机的型号主要包括产品代号、设计序号、规格代号和特殊环境代号等。产品代号表示电机的类型，如电机名称、规格、防护形式及转子类型等，一般采用大写印刷体的汉语拼音字母表示。

表 4.1 三相异步电动机铭牌

三相异步电动机

型号	Y180L-8	功率	15kW	频率	50Hz
电压	380V	电流	25.1A	接线	△
转速	736r/min	效率	86.5%	功率因数	0.76
工作定额	连续	绝缘等级	B	重量	185kg
防护形式	IP44（封闭式）			产品编号	
××××电机厂			××××年××月		

设计序号是指电动机产品设计的顺序，用阿拉伯数字表示。规格代号是用中心高、铁芯外径、机座号、机座长度、铁芯长度、功率、转速或极数表示的。表 4.2 为系列产品的规格代号。

表 4.2 三相异步电动机系列产品的规格代号

序　号	系列产品	规　格　代　号
1	中小型异步电动机	中心高（mm）－机座长度（字母代号）－铁芯长度（数字代号）－极数
2	大型异步电动机	功率（kW）－极数/定子铁芯外径（mm）

注　1. 机座长度的字母代号采用国际通用符号表示，如 S 表示短机座、M 表示中机座、L 表示长机座。
　　2. 铁芯长度的字母代号采用数字 1、2、3、…表示。

现举例说明型号中各字母及阿拉伯数字所代表的含义。

中、小型异步电动机：

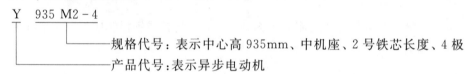

大型异步电动机：

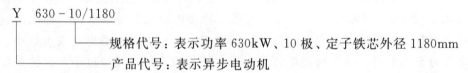

2. 额定值

额定值是指制造厂对电机在额定工作条件下长期工作而不至于损坏所规定的一个量值，即电机铭牌上标出的数据。

（1）额定电压 U_N。额定电压是指电动机在额定状态下运行时，规定加在定子绕组上的线电压，单位为 V 或 kV。

（2）额定电流 I_N。额定电流是指电动机在额定状态下运行时，流入电动机定子绕组的线电流，单位为 A 或 kA。

（3）额定功率 P_N。额定功率是指电动机在额定状态下运行时，转轴上输出的机械功率，单位为 W 或 kW。

对于三相异步电动机，其额定功率为

$$P_N = \sqrt{3} U_N I_N \eta_N \cos\varphi_N \tag{4.3}$$

式中：η_N 为电动机的额定效率；$\cos\varphi_N$ 为电动机的额定功率因数。

（4）额定转速 n_N。额定转速是指在额定状态下运行时电动机的转速，单位为 r/min。

（5）额定频率 f_N。额定频率是指电动机在额定状态下运行时，输入电动机交流电的频率，单位为 Hz。我国交流电的频率为工频 50Hz。

3. 接线

接线是指在额定电压下运行时，定子三相绕组的连接方式。定子绕组有星形连接和三角形连接两种连接方式。如铭牌上标明 380V/220V，Y/△接法，则说明定子绕组既可接成星形也可以接成三角形，电源线电压为 380V 时应接成 Y 形；电源线电压为 220V 时应接成△形。无论采用哪种接法，相绕组承受的电压应相等。

国产 Y 系列电动机接线端的首端用 U1、V1、W1 表示，末端用 U2、V2、W2 表示，其 Y 形、△形连接如图 4.8 所示。

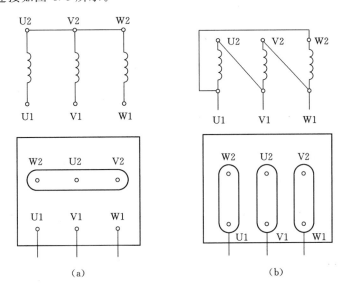

图 4.8 三相异步电动机的接线盒

（a）Y 形连接；（b）△形连接

【例 4.2】 一台三相异步电动机，$P_N = 4.5\text{kW}$，Y/△接线，380/220V，$\cos\varphi_N = 0.8$，$\eta_N = 0.8$，$n_N = 1450\text{r/min}$，试求：接成 Y 形或△形时的定子额定电流。

解：Y 形接线时：$U_N = 380\text{V}$

$$I_N = \frac{P_N}{\sqrt{3} U_N \cos\varphi_N \eta_N} = \frac{4.5 \times 10^3}{\sqrt{3} \times 380 \times 0.8 \times 0.8}\text{A} = 10.68\text{A}$$

△形接线时：$U_N = 220\text{V}$

$$I_N = \frac{P_N}{\sqrt{3} U_N \cos\varphi_N \eta_N} = \frac{4.5 \times 10^3}{\sqrt{3} \times 220 \times 0.8 \times 0.8}\text{A} = 18.45\text{A}$$

小　　结

异步电动机的基本工作原理是定子三相对称绕组通入三相对称交流电后产生旋转磁场，转子闭合导体切割旋转磁场产生感应电动势和感应电流，转子载流导体在旋转磁场作用下产生电磁力并形成电磁转矩，驱动转子旋转，实现机电能量的转换。

异步电动机的转向取决于定子电流的相序，所以改变定子电流的相序就可以改变电动机的转向。

异步电动机基本结构为定子和转子两部分，按转子结构可分为鼠笼式和绕线式两大类，它们定子结构相同。

转差率 $s=\dfrac{n_1-n}{n_1}$，它是异步电动机的一个重要参数，它的存在是异步电动机工作的必要条件。根据转差率的大小和正负可区分异步电机运行状态。

异步电动机额定功率 P_N 为额定运行状态下转轴上输出的机械功率，即

$$P_N=\sqrt{3}U_N I_N \eta_N \cos\varphi_N$$

习　　题

（1）简述异步电动机工作原理。怎样改变三相异步电动机的旋转方向？

（2）简述异步电动机的结构和各部件的作用。

（3）异步电动机的转子有哪两种类型，有什么区别？

（4）什么是转差率？通常异步电动机的转差率一般为多少？

（5）异步电动机转子转速能不能等于定子旋转磁场的旋转转速，为什么？

（6）转子回路断线的异步电动机，定子通入交流电，转子能否旋转？为什么？

（7）三相异步电动机的铭牌上标注的额定功率是输入功率还是输出功率？是电功率还是机械功率？

（8）Y200L2 - 6 型的三相异步电动机，$P_N=22\mathrm{kW}$，$n_N=970\mathrm{r/min}$，$\cos\varphi_N=0.83$，$\eta_N=90.2\%$，$U_N=380\mathrm{V}$，△形接线，$f=50\mathrm{Hz}$，试求：额定电流 I_N 和定子绕组电流 I_{Np}。

（9）一台三相异步电动机，数据如下：$P_N=75\mathrm{kW}$，$n_N=975\mathrm{r/min}$，$\cos\varphi_N=0.87$，$U_N=3000\mathrm{V}$，$I_N=18.5\mathrm{A}$，$f=50\mathrm{Hz}$。试问：①电动机的极数是多少？②额定负载下的转差率 s_N 是多少？③额定负载下的效率 η_N 是多少？

综 合 实 训

1. 实训目标

（1）掌握三相异步电动机正确使用方法。

（2）掌握三相异步电动机的绕组结构和连接方式。

（3）掌握三相异步电动机的拆装顺序。

2. 实训要求

（1）能够正确安装和使用常用的电动机。

（2）能熟练拆装交流电动机。

（3）掌握电机常用维修仪表、工具的性能和使用方法。

4.2 三相异步电动机的运行分析

【学习目标】

（1）掌握三相异步电动机转子静止及转子转动时的电磁关系、电压平衡关系和等效电路图等。

（2）理解转差率对转子回路各物理量的影响及附加电阻的物理意义。

（3）掌握电磁转矩的物理表达式、参数表达式。

（4）掌握异步电动机的转矩和功率平衡方程式。

章节名称	能力要素	知识和技能要求	考核标准
三相异步电动机的运行分析	（1）能理解三相异步电动机转子静止及转子转动时电磁关系、电压平衡关系和等效电路图。 （2）能说出转差率对转子回路各物理量的影响及附加电阻的物理意义。 （3）能理解电磁转矩的各种表达式及转矩、功率平衡方程式	（1）掌握三相异步电动机转子静止及转子转动时电磁和电压平衡关系并能画出对应等效电路图。 （2）掌握转差率对转子回路各物理量的影响及附加电阻的物理意义。 （3）能掌握电磁转矩的各种表达式及转矩和功率平衡方程式	（1）重点考核内容： 1）三相异步电动机转子静止及转子转动时等效电路图。 2）转差率对转子回路各物理量的影响及附加电阻的物理意义。 3）电磁转矩计算。 （2）考核方式：口试或笔试。 （3）占总成绩的比例：5%～10%

三相异步电动机的定子与转子之间只有磁的耦合，没有电的直接联系，它是依靠电磁感应作用，实现定子、转子之间的能量传递的。虽然，异步电动机和变压器的磁场性质、结构与运行方式不同，但它们内部的电磁关系是相似。异步电动机的定子绕组相当于变压器的一次绕组，转子绕组相当于变压器的二次绕组，故分析变压器内部电磁关系的基本方法也适应于异步电动机。

为了便于和变压器对比，先从异步电动机的空载运行入手，然后研究异步电动机的负载运行。

4.2.1 异步电动机的空载运行

三相异步电动机定子绕组接在对称的三相电源上，转轴上不带机械负载时运行称为空载运行。

1. 空载电流和空载磁动势

异步电动机空载运行时轴上没带机械负载，电动机的空载转速很高，接近于同步转速。因此转子与定子旋转磁场几乎无相对运动，所以转子感应电动势 $\dot{E}_2 \approx 0$，转子电流 $\dot{I}_2 \approx 0$，此时异步电动机只有定子绕组中有电流流过。空载运行时的定子电流称为空载电流，

用 $\dot{I}_0$ 表示。

同变压器一样，空载电流的作用是用来产生磁场的，所以空载电流 $\dot{I}_0$ 也称为励磁电流，属于无功性质的电流，故空载运行时功率因数很低。由于异步电动机的磁路中存在气隙，所以异步电动机的空载电流比同容量变压器的空载电流大，可达到额定电流的 20％～50％。空载时，异步电动机从电网中吸收的有功功率很小，吸收较大的感性无功功率，引起电动机和电网的功率因数下降，故在使用时应尽量避免异步电动机的空载运行。

空载电流 $\dot{I}_0$ 产生的磁动势称为空载磁动势或励磁磁动势，用 $\dot{F}_0$ 表示，用来建立气隙磁场。

2. 主磁通与漏磁通

异步电动机三相对称的绕组，流过三相对称的电流，产生旋转磁场，其中绝大部分磁通沿异步电动机的定子铁芯、气隙、转子铁芯形成闭合回路，同时交链定子、转子绕组，这部分的磁通称为主磁通，用 $\dot{\Phi}_m$ 表示。除主磁通外的磁通称为漏磁通，用 $\dot{\Phi}_{1\sigma}$ 表示。

3. 空载运行时的电动势平衡方程

空载运行时，转子回路电动势 $\dot{E}_2 \approx 0$，转子电流 $\dot{I}_2 \approx 0$，故只讨论定子电路。

（1）主磁通感应的电动势 E_1。主磁通在定子绕组中产生感应电动势有效值为

$$E_1 = 4.44 k_{w1} N_1 f_1 \Phi_m \tag{4.4}$$

式中：Φ_m 为气隙旋转磁场的每极磁通；N_1 为定子每相绕组串联匝数；k_{w1} 为定子绕组系数，它是由定子绕组的短距和分布而引起的；f_1 为定子电流频率。

与变压器相似，感应电动势 $\dot{E}_1$ 也可以用励磁电流 $\dot{I}_0$ 在励磁阻抗 Z_m 上的电压降来表示，即

$$-\dot{E}_1 = \dot{I}_0 Z_m = \dot{I}_0 (r_m + jx_m) \tag{4.5}$$
$$Z_m = r_m + jx_m$$

式中：r_m 为励磁电阻，是反映铁耗的等效电阻；x_m 为励磁电抗，它是对应于主磁通 $\dot{\Phi}_m$ 的电抗。

因此，Z_m 的大小将随铁芯的饱和程度的不同而变化。

（2）漏磁通感应的电动势 $E_{1\sigma}$。定子漏磁通只交链定子绕组，只在定子绕组中感应电动势 $\dot{E}_{1\sigma}$，与变压器一样，漏电动势可以用定子电流在漏电抗上的电压降来表示。

$$\dot{E}_{1\sigma} = -j \dot{I}_0 x_1 \tag{4.6}$$

式中：x_1 为定子绕组漏电抗，它是对应于定子漏磁通的电抗。

（3）电动势平衡方程式。依据基尔霍夫第二定律，类似于变压器一次侧可列出异步电动机定子每相电路的电压平衡方程式为

$$\dot{U}_1 = -\dot{E}_1 - \dot{E}_{1\sigma} + \dot{I}_0 r_1 = -\dot{E}_1 + j\dot{I}_0 x_1 + \dot{I}_0 r_1 = -\dot{E}_1 + \dot{I}_0 Z_1 \tag{4.7}$$
$$Z_1 = r_1 + jx_1$$

式中：Z_1 为定子绕组的漏阻抗；r_1 为定子绕组电阻；x_1 为定子绕组漏电抗。

由于 r_1 与 x_1 很小，定子绕组漏阻抗压降 $\dot{I}_0 Z_1$ 与外加电压相比很小，一般为额定电压

的 2%～5%，为了简化分析，可以忽略。因而近似地认为

$$\dot{U}_1 \approx -\dot{E}_1$$

$$U_1 \approx E_1 = 4.44 k_{w1} N_1 f_1 \Phi_m$$

于是每极主磁通为

$$\Phi_m = \frac{U_1}{4.44 f_1 N_1 k_{w1}} \qquad (4.8)$$

显然，对异步电动机来讲，k_{w1}、N_1 均为常数，当频率一定时，主磁通 Φ_m 与电源电压 U_1 成正比，如外施电压不变，主磁通 Φ_m 也基本不变，这和变压器的情况相同，它是分析异步电动机电磁关系的一个重要的理论依据。

4. 空载运行时的等效电路

根据式（4.7）可画出异步电动机空载运行时的等效电路，如图 4.9 所示。

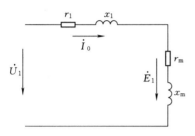

图 4.9 异步电动机空载时等效电路图

4.2.2 三相异步电动机的负载运行

三相异步电动机的定子绕组接在三相对称交流电源上，转子带负载的运行，称为异步电动机的负载运行。

三相异步电动机负载运行时，由于负载转矩的存在，电动机的转速比空载时低，此时定子旋转磁场和转子的相对切割速度 $\Delta n = n_1 - n$ 变大，转差率也变大，这样使得转子绕组的感应电动势 E_2、感应电流 I_2 和相应的电磁转矩随之变大，同时从电源输入的定子电流和电功率也相应增加。

1. 磁动势平衡方程

负载运行时，由于转子电流 $\dot{I}_2$ 增加使其产生的转子磁动势 $\dot{F}_2$ 也随之增加，此时定子电流 $\dot{I}_1$ 产生的定子磁动势 $\dot{F}_1$ 和转子电流 $\dot{I}_2$ 产生转子磁动势 $\dot{F}_2$ 共同作用在气隙中。

可以证明，定子磁动势 $\dot{F}_1$ 与转子磁动势 $\dot{F}_2$ 都是旋转磁动势，且同速、同向旋转，即在空间上始终保持相对静止，因此总的气隙磁动势是 $\dot{F}_1$ 与 $\dot{F}_2$ 的合成磁动势，它们共同来建立气隙磁场。则

$$\dot{F}_0 = \dot{F}_1 + \dot{F}_2 \qquad (4.9)$$

式（4.9）可改写为

$$\dot{F}_1 = \dot{F}_0 + (-\dot{F}_2) = \dot{F}_0 + \dot{F}_{1L} \qquad (4.10)$$

式中：$\dot{F}_{1L} = -\dot{F}_2$，为定子负载分量磁动势。

可见定子旋转磁动势包含有两个分量：一个是励磁分量 $\dot{F}_0$，它用来产生气隙主磁通 $\dot{\Phi}_m$；另外一个是负载分量 $\dot{F}_{1L}$，用来平衡转子旋转磁动势 $\dot{F}_2$，抵消转子旋转磁动势对主磁通的影响。

2. 转子各电磁量与转差率 s 的关系

转子不转时，气隙旋转磁场以同步转速 n_1 切割转子绕组；当转子以转速 n 转动时，旋转磁场就以 $(n_1 - n)$ 的相对速度切割转子绕组，因此，当转子转速 n 变化时，转子绕

组各电磁量将随之变化。

（1）转子电动势的频率。电动势的频率正比于导体与磁场的相对切割速度，故转子电动势的频率为

$$f_2 = \frac{p(n_1 - n)}{60} = s \frac{pn_1}{60} = sf_1 \tag{4.11}$$

由式（4.11）可知，转子电动势频率与转差率成正比。当转子不转（起动瞬间）时，$n=0$，$s=1$，则 $f_2=f_1$，即转子不转时转子侧频率等于定子侧的频率。

（2）转子绕组的感应电动势。转子转动时，$f_2=sf_1$，此时转子绕组上感应电动势为 E_{2s}

$$E_{2s} = 4.44 k_{w2} N_2 f_2 \Phi_m = 4.44 k_{w2} N_2 sf_1 \Phi_m = sE_2 \tag{4.12}$$

式中：E_2 为转子不转的转子电动势。

（3）转子绕组的漏阻抗。转子转动时，$f_2=sf_1$，此时转子绕组漏电抗 x_{2s} 为

$$x_{2s} = \omega_2 L_2 = 2\pi f_2 L_2 = 2\pi sf_1 L_2 = sx_2 \tag{4.13}$$

式中：x_2 为转子不转的转子漏电抗。

转子绕组每相漏阻抗为

$$Z_{2s} = r_2 + jx_{2s} = r_2 + jsx_2 \tag{4.14}$$

式中：r_2 为转子每相绕组电阻。

（4）转子绕组电流。异步电动机的转子绕组正常运行处于短接状态，其端电压 $U_2=0$，所以转子绕组电动势平衡方程为

$$\dot{E}_{2s} - Z_{2s}\dot{I}_{2s} = 0 \quad \text{或} \quad \dot{E}_{2s} = (r_2 + jx_{2s})\dot{I}_{2s} \tag{4.15}$$

则

$$I_{2s} = \frac{E_{2s}}{\sqrt{r_2^2 + x_{2s}^2}} = \frac{sE_2}{\sqrt{r_2^2 + (sx_2)^2}} = \frac{E_2}{\sqrt{\left(\frac{r_2}{s}\right)^2 + x_2^2}} \tag{4.16}$$

（5）转子功率因数 $\cos\varphi_2$。

$$\cos\varphi_2 = \frac{r_2}{\sqrt{r_2^2 + x_{2s}^2}} = \frac{r_2}{\sqrt{r_2^2 + (sx_2)^2}} \tag{4.17}$$

以上各式表明，异步电动机转动时，转子各电磁量的大小与转差率 s 有关。转子频率 f_2、转子漏电抗 x_{2s}、转子电动势 E_{2s} 都与转差率 s 成正比；转子电流 I_{2s} 随转差率增大而增大，转子功率因 $\cos\varphi_2$ 数随转差率增大而减小。因此转差率 s 是异步电动机的一个重要参数。

3. 转子转动时的电动势平衡方程

（1）定子绕组电动势平衡方程。异步电动机转动时，定子绕组电动势平衡方程与空载时相同，此时定子电流为 $\dot{I}_1$，即

$$\dot{U}_1 = -\dot{E}_1 + r_1\dot{I}_1 + jx_1\dot{I}_1 = -\dot{E}_1 + \dot{I}_1 Z_1 \tag{4.18}$$

（2）转子绕组电动势平衡方程。正常运行时，转子绕组是短接的，端电压为零。根据基尔霍夫第二定律，可得转子电路的电动势平衡方程式为

$$\dot{E}_{2s}+\dot{E}_{2\sigma}-\dot{I}_{2s}r_2=0 \quad 或 \quad \dot{E}_{2s}=\dot{I}_{2s}r_2+\mathrm{j}\,\dot{I}_{2s}x_{2s}=\dot{I}_{2s}z_{2s} \tag{4.19}$$

$$z_{2s}=r_2+\mathrm{j}x_{2s}$$

4. 三相异步电动机的等效电路

异步电动机与变压器一样，定子电路与转子电路之间只有磁的耦合而无电的直接联系。为了便于分析和简化计算，也需要用一个等效电路来代替这两个独立的电路，为达到这一目的，就必须像变压器一样对异步电动机进行折算。

根据电动势平衡方程可画出旋转时异步电动机的定子、转子的电路图，如图 4.10 所示。

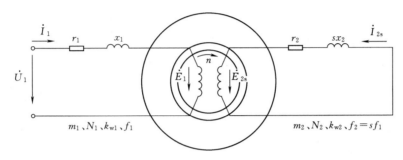

图 4.10　旋转时异步电动机的定子、转子电路

由于异步电动机定子、转子绕组的匝数、绕组系数不相等，而且两侧的频率也不等，因此异步电动机的折算分成两步：首先进行频率折算，即把旋转的转子折算成静止的转子，使定子和转子电路的频率相等；然后进行绕组折算，使定子、转子的相数、匝数、绕组系数相等。

（1）频率折算。只有当异步电动机转子静止时，转子频率才等于定子频率，所以频率折算的实质就是把旋转的转子等效成静止的转子。为保持折算前后电动机的电磁关系不变，折算的原则是：折算前后转子磁动势 $\dot{F}_2$ 不变和转子上各种功率不变。

要使折算前后 $\dot{F}_2$ 不变，只要保证折算前后转子电流 $\dot{I}_2$ 的大小和相位不变即可实现。

由式（4.16）可知，电动机旋转时的转子电流为

$$\dot{I}_{2s}=\frac{\dot{E}_{2s}}{r_2+\mathrm{j}x_{2s}}=\frac{s\dot{E}_2}{r_2+\mathrm{j}sx_2}（频率为 f_2） \tag{4.20}$$

将上式的分子、分母同除以 s，得

$$\dot{I}_2=\frac{\dot{E}_2}{\dfrac{r_2}{s}+\mathrm{j}x_2}=\frac{\dot{E}_2}{r_2+\dfrac{1-s}{s}r_2+\mathrm{j}x_2}（频率为 f_1） \tag{4.21}$$

式（4.21）代表转子已变换成静止时的等效情况，转子电动势 $\dot{E}_2$，漏电抗 x_2 都是对应于频率为 f_1 的量，与转差率 s 无关。比较式（4.20）和式（4.21）可见，频率折算的方法是在静止的转子电路中将原转子电阻 r_2 变换为 $\dfrac{r_2}{s}$，即在静止的转子电路中串入一个附加电阻 $\dfrac{r_2}{s}-r_2=\dfrac{1-s}{s}r_2$，如图 4.11 所示。由图可知，变换后的转子回路中多了一个附

加电阻 $\dfrac{1-s}{s}r_2$。实际旋转转子转轴上有机械功率输出，并且转子还会产生机械损耗，而经频率折算后，转子等效为静止状态，转子不再有机械功率输出和机械损耗，但电路中却多了一个附加电阻 $\dfrac{1-s}{s}r_2$。根据能量守恒和总功率不变原则，该电阻所消耗的功率 $m_2 I_2^2 \dfrac{1-s}{s}r_2$，就相当于转轴上的机械功率和机械损耗之和。这部分功率称为总机械功率，附加电阻 $\dfrac{1-s}{s}r_2$ 称为总机械功率的等效电阻。

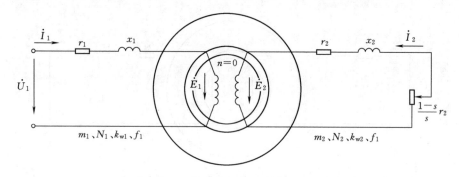

图 4.11 频率折算后异步电动机的定子、转子电路

（2）转子绕组折算。类似变压器的折算，转子绕组折算就是用一个和定子绕组具有相同相数 m_1、匝数 N_1 及绕组系数 k_{w1} 的等效转子绕组来代替原来的相数为 m_2、匝数为 N_2 及绕组系数 k_{w2} 的实际转子绕组。其折算原则和方法与变压器基本相同。

转子侧各电磁量折算到定子侧时，转子电动势、电压乘以电动势变比 $k_e=\dfrac{N_1 k_{w1}}{N_2 k_{w2}}$；转子电流除以电流变比 $k_i=\dfrac{m_1 N_1 k_{w1}}{m_2 N_2 k_{w2}}$；转子电阻、电抗及阻抗乘以阻抗变比 $k_e k_i$。

绕组折算后，异步电动机的电路图如图 4.12 所示。

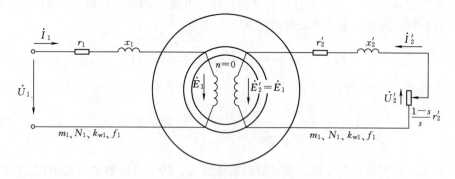

图 4.12 绕组折算后异步电动机的定子、转子电路

（3）等效电路。

1）基本方程式。经过频率折算和绕组折算后，异步电动机的基本方程为

$$\left.\begin{aligned}
\dot{U}_1 &= -\dot{E}_1 + r_1\dot{I}_1 + jx_1\dot{I}_1 \\
\dot{U}_2' &= \dot{E}_2' - r_2'\dot{I}_2' - jx_2'\dot{I}_2' \\
\dot{I}_1 + \dot{I}_2' &= \dot{I}_0 \\
\dot{E}_1 &= \dot{E}_2' = -Z_m\dot{I}_0
\end{aligned}\right\} \tag{4.22}$$

2）等效电路。根据基本方程式，再仿照变压器的分析方法，可以画出异步电动机的 T 形等效电路图，如图 4.13 所示。

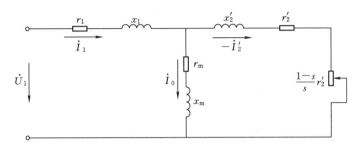

图 4.13 异步电动机的 T 形等效电路图

4.2.3 三相异步电动机的电磁转矩

异步电动机通过转子上的电磁转矩将电能转变成机械能，电磁转矩是异步电动机实现机电能量转换的关键，也是分析异步电动机运行性能的一个很重要的物理量。

先从分析功率平衡关系入手，再应用等效电路推导出电磁转矩的表达式。

1. 功率平衡方程式

异步电动机运行时，定子从电网中吸收电功率，转子拖动机械负载输出机械功率。电动机在实现能量转换过程中，必然会产生各种损耗。根据能量守恒定律，输出功率应等于输入功率减去总损耗。

由等效电路可得出异步电动机的功率传递图，如图 4.14 所示。图中的传递功率用 P 表示，而损耗用 p 表示。

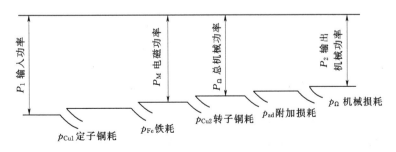

图 4.14 异步电动机的功率传递图

（1）输入功率 P_1。输入功率是指电网向定子输入的有功功率，即

$$P_1 = m_1 U_1 I_1 \cos\varphi_1 \tag{4.23}$$

式中：U_1、I_1 为定子绕组的相电压、相电流；$\cos\varphi_1$ 为异步电动机的功率因数。

（2）定子铜损耗 p_{Cu1}。定子电流 I_1 流过定子绕组时，在定子绕组电阻上的功率损耗为

$$p_{Cu1} = m_1 I_1^2 r_1 \tag{4.24}$$

（3）铁芯损耗 p_{Fe}。旋转磁场在定子铁芯中产生铁损耗，电动机铁损耗可以看成励磁电流在励磁电阻上所消耗的功率

$$p_{Fe} = m_1 I_0^2 r_m \tag{4.25}$$

（4）电磁功率 P_M。从输入功率 P_1 中扣除定子铜损耗 p_{Cu1} 和铁损耗 p_{Fe} 后，剩余的功率便由气隙旋转磁场通过电磁感应传递到转子侧，通常把这个功率称为电磁功率 P_M。

$$P_M = P_1 - p_{Cu1} - p_{Fe} \tag{4.26}$$

由 T 形等效电路看能量传递关系，电磁功率 P_M 为

$$P_M = m_1 E_2' I_2' \cos\varphi_2 = m_1 I_2'^2 \frac{r_2'}{s} \tag{4.27}$$

（5）转子铜损耗 p_{Cu2}。转子电流流过转子绕组时，在转子绕组电阻 r_2 上的功率损耗为

$$p_{Cu2} = m_1 I_2'^2 r_2' \tag{4.28}$$

由式（4.28）和式（4.27）可得

$$p_{Cu2} = sP_M \tag{4.29}$$

式（4.29）说明，转差率 s 越大，电磁功率消耗在转子铜耗中的比重就越大，电动机效率就越低，故异步电动机正常运行时，转差率较小，通常在 $0.01\sim0.06$ 的范围内。

（6）总机械功率 P_Ω。传到转子侧的功率减去转子绕组的铜耗后，即是电动机转轴上的总机械功率，即

$$P_\Omega = P_M - p_{Cu2} = m_1 I_2'^2 \frac{r_2'}{s} - m_1 I_2'^2 r_2' = m_1 I_2'^2 \frac{1-s}{s} r_2' \tag{4.30}$$

式（4.30）说明了 T 形等效电路中引入电阻 $\dfrac{1-s}{s} r_2'$ 的物理意义。

由式（4.27）和式（4.30）可得

$$P_\Omega = (1-s) P_M \tag{4.31}$$

从式（4.31）中可得，由定子经气隙传递到转子侧的电磁功率有一小部分 sP_M 转变为转子铜耗，其余绝大部分 $(1-s)P_M$ 转变为总机械功率。

（7）输出功率 P_2。输出功率是指由总机械功率 P_Ω 扣除机械损耗 p_Ω 及附加损耗 p_{ad} 后转轴上输出的机械功率 P_2。机械损耗 p_Ω 是电动机在运行时由于轴承及风阻等摩擦所引起的损耗；附加损耗 p_{ad} 是由于定子、转子开槽和谐波磁场等原因引起的损耗。

$$P_2 = P_\Omega - (p_\Omega + p_{ad}) = P_\Omega - p_0 \tag{4.32}$$

式中：p_0 为空载时的转动损耗。

由上可知，异步电动机运行时，从电源输入功率 P_1 到转轴上输出功率 P_2 的全部过程为

$$P_2 = P_1 - (p_{Cu1} + p_{Fe} + p_{Cu2} + p_\Omega + p_{ad}) = P_1 - \sum p \qquad (4.33)$$

式中：$\sum p$ 为电动机总损耗。

【**例 4.3**】 一台三相异步电动机，$P_N = 7.5kW$，额定电压 $U_N = 380V$，定子△接法，频率为 50Hz。额定负载运行时，定子铜耗为 474W，铁耗为 231W，机械损耗 45W，附加损耗 37.5W，$n_N = 960r/min$，$\cos\varphi_N = 0.824$，试计算转子电流频率、转子铜耗、定子电流和电机效率。

解： 转差率 $\quad s_N = \dfrac{n_1 - n}{n_1} = \dfrac{1000 - 960}{1000} = 0.04$

转子电流频率 $\quad f_2 = sf_1 = 0.04 \times 50Hz = 2Hz$

总机械功率 $\quad P_\Omega = P_2 + p_\Omega + p_{ad} = (7.5 \times 10^3 + 45 + 37.5)W = 7583W$

电磁功率 $\quad P_M = \dfrac{P_\Omega}{1-s} = \dfrac{7583}{1-0.04}W = 7898W$

转子铜耗 $\quad p_{Cu2} = sP_M = 0.04 \times 7898W = 316W$

定子输入功率 $\quad P_1 = P_M + p_{Cu1} + p_{Fe} = (7898 + 474 + 231)W = 8603W$

定子线电流 $\quad I_1 = \dfrac{P_1}{\sqrt{3}U_N\cos\varphi_1} = \dfrac{8603}{\sqrt{3} \times 380 \times 0.824}A = 15.86A$

电动机效率 $\quad \eta = \dfrac{P_2}{P_1} = \dfrac{7.5 \times 10^3}{8603} = 87.17\%$

2. 转矩平衡方程式

旋转体的机械功率等于转矩与机械角速度的乘积，即 $P = T\Omega$，在式（4.32）两边同除以机械角速度 $\Omega\left(\Omega = \dfrac{2\pi n}{60}\right)$，可得转矩平衡方程式为

$$T_2 = T - T_0 \text{ 或 } T = T_2 + T_0 \qquad (4.34)$$

$$T = \frac{P_\Omega}{\Omega}, \quad T_2 = \frac{P_2}{\Omega}, \quad T_0 = \frac{p_0}{\Omega}$$

式中：T 为电磁转矩（驱动性质）；T_2 为负载转矩（制动性质）；T_0 为空载转矩（制动性质）。

式（4.34）表明：当 $T > T_2 + T_0$ 时电动机作加速运行；$T < T_2 + T_0$ 时电动机作减速运行；只有当 $T = T_2 + T_0$，电动机才能稳定运行。

3. 电磁转矩 T

（1）电磁转矩物理表达式

$$T = \frac{P_\Omega}{\Omega} = \frac{(1-s)P_M}{\dfrac{2\pi n}{60}} = \frac{(1-s)P_M}{\dfrac{2\pi(1-s)n_1}{60}} = \frac{P_M}{\Omega_1} \qquad (4.35)$$

式中：Ω_1 为同步角速度，$\Omega_1 = \dfrac{2\pi n_1}{60} = \dfrac{2\pi f_1}{p}$。

由式（4.35）和式（4.27）可得

$$T=\frac{P_{M}}{\Omega_{1}}=\frac{m_{1}E_{2}'I_{2}'\cos\varphi_{2}}{\dfrac{2\pi n_{1}}{60}}=\frac{m_{1}\times4.44f_{1}N_{1}k_{w1}\Phi_{m}I_{2}'\cos\varphi_{2}}{\dfrac{2\pi f_{1}}{p}}$$

$$=\frac{m_{1}\times4.44pN_{1}k_{w1}}{2\pi}\Phi_{m}I_{2}'\cos\varphi_{2}=C_{T}\Phi_{m}I_{2}'\cos\varphi_{2}$$

$$(4.36)$$

$$C_{T}=\frac{m_{1}\times4.44pN_{1}k_{w1}}{2\pi}$$

式中：C_{T} 为转矩常数，与电机结构有关。

式（4.36）表明，电磁转矩是转子电流的有功分量与气隙主磁场相互作用产生的。若电源电压不变，每极磁通为一定值，则电磁转矩大小与转子电流的有功分量成正比。

（2）电磁转矩参数表达式。在实际计算和分析异步电动机的各种运行状态时，往往需要知道电磁转矩和电动机参数之间的关系，即参数表达式。

根据异步电动机简化等效电路，可得转子电流

$$I_{2}'=\frac{U_{1}}{\sqrt{\left(r_{1}+\dfrac{r_{2}'}{s}\right)^{2}+(x_{1}+x_{2}')^{2}}}$$

$$(4.37)$$

将式（4.37）代入式（4.35）可得电磁转矩的参数表达式为

$$T=\frac{P_{M}}{\Omega_{1}}=\frac{m_{1}I_{2}'^{2}\dfrac{r_{2}'}{s}}{\dfrac{2\pi f_{1}}{p}}=\frac{m_{1}pU_{1}^{2}\dfrac{r_{2}'}{s}}{2\pi f_{1}\left[(r_{1}+\dfrac{r_{2}'}{s})^{2}+(x_{1}+x_{2}')^{2}\right]}$$

$$(4.38)$$

式（4.38）是异步电动机电磁转矩的参数表达式，它表达了电磁转矩与电源参数（U_{1}、f_{1}）、电机参数（m_{1}、p、r_{1}、x_{1}、r_{2}'、x_{2}'）和运行参数（s）的关系。特别是电源参数的变化对异步电动机的电磁转矩影响较大。

小　　结

本节分析了异步电动机空载运行和负载运行时的电磁关系，推导出异步电动机的基本方程式、等效电路，它们是进一步研究异步电动机各种运行性能的重要基础。

在异步电动机中无论转子转速如何，转子电流产生的基波磁动势在空间上总是以同步转速旋转，并与定子基波磁动势相对静止。这是异步电动机在任何转速下都能产生恒定电磁转矩、实现机电能量转换的必要条件。

异步电动机在折算时，不仅要进行绕组折算，即匝数、相数和绕组系数的折算，还要进行频率折算。

异步电动机的等效电路中 $\dfrac{1-s}{s}r_{2}'$ 是模拟总机械功率的等效电阻。

电磁转矩是异步电动机实现机能量转换的关键物理量。其物理表达式表明了电磁转矩是转子电流的有功分量与电机气隙主磁场相互作用而产生的，其参数表达式反映了电磁转矩与电压、频率、电机参数和转差率之间的关系。

由异步电动机的功率平衡关系及 T 形等效电路可获得转子铜耗与电磁功率之间关系，即 $p_{Cu2}=sP_M$，为了减少转子铜耗，提高电动机效率，异步电动机正常运行时转差率很小。

习　　题

（1）一台频率为 60Hz 的三相异步电动机运行于 50Hz 的电源上，其他不变，电动机空载电流如何变化？若电源电压不变时，那么三相异步电动机产生的主磁通变化吗？

（2）当三相异步电动机的转速发生变化，转子所产生的磁动势在空间的转速是否发生变化？为什么？

（3）三相异步电动机在额定电压下运行，若转子突然被卡住，电流如何变化，对电动机有何影响？

（4）画出异步电动机 T 形等效电路并说明等效电路中各个参数的物理意义？等效电路中的附加电阻 $\dfrac{1-s}{s}r'_2$ 的物理意义是什么？能否用电抗或电容代替这个附加电阻？为什么？

（5）一台异步电动机额定运行时，$n_N=1450\text{r/min}$，问此时传递到转子侧的电磁功率有百分之几消耗在转子电阻上？有百分之几转换成总机械功率？

（6）一台三相四极异步电动机：$P_N=17\text{kW}$，$U_N=380\text{V}$，$I_N=33\text{A}$，$f=50\text{Hz}$，定子△接线，已知额定运行时 $p_{Cu1}=700\text{W}$，$p_{Cu2}=700\text{W}$，$p_{Fe}=150\text{W}$，$p_{ad}=200\text{W}$，$p_\Omega=200\text{W}$。试计算：①电磁功率；②额定转速；③电磁转矩；④负载转矩；⑤空载制动转矩；⑥效率；⑦功率因数。

（7）有一台四极异步电动机，$P_N=10\text{kW}$，$U_N=380\text{V}$，$f=50\text{Hz}$，转子铜损耗 $p_{Cu2}=314\text{W}$，附加损耗 $p_{ad}=102\text{W}$，机械损耗 $p_\Omega=175\text{W}$，求电动机的额定转速及额定电磁转矩。

综　合　实　训

1. 实训目标

三相异步电动机一般连接方法和负载测试。

2. 实训要求

用交流电压表、交流电流表、功率表测量三相异步电动机负载时的电压、电流、有功功率，并能根据测得的数据计算转差率、功率因数。

4.3　三相异步电动机的机械特性

【学习目标】

（1）掌握三相异步电动机的转矩特性。掌握最大电磁转矩、临界转差率及起动转矩与各参数的关系。

（2）掌握三相异步电动机的固有机械特性和人为机械特性。

（3）理解转矩实用表达式及应用。

章节名称	能力要素	知识和技能要求	考核标准
三相异步电动机的机械特性	（1）熟悉最大电磁转矩、临界转差率及起动转矩公式。 （2）能说出三相异步电动机的各种机械特性特点	（1）掌握最大电磁转矩、临界转差率及起动转矩与各参数关系。 （2）了解三相异步电动机的各种机械特性特点	（1）重点考核内容。 1）最大电磁转矩、临界转差率及起动转矩与各参数关系； 2）各种机械特性特点。 （2）考核方式：口试或笔试。 （3）占总成绩的比例：5%～10%

4.3.1 转矩特性

当式（4.38）中的电源参数和电动机参数不变时，电磁转矩 T 仅和转差率 s 有关，这种电磁转矩和转差率的关系曲线称为 T-s 曲线，通常称为转矩特性 $T=f(s)$，如图 4.15 所示。

1. 理想空载运行

理想空载运行时，$n=n_1=60f_1/p$，$s=0$，$\dfrac{r_2'}{s}\to\infty$，$I_2=0$，$I_1=I_0$，电磁转矩 $T=0$，电动机不进行机电能量转换，图 4.15 中的 D 点为理想空载运行点，异步电动机实际上是不可能运行于该点的。

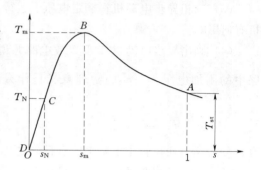

图 4.15 异步电动机的转矩特性曲线

2. 额定运行

异步电动机带额定负载运行，$s_N=0.01\sim0.06$，其对应的电磁转矩为额定转矩 T_N，若忽略空载转矩，T_N 即为额定输出转矩。图 4.15 中的 C 点为额定运行点。

$$T_N=\frac{P_N\times10^3}{\omega}=\frac{P_N\times10^3}{2\pi n_N/60}=9550\,\frac{P_N}{n_N}\ \text{N}\cdot\text{m} \tag{4.39}$$

式中：P_N 的单位为 kW。

3. 最大电磁转矩 T_m 和过载能力 k_m

（1）最大电磁转矩 T_m 与临界转差率 s_m。将最大电磁转 T_m 所对应的转差 s_m 称为临界转差率。图 4.15 中 B 点为最大电磁转矩点，该点 $T=T_m$，$s=s_m$。

用数学方法将式（4.38）对 s 求导，令 $\dfrac{dT}{ds}=0$，即可求得最大电磁转 T_m 和临界转差率 s_m

$$s_m=\frac{r_2'}{\sqrt{r_1^2+(x_1+x_2')^2}} \tag{4.40}$$

$$T_m=\frac{m_1pU_1^2}{4\pi f_1\left[r_1+\sqrt{r_1^2+(x_1+x_2')^2}\right]} \tag{4.41}$$

通常 $r_1\ll(x_1+x_2')$，不计 r_1，有

$$s_m\approx\frac{r_2'}{x_1+x_2'} \tag{4.42}$$

$$T_m \approx \frac{m_1 p U_1^2}{4\pi f_1 (x_1 + x_2')} \tag{4.43}$$

由式（4.40）和式（4.41）可得如下结论：

1）最大电磁转矩 T_m 与电源电压的平方成正比；临界转差率 s_m 只与电动机本身的参数有关，而与电源电压无关。

2）最大电磁转矩 T_m 与转子回路电阻 r_2' 无关。但临界转差率 s_m 与转子回路电阻 r_2' 成正比。因此在转子回路串电阻后可以改变转矩特性曲线，绕线式异步电动机正是利用这一特点来改善异步电动机的起动、调速和制动性能的。

（2）过载系数 k_m。如果负载转矩大于最大电磁转矩，则电动机将因过载而停转。为了保证电动机不会因短时过载而停转，一般要求电动机具有一定的过载能力。过载能力用过载系数来衡量。

把最大电磁转矩与额定转矩之比称为电动机的过载系数，用 k_m 表示，即

$$k_m = \frac{T_m}{T_N} \tag{4.44}$$

k_m 是表征电动机运行性能的指标，它可以衡量电动机的短时过载能力和运行的稳定性。最大电磁转矩越大，过载系数则越大，电动机的过载能力也越强。

对此国家对 k_m 有明确的规定：一般电动机，$k_m = 1.8 \sim 2.5$；Y 系列异步电动机，$k_m = 2 \sim 2.2$；起重、冶金，机械专用电动机，$k_m = 2.2 \sim 2.8$；特殊电动机，k_m 可达 3.7。

4. 起动转矩和起动转矩倍数

（1）起动转矩。电动机接通电源瞬间的电磁转矩称为起动转矩，用 T_{st} 表示。图 4.15 中 A 点为起动点，该点的 $T = T_{st}$，$n = 0$，$s = 1$。

电动机起动时 $n = 0$，$s = 1$。将 $s = 1$ 代入电磁转矩的参数表达式，可求得起动转矩：

$$T_{st} = \frac{m_1 p U_1^2 r_2'}{2\pi f_1 [(r_1 + r_2')^2 + (x_1 + x_2')^2]} \tag{4.45}$$

由式（4.45）可知，起动转矩具有以下特点：

1）当频率和电机参数一定时，起动转矩 T_{st} 与电源电压的平方成正比。

2）起动转矩与转子回路的电阻有关，在一定范围内增加转子回路的电阻可以增大起动转矩。

因此绕线式异步电动机可以通过转子回路串入电阻的方法来增大起动转矩，改善起动性能。只要起动时绕线式异步电动机在转子回路中所串电阻 R_{st} 适当，可以使 $s_m = 1$，那么此时的起动转矩可达到最大值。

起动时获得最大电磁转矩的条件是 $s_m = 1$，即

$$r_2' + R_{st}' = \sqrt{r_1^2 + (x_1 + x_2')^2} \approx x_1 + x_2' \tag{4.46}$$

鼠笼式异步电动机不能用转子回路串电阻的方法来改善起动性能。起动转矩只能在设计时考虑，一般用起动转矩倍数衡量。

（2）起动转矩倍数 k_{st}。起动转矩与额定转矩之比称为起动转矩倍数，用 k_{st} 表示，即

$$k_{st} = \frac{T_{st}}{T_N} \tag{4.47}$$

起动转矩倍数也是反映电动机性能的另一个重要参数，它反映了电动机起动能力的大小。电动机起动的条件是起动转矩不小于 1.1 倍的负载转矩，即 $T_{st} \geqslant 1.1 T_L$。一般鼠笼式电动机的 $k_{st} = 1.0 \sim 2.0$；起重和冶金专用的鼠笼式电动机的 $k_{st} = 2.8 \sim 4.0$。

5. 电磁转矩的实用表达式

电磁转矩参数表达式清楚地显示了转矩与转差率及电动机参数之间的关系。但是电动机定子、转子参数在电动机的产品目录或铭牌上是查不到的。为了便于工程计算，于是推导出如下公式，即

$$\frac{T}{T_m} = \frac{2}{\dfrac{s}{s_m} + \dfrac{s_m}{s}} \tag{4.48}$$

这是异步电动电磁转矩的实用表达式。只要知道 T_m 和 s_m，就可以求出 $T = f(s)$。

通常可利用产品目录中给出的数据来估算 $T = f(s)$ 曲线。其步骤如下：

(1) 根据额定功率 P_N 及额定转速 n_N 求出 T_N。

(2) 由过载系数 k_m 求得最大电磁转矩 T_m，$T_m = k_m T_N$。

(3) 根据过载系数 k_m，借助于式（4.48）求取临界转差 s_m。

由 $\dfrac{T_N}{T_m} = \dfrac{2}{\dfrac{s_N}{s_m} + \dfrac{s_m}{s_N}} = \dfrac{1}{k_m}$ 求得 $s_m = s_N(k_m + \sqrt{k_m^2 - 1})$。

(4) 把上述求得的 T_m、s_m 代入式（4.48）就可获得转矩特性方程：

$$T = \frac{2 T_m}{\dfrac{s}{s_m} + \dfrac{s_m}{s}}$$

只要给定一系列 s 值，便可求出相应的电磁转矩，并作出 $T = f(s)$ 曲线。

4.3.2 三相异步电动机的机械特性

由于转速 $n = (1-s)n_1$，可将 $T = f(s)$ 曲线转化为 $n = f(T)$ 曲线。异步电动机的转速 n 和电磁转矩 T 之间的关系 $n = f(T)$，称为机械特性。

1. 固有机械特性

三相异步电动机的固有机械特性是指电动机工作在额定电压、额定频率下，定子、转子电路均不外接电阻，且按规定方式接线情况下的机械特性。当电机处于电动机运行状态时，其固有机械特性曲线如图 4.16 所示。

2. 人为机械特性

人为机械特性是指人为改变电源参数或电动机参数而得到的机械特性。

（1）降低定子电压的人为机械特性。电磁转矩和电压的平方成正比，因此增大或减小电源电压都可以改变电磁转矩。由于异步电动机在额定电压下运行时，磁路已经饱和，所以不能利用升高电压的方法来改变机械特性，故这里只讨论降低电压的人为机械特性，如图 4.17 所示。

当电动机在某一负载下运行时，若降低电源电压，电磁转矩减小将导致电动机转速下降，转子电流、定子电流增大。若电动机电流超过额定值，则电动机的最终温升超过允许值，导致电动机寿命缩短，甚至使电动机烧毁。如果电压降低过多，也会使最大转矩小于

负载转矩，而使电动机发生停转。降低电压后的人为机械特性曲线中，线性段的斜率变大，特性变软，起动转矩倍数和过载能力显著下降。

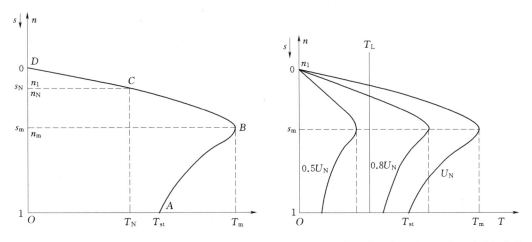

图 4.16　异步电动机固有机械特性曲线　　　图 4.17　异步电动机降压时的人为机械特性曲线

（2）转子回路串三相对称电阻时的人为机械特性。由前面分析可知，增大转子回路电阻时，同步转速 n_1 与最大电磁转矩 T_m 都不变，但临界转差 s_m 随所串电阻增加而增大，人为机械特性曲线是一组通过同步点的曲线族，如图 4.18 所示。

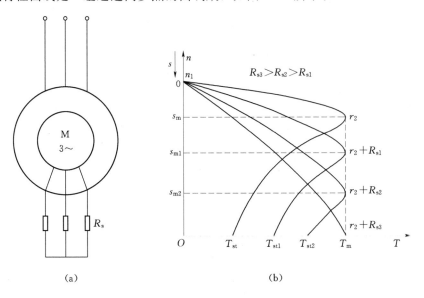

图 4.18　绕线式异步电动机转子回路串电阻
（a）电路图；（b）机械特性曲线

显然，转子回路串接电阻后的人为机械特性曲线中，线性段的斜率变大，特性变软。在一定范围内增加转子回路电阻可以增加电动机的起动转矩，如果串接某一电阻使 $T_{st} = T_m$，若再继续增加转子回路电阻，则起动转矩开始减小。如图 4.18 所示，当所串电阻为 R_{s3} 时，$s_m = 1$，起动转矩已达到了最大值，若再增加转子回路电阻，起动转矩反而会减小。

通过转子回路串对称电阻,可以改善异步电动机的起动、调速和制动性能,只适用于绕线式异步电动机,不适用于鼠笼式异步电动机。

(3) 定子回路串接对称电抗或电阻的人为特性。在鼠笼式异步电动机的定子三相回路内串接三相对称电抗或电阻时,由分析可知,同步转速 n_1 不变,但最大电磁转矩 T_m、临界转差率 s_m 和起动转矩 T_{st} 都随所串电抗(电阻)的增加而减小。其人为机械特性曲线如图 4.19 所示。定子回路串电抗一般用于鼠笼式异步电动机的降压起动,以限制起动电流。

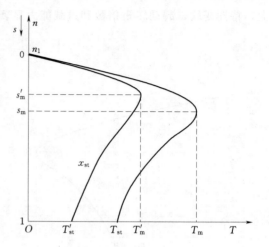

图 4.19 定子回路串接电抗的人为机械特性曲线

定子回路串接三相对称电阻时的人为特性与串电抗类似。串接电阻的目的也是为了限制起动电流,但由于电阻要产生能量损耗,所以一般不宜采用。

小　　结

异步电动机对机械负载的输出主要表现为转速和电磁转矩。电磁转矩和转速之间的关系 $n = f(T)$ 称为机械特性。绕线式异步电动机就是利用转子回路串适当电阻的方法来改善起动、调速和制动性能。

最大电磁转矩和起动转矩均与电源电压的平方成正比;最大电磁转矩与转子回路电阻无关;临界转差率和转子回路电阻成正比;在一定范围内,增加转子回路电阻可以增加起动转矩,当临界转差率为1时,起动转矩将达到最大电磁转矩。

习　　题

(1) 什么是三相异步电动机的固有机械特性?

(2) 什么是三相异步电动机的人为机械特性?

(3) 三相异步电动机带额定负载运行时,且负载转矩不变,若电源电压下降过多,对电动机的 T_M、T_{st}、Φ_m、I_1、I_2 及 n 有何影响?

(4) 试分析下列情况下异步电动机的最大转矩、临界转差率和起动转矩将如何变化。①转子回路中串电阻;②定子回路中串电阻;③降低电源电压;④降低电源频率。

(5) 有一台过载系数为2的三相异步电动机,其额定电压为 380V,带额定负载运行时,由于电网突然故障,电网电压下降到 230V,此时电动机能否继续运行,为什么?

综　合　实　训

1. 实训目标

测取三相鼠笼异步电动机的机械特性。

2. 实训要求

根据测得的数据作出三相鼠笼异步电动机的机械特性。

4.4 三相异步电动机的启动

【学习目标】

（1）掌握三相异步电动机的启动方法、适用场合及其优缺点。

（2）了解深槽式及双鼠笼式异步电动机的结构特点和工作原理。

章节名称	能力要素	知识和技能要求	考核标准
三相异步电动机的启动	（1）能说出三相异步电动机的启动方法、适用场合及其优缺点。 （2）能说出深槽式及双鼠笼式异步电动机的结构特点和工作原理	（1）掌握三相异步电动机的启动方法、适用场合及其优缺点。 （2）了解深槽式及双鼠笼式异步电动机的结构特点和工作原理	（1）重点考核内容： 1）三相异步电动机启动方法及应用。 2）深槽式及双鼠笼式异步电动机结构特点及原理。 （2）考核方式：口试或笔试。 （3）占总成绩的比例：5%～10%

异步电动机的启动指的是从异步电动机接通电源开始，其转速从零上升到稳定转速的运行过程。

在电力拖动系统中，不同种类的负载有不同的启动条件，对电动机的启动性能提出不同的要求，总的来说，对异步电动机启动主要有以下几点要求。

（1）启动电流小，以减小对电网的冲击。

（2）启动转矩要大，以加速启动过程，缩短启动时间。

（3）启动设备尽量简单、可靠、操作方便。

4.4.1 三相鼠笼式异步电动机的启动

1. 直接启动

直接启动是启动时通过接触器将电动机的定子绕组直接接在额定电压的电源上，所以也称为全压启动。这是一种最简单的启动方法，但启动性能不能满足实际要求，原因如下。

（1）启动电流 I_{st} 过大。电动机启动瞬间的电流叫启动电流，用 I_{st} 表示。刚启动时，$n=0$，$s=1$，转子感应电动势很大，所以转子启动电流很大，一般可达转子额定电流的5～8倍。根据磁动势平衡关系，启动时定子电流也很大，一般可达定子额定电流的4～7倍。这么大的启动电流会带来许多不利影响：如使线路产生很大电压降，导致电网电压波动，影响线路上其他设备运行；另外流过电动机绕组的电流增加，铜损耗必然增大，使电动机发热、绝缘老化，电机效率下降等。

（2）启动转矩 T_{st} 不大。虽然异步电动机直接启动时启动电流很大，但由于启动时，

163

$n=0$，$s=1$，$f_2=f_1$，转子漏抗很大，所以转子的功率因数很低；同时，由于启动电流大，定子绕组的漏抗压降大，使定子绕组感应电动势减少，导致对应的主磁通减少。由于这两方面因素，根据电磁转矩公式 $T=C_T\Phi_m I'_2\cos\varphi_2$，所以启动时虽然启动电流很大，但异步电动机启动转矩却并不大。

通过以上分析可知，鼠笼式异步电动机直接启动的主要缺点是启动电流大，而启动转矩却不大。这样的启动性能是不理想的。

因此直接启动一般只在小容量的电动机中使用。如容量在 7.5kW 以下的三相异步电动机一般均可采用直接启动。通常也可用下面经验公式来确定电动机是否可以采用直接启动：

$$\frac{I_{st}}{I_N}<\frac{3}{4}+\frac{变压器容量(kVA)}{4\times 电动机功率(kW)} \tag{4.49}$$

式中：I_{st} 为电动机的启动电流；I_N 为电动机的额定电流。

若不满足上述条件，则采用降压启动。

【例 4.4】 有两台三相鼠笼式异步电动机，启动电流倍数都为 $k_i=6.5$，其供电变压器容量为 560kVA，两台电动机的容量分别为 $P_{N1}=22kW$，$P_{N2}=70kW$，问这两台电动机能否直接启动？

解： 根据经验公式，对于第一台电动机：

$$\frac{3}{4}+\frac{变压器容量(kVA)}{4\times 电动机功率(kW)}=\frac{3}{4}+\frac{560}{4\times 22}=7.11>6.5$$

所以允许直接启动。

对于第二台电动机：

$$\frac{3}{4}+\frac{变压器容量(kVA)}{4\times 电动机功率(kW)}=\frac{3}{4}+\frac{560}{4\times 70}=2.75<6.5$$

所以不允许直接启动。

2. 降压启动

降压启动是通过启动设备使定子绕组承受的电压小于额定电压，从而减少启动电流，待电动机转速达到某一数值时，再让定子绕组承受额定电压，使电动机在额定电压下稳定运行。

降压启动的目的是为了减少启动电流，但在减小了启动电流的同时启动转矩也大大减小，故降压启动只适用于电动机空载或轻载启动。降压启动的方法有以下几种：

（1）定子回路串接电抗（电阻）降压启动。定子回路串接电抗（或电阻）降压启动是启动时在鼠笼式电动机的定子三相绕组上串接对称电抗（或电阻）的一种启动方法，如图 4.20 所示。

启动时 S1 合上，S2 断开，电抗器串入回路，起到分压限流作用。当启动结束后，S2 合上，使电动机在全压下运行。

全压启动时的启动电流和启动转矩分别用 I_{stN} 和 T_{stN} 表示，设定子回路串电抗（电阻）后直接加在定子绕组上电压为 U_{st}，令

$$k=\frac{U_N}{U_{st}}\quad(k>1) \tag{4.50}$$

则降压后启动电流和启动转矩分别为

$$I_{st} = \frac{I_{stN}}{k} \quad\quad (4.51)$$

$$T_{st} = \frac{T_{stN}}{k^2} \quad\quad (4.52)$$

由此可见，串接电抗（电阻）降压启动时，若加在电动机上的电压减小到额定电压的 $1/k$，则启动电流也减小到直接启动电流的 $1/k$，而启动转矩因与电源电压平方成正比，因而减小到直接启动的 $1/k^2$。

（2）星形-三角形（Y-△）换接降压启动。星形-三角形换接降压启动指的是启动时将定子绕组改接成星形连接，待电机转速上升到接近额定转速时再将定子绕组改接成三角形连接。其原理接线如图 4.21 所示。这种启动方法只适用于正常运行时定子绕组做三角形连接运行的异步电动机。

启动时先将开关 S2 投向启动侧，此时定子绕组接成星形连接，然后闭合开关 S1 进行启动，待转速升高到某

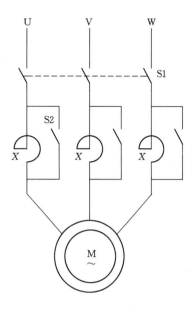

图 4.20　用电抗器降压
启动原理接线图

一数值，再将开关投向运行侧，恢复定子绕组为三角形连接，使电动机在全压下运行。

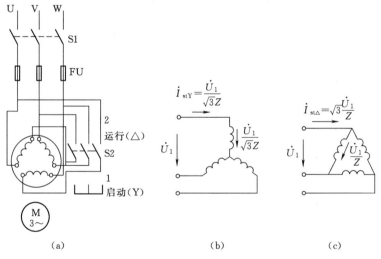

图 4.21　Y-△换接降压启动
(a) 原理接线图；(b) Y 启动；(c) △启动

设电动机的额定电压为 U_N，电动机每相阻抗为 Z。

1）直接启动。直接启动时定子绕组为三角形连接，此时绕组相电压为电源线电压 U_N，定子绕组每相启动电流为 $\dfrac{U_N}{Z}$，而电网供给的启动电流（线电流）为 $I_{st\triangle} = \sqrt{3}\,\dfrac{U_N}{Z}$。

2）降压启动。降压启动时定子绕组为星形连接，则绕组电压上为 $\dfrac{U_N}{\sqrt{3}}$，定子绕组每相

165

启动电流为 $\dfrac{U_N}{\sqrt{3}Z}$，故降压时电动机的启动电流（线电流）为 $I_{stY}=\dfrac{U_N}{\sqrt{3}Z}$。

Y 形与 △ 形连接启动时，启动电流的比值为

$$\frac{I_{stY}}{I_{st\triangle}}=\frac{\dfrac{U_N}{\sqrt{3}Z}}{\sqrt{3}\dfrac{U_N}{Z}}=\frac{1}{3} \tag{4.53}$$

由于启动转矩与相电压的平方成正比，故 Y 形与 △ 形连接启动的启动转矩的比值为

$$\frac{T_{stY}}{T_{st\triangle}}=\frac{\left(\dfrac{U_N}{\sqrt{3}}\right)^2}{U_N^2}=\frac{1}{3} \tag{4.54}$$

可见 Y-△ 降压启动的启动电流及启动转矩都减小到直接启动时的 1/3。

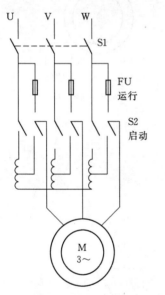

图 4.22 自耦变压器降压
启动的原理接线图

Y-△ 换接启动的最大的优点是操作方便，启动设备简单，成本低，但它仅适用于正常运行时定子绕组做三角形连接的异步电动机。由于启动转矩只有直接启动时的 1/3，启动转矩降低很多，而且是不可调的，因此只能用于轻载或空载启动的设备上。

（3）自耦变压器降压启动。这种启动方法是通过自耦变压器把电压降低后再加在电动机定子绕组上，以减少启动电流。如图 4.22 所示。

启动时，把合上开关 S1，再将开关 S2 搁于启动位置，这时电源电压经过自耦变压器降压后加在电动机上启动，减少了启动电流，待转速升高到接近额定转速时，再将开关 S2 搁于运行位置，自耦变压器被切除，电动机在额定电压下正常运行。

设自耦变压器的变比为 k_a（变压器抽头比为 $k=1/k_a$），电网电压为 U_N，全压直接启动时的启动电流和启动转矩分别用 I_{stN} 和 T_{stN} 表示。直接启动时的启动电流 $I_{stN}=\dfrac{U_N}{Z}$，则经自耦变压器降压后，加在电动机上的启动电压

（自耦变压器二次侧电压）为

$$U_{st}=\frac{U_N}{k_a}$$

经过自耦变压器降压后，电动机定子绕组上流过的电流为

$$I'_{sta}=\frac{U_{st}}{Z}=\frac{\dfrac{U_N}{k_a}}{Z}=\frac{I_{stN}}{k_a} \tag{4.55}$$

此时电网供给的启动电流 I_{sta}（自耦变压器的一次侧电流）为

$$I_{sta}=\frac{I'_{sta}}{k_a}=\frac{1}{k_a}\left(\frac{I_{stN}}{k_a}\right)=\frac{I_{stN}}{k_a^2}=k^2 I_{stN} \tag{4.56}$$

采用自耦变压器降压启动时，加在电动机上的电压为额定电压的 $\dfrac{1}{k_a}$ 倍，由于启动转矩与电源电压的平方成正比，所以启动转矩 T_{sta} 也减小到直接启动时的 $\dfrac{1}{k_a^2}$ 倍，即

$$T_{sta}=\frac{T_{stN}}{k_a^2}=k^2 T_{stN} \qquad (4.57)$$

由此可见，利用自耦变压器降压启动，电网供给的启动电流及电动机的启动转矩都减小到直接启动时的 $\dfrac{1}{k_a^2}$ 倍。

异步电动机启动的专用自耦变压器有 QJ2 和 QJ3 两个系列。它们的低压侧各有三个抽头，QJ2 型的三个抽头电压分别为（额定电压的）55%、64% 和 73%；QJ3 型也有三种抽头比，分别为 40%、60% 和 80%。选用不同的抽头比，即不同的 k 值（$k=1/k_a$），就可以得到不同的启动电流和启动转矩，以满足不同的启动要求。

自耦变压器降压启动的优点是不受电动机绕组连接方式的影响，还可根据启动的具体情况选择不同的抽头比，较定子回路串电抗启动和 Y-△ 启动更为灵活，在容量较大的鼠笼式异步电动机中得到广泛的应用。但采用该方法投资大，启动设备体积也大，而且不允许频繁启动。

【例 4.5】 一台异步电动机，额定数据为 $P_N=10kW$，$n_N=1450r/min$，△连接，$U_N=380V$，$\cos\varphi=0.87$，效率为 0.9，$I_{st}/I_N=7$，$T_{st}/T_N=1.4$，试求：

（1）额定电流及额定转矩。

（2）采用 Y-△ 换接降压启动时的启动电流和启动转矩；当负载转矩为额定转矩的 50% 和 30% 时，能否采用 Y-△ 换接降压启动？

（3）如果用自耦变压器降压启动，当负载转矩为额定转矩的 88% 时，应在什么地方抽头？启动电压为多少？启动电流为多少？

解：（1）电动机额定电流

$$I_N=\frac{P_N}{\sqrt{3}U_N\eta_N\cos\varphi_N}=\frac{10\times10^3}{\sqrt{3}\times380\times0.9\times0.87}A=19.4\ A$$

电动机额定转矩

$$T_N=9550\frac{P_N}{n_N}=9550\times\frac{10}{1450}N\cdot m=65.86\ N\cdot m$$

（2）采用 Y-△ 换接降压启动时。

启动电流

$$I_{stY}=\frac{1}{3}I_{st\triangle}=\frac{1}{3}k_i I_N=\frac{1}{3}\times7\times19.4A=45.27\ A$$

启动转矩

$$T_{stY}=\frac{1}{3}T_{st\triangle}=\frac{1}{3}k_{st}T_N=\frac{1}{3}\times1.4\times65.86N\cdot m=30.74\ N\cdot m$$

当负载转矩为 50% T_N 时：

$$T_{L1}=50\%T_N=0.5\times65.86=32.93\ N\cdot m$$

由于 32.93＞30.74，即 $T_{L1}＞T_{stY}$，所以当负载转矩为 $0.5T_N$ 时不能采用 Y-△ 启动。

当负载转矩为 $0.3T_N$ 时：

$$T_{L2}=30\%\,T_N=0.3\times65.86=19.76\text{N}\cdot\text{m}$$

$$1.1T_{L2}=1.1\times19.76=21.74<30.74$$

即 $1.1T_{L2}<T_{stY}$，所以当负载转矩为 $30\%T_N$ 时可以采用 Y-△启动。

（3）设变压器变比抽头为 k，则

$$T_{sta}=k^2T_{st}=k^2\times k_{st}T_N=k^2\,1.4T_N\geqslant1.1\times T_{L3}，\quad k^2\,1.4T_N\geqslant1.1\times80\%\,T_N$$

得 $k\geqslant0.79$ ，选用变压器抽头比为 80%。

$$I_{sta}=k^2I_{stN}=k^2k_iI_N=0.8^2\times7\times19.4\text{A}=57.34\text{A}$$

$$U_{sta}=kU_N=0.8\times380\text{V}=304\text{V}$$

3. 软启动

三相鼠笼异步电动机的软启动是一种新型启动方法。软启动是利用串接在电源和电动机之间的软启动器，它使电动机的输入电压从零伏或低电压开始，按预先设置的方式逐渐上升，直到全电压结束。控制软启动器内部晶闸管的导通角，从而控制其输出电压或电流，达到有效控制电动机启动的目的。

软启动在不需要调速的各种场合都适用，特别适合各种泵类及风机类负载，也用于软停止。以减轻停机过程中的振动，如减轻液体溢出。

4.4.2 绕线式异步电动机的启动

对于绕线式异步电动机，在转子回路串入适当的电阻，既可以减小启动电流，又可以增大启动转矩，因而启动性能比鼠笼式异步电动机好。绕线式异步电动机启动方式分为转子回路串电阻启动和转子回路串频敏变阻器启动两种。

1. 转子回路串电阻启动

转子回路串电阻启动接线图如图 4.23 所示，接成星形的三相启动电阻经电刷、滑环

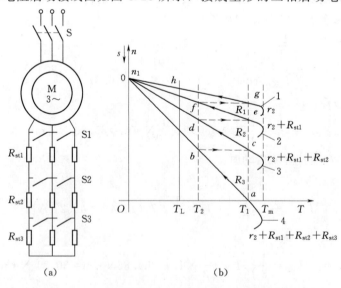

（a）　　　　　　　　　　　　（b）

图 4.23　三相绕线式异步电动机转子串电阻分级启动

(a) 接线图；(b) 机械特性曲线

引入到绕线式异步电动机转子回路。为了减少启动时间，保持在整个启动过程中获得较大的加速转矩，随着转速的升高，逐段切除启动电阻。一般启动电阻的热容量是按短时设计的，故启动完毕应予全部切除。虽然增加转子回路电阻，可减少启动电流，增加启动转矩，但启动时转子回路所串电阻并不是越大越好，所串电阻过大启动转矩反而会减小。

绕线式异步电动机在分级切除电阻的启动中，电磁转矩突然增加，会产生较大的机械冲击。该启动方法所用的启动设备较复杂、笨重，运行维护工作量较大。

2. 转子回路串频敏变阻器启动

转子回路串电阻启动随转速升高要逐级切除电阻，切除过程中会产生冲击电流和冲击转矩，对电动机和生产机械不利。为克服这一缺点，可在转子回路中串频敏变阻器启动。

频敏变阻器是一种无触点的电磁器件，其结构类似于只有一次侧线圈的三相心式变压器，结构如图 4.24 所示。它主要由铁芯和绕组组成，三个铁芯柱上各有一个绕组，一般接成星形，通过滑环和电刷与转子电路相接。频敏变阻器铁芯用几片或十几片厚为 30～50mm 的钢板制成，且片间气隙可调。

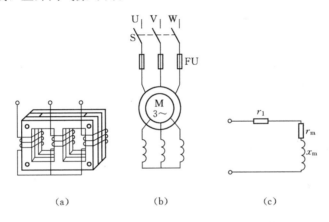

图 4.24 三相绕线式异步电动机转子串频敏变阻器启动

(a) 结构图；(b) 线路图；(c) 频敏变阻器一相等效电路

频敏变阻器是根据涡流原理工作的，当绕组通过交流电后，交变磁通在铁芯中产生的涡流损耗和磁滞损耗都较大，由于铁芯的损耗与频率的平方成正比，当频率变化时，铁芯损耗会发生变化，相应铁耗等效电阻 r_m 也随之发生变化。

当绕线式异步电动机刚启动时，转速很低，转子频率 f_2 很高，铁芯损耗及其对应的等效电阻 r_m 最大，相当于转子回路串入了一个较大的启动电阻，起到了限制启动电流和增加启动转矩的作用。在启动过程中，随转速上升，转子频率 f_2 随之减小，于是频敏变阻器的铁芯损耗减小，铁芯损耗的等效电阻 r_m 也随之减小，这相当于在启动过程中逐渐切除转子回路所串的电阻，从而保证整个启动过程有较大的转矩。当启动结束后，转子频率很低，则 r_m 就很小（近乎为零），频率变阻器就自动失去作用。因为频敏变阻器的等效电阻是随转子频率的变化而变化，故称频敏变阻器。在启动过程中，它能自动、无级地减少电阻，所以电动机能够平滑启动。

频敏变阻器的结构较简单，维护方便，启动性能好。其缺点是体积较大，设备较重。

由于其电抗的存在，功率因数较低，启动转矩并不很大。因此，绕线式异步电动机轻载时采用转子串频敏变阻器启动，重载时一般采用转子回路串电阻启动。

4.4.3 深槽式和双鼠笼式异步电动机

三相鼠笼式异步电动机虽然结构简单、运行可靠，但启动性能差。它直接启动时启动电流很大，启动转矩却不大，而降压启动虽然减少了启动电流，但启动转矩也随之减少。由于鼠笼式异步电动机的转子结构具有不能再串入电阻的特点，于是人们通过改变转子槽的结构，利用集肤效应，制成深槽式和双鼠笼式异步电动机，达到改善鼠笼式异步电动机的启动性能目的。

1. 深槽式异步电动机

（1）结构特点。深槽式异步电动机的转子槽又深又窄，通常槽深与槽宽之比为 $10 \sim 12$。其他结构和普通鼠笼式异步电动机基本相同。

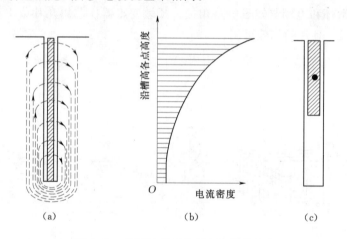

图 4.25　深槽式转子导条中电流的分布
（a）槽漏磁分布；（b）导条内电流密度分布；（c）导条的有效截面积

（2）工作原理。当转子导条中流过电流时，漏磁通的分布如图 4.25（a）所示。从图中可以看到转子导条从上到下交链的漏磁通逐渐增多，导条的漏电抗也是从上到下逐渐增大，因此越靠近槽底越具有较大的漏电抗，而越接近槽口部分的漏电抗越小。

启动时，转差率比较大，转子侧频率比较高，转子导条的漏电抗也比较大。转子电流的分布主要取决于漏电抗，由于导条的漏电抗也是从上到下逐渐增大，因此沿槽高的电流密度分布自上而下逐渐减少，如图 4.25（b）所示。大部分电流集中在导条的上部分，这种现象称为电流的集肤效应。集肤效应的效果相对于减少了导条的高度和截面，增加了转子电阻，从而减少启动电流，增加启动转矩。由于电流好像被挤到槽口，因而也称挤流效应。

启动完毕后，电动机正常运行时，由于转子电流的频率很低，转子漏电抗也随之减少，此时转子导条的漏电抗比转子电阻小得多，因而这个时候电流的分布主要取决于转子电阻的分布。由于转子导条的电阻均匀分布，导体中电流将均匀分布，集肤效应消失，所以转子电阻减少为自身的直流电阻。由此可见，正常运行时，深槽式异步电动机的转子电阻能自动变小，可以满足减少转子铜耗，提高电动机效率的要求。

深槽式异步电动机是根据集肤效应原理，减小转子导体有效截面，增加转子回路有效电阻以达到改善启动性能的目的。但深槽会使槽漏磁通增多，故深槽式异步电动机漏电抗比普通鼠笼式异步电动机大，功率因数、最大转矩及过载能力稍低。

2. 双鼠笼式异步电动机

（1）结构特点。双鼠笼式异步电动机转子上具有两套鼠笼型绕组，即上笼和下笼，如图 4.26（a）所示。上笼的导条截面积较小，并用黄铜或青铜等电阻系数较大的材料制成，其电阻较大。下笼导条的截面积大，并用电阻系数较小的紫铜制成，其电阻较小。双笼式电机也常采用铸铝转子，如图 4.26（b）所示。由于下笼处于铁芯内部，交链的漏磁通多，上笼靠近转子表面，交链的漏磁通较少，故下笼的漏电抗较上笼的漏电抗大得多。

（2）工作原理。双鼠笼式异步电动机启动时，转子频率较高，转子漏电抗大于电阻，上、下笼电流的分布主要取决于漏电抗，由于下笼的漏电抗比上笼的大得多，故电流主要从上笼流过，因而启动时上笼起主要作用。由于上笼电阻大，可以产生较大的启动转矩，同时限制启动电流，通常把上笼又称为启动笼。

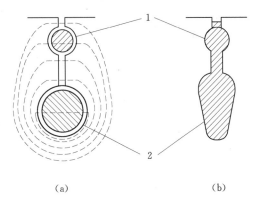

图 4.26 双鼠笼式电动机转子槽形及其机械特性曲线

（a）铜条转子；（b）铸铝转子

1—槽口导体；2—槽底导体

双鼠笼式异步电动机启动后，随着转速的升高，转差率 s 逐渐减小，转子频率 $f_2 = sf_1$ 也逐渐减小，转子漏电抗也随之减少，此时漏电抗远小于电阻。转子电流分布主要取决于电阻，于是电流从电阻较小的下笼流过，产生正常运行时的电磁转矩，下笼在运行时起主要作用，故下笼又称为工作笼（运行笼）。

因此双鼠笼式异步电动机也是利用集肤效应原理来改善启动性能的。

综上所述，深槽式和双鼠笼式异步电动机都是利用集肤效应原理来增大启动时的转子电阻来改善启动性能的，因此大容量、高转速电动机一般都做成深槽式的或双鼠笼式的。

双鼠笼式异步电动机的启动性能比深槽式异步电动机的好，但深槽式异步电动机的结构简单，制造成本较低，故深槽式异步电动机的使用更广泛。但它们共同的缺点是转子漏电抗比普通鼠笼式异步电动机的大，因此功率因数和过载能力都比普通鼠笼式异步电动机的低。

小　　结

异步电动机的启动性能要求启动电流小，启动转矩足够大，但异步电动机直接启动时启动电流大，而启动转矩却不大。

小容量的异步电动机可以采用直接启动方式，容量较大的鼠笼式异步电动机可以采用降压启动方式。

降压启动时启动电流减小，但启动转矩也同时减小了，故只适用于空载和轻载场合。

定子回路串电抗或电阻器启动时启动电流随电压变化呈线性关系减小，而启动转矩随电压变化成平方关系减小。Y-△换接降压启动只适用于正常工作时定子绕组做三角形连接的异步电动机，其启动电流和启动转矩均降为直接启动时的 1/3。串自耦变压器降压启动时，其启动电流和启动转矩均降为直接启动时的 $1/k_a^2$（k_a 为自耦变压器的变比）。

绕线式异步电动机可利用转子回路串电阻启动或转子回路串频敏变阻器启动，可减小启动电流，增加启动转矩大，改善电动机的启动性能，它适用于中、大型异步电动机的重载启动。

深槽式和双鼠笼式异步电动机都是利用"集肤效应"原理来改善启动性能的。

习　　题

（1）三相鼠笼式异步电动机在额定电压下启动，为什么启动电流大而启动转矩却不大？

（2）三相鼠笼式异步电动机在什么条件下可直接启动？若不能直接启动，应采用什么方法启动？

（3）降压启动的目的是什么？为什么不能带较大的负载启动？

（4）绕线式异步电动机转子回路串电阻启动时可减少启动电流，同时增大启动转矩，那么转子回路串电感或电容启动，是否也有同样效果？或者启动电阻不加在转子内，而串联在定子回路中，是否也可以达到同样的效果？

（5）有一台异步电动机的额定电压为 380V/220V，Y/△ 连接，当电源电压为 380V 时，能否采用 Y-△ 换接降压启动？为什么？

（6）试说明深槽式和双鼠笼式异步电动机改善启动性能的原因，并比较其优缺点。

（7）一台三相鼠笼式异步电动机，$P_N=30$kW，$U_N=380$V，$\cos\varphi_N=0.87$，$\eta_N=0.92$，$T_{st}/T_N=2$，$I_{st}/I_N=6$，用电抗器启动，试求：①当限制启动电流为 $4.5I_N$ 时，启动电压应降至多少？②此时可否满载启动。

（8）有一台异步电动机，其额定数据为：$P_N=10$kW，$n_N=1450$r/min，$U_N=380$V，△连接，$\cos\varphi=0.87$，$I_{st}/I_N=7$，$T_{st}/T_N=1.4$ 试求：①额定电流及额定转矩；②采用 Y-△启动时的启动电流和启动转矩；③当负载转矩为额定转矩的 50％ 和 30％ 时，能否采用 Y-△换接降压启动？

（9）有一台△形连接的异步电动机 $U_N=380$V，$I_N=20$A，$\cos\varphi_N=0.87$，$I_{st}/I_N=7$，$T_{st}/T_N=1.4$，试问：当负载转矩 $T_L=0.5T_N$ 时，如果采用自耦变压器降压启动，试确定自耦变压器的抽头（设自耦变压器有三个抽头：73％、64％、55％）及自耦变压器降压启动时，电网供给的启动电流是多少？

综　合　实　训

1. 实训目标

掌握三相异步电动机启动的方法及原理。

2. 实训要求

（1）熟悉三相异步电动机的各种启动原理接线图，并能正确接线。

（2）了解三相异步电动机各种启动方法的特点及适用场合。

4.5 三相异步电动机的调速和制动

【学习目标】
（1）掌握三相异步电动机的调速方法、原理、特点及应用。
（2）掌握三相异步电动机的制动方法、原理及应用。

章节名称	能力要素	知识和技能要求	考核标准
三相异步电动机的调速和制动	（1）能说出三相异步电动机调速方法、原理及应用。 （2）能说出三相异步电动机的制动方法、原理及应用	（1）掌握三相异步电动机调速方法、原理、特点及应用。 （2）掌握三相异步电动机制动方法、原理及应用	（1）重点考核内容： 1）三相异步电动机调速方法及应用。 2）三相异步电动机制动方法及应用。 （2）考核方式：口试或笔试。 （3）占总成绩的比例：5%～10%

4.5.1 三相异步电动机的调速

人为地改变电动机的转速，称为调速。异步电动机的调速性能比不上直流电动机，如其调速范围窄、调速平滑性差，在一定程度上限制了异步电动机的使用范围。近年来，随着电子技术的进步，交流调速技术日趋完善，大有取代直流调速技术的趋势。

根据异步电动机的转速关系式

$$n = n_1(1-s) = \frac{60f_1}{p}(1-s) \tag{4.58}$$

可知，异步电动机调速方法有三种：

（1）变极调速。通过改变定子绕组的磁极对数 p 调速。

（2）变频调速。改变电源频率 f_1 调速。

（3）变转差率 s 调速。改变电动机的转差率调速，包括绕线式异步电动机的转子串接电阻调速、串级调速和定子调压调速等。

1. 变极调速

由公式 $n_1 = \frac{60f_1}{p}$ 可知，当电源频率不变时，电动机的同步转速和极对数成反比，改变极对数就可以改变同步转速，从而改变电动机转速。从电机原理可知，只有定子和转子具有相同的极对数时，电动机才有恒定的电磁转矩，才能实现机电能量转换。因此在改变定子极数时必须改变转子极数，而鼠笼式异步电动机的转子极数能自动地跟随定子极数变化，所以变极调速只适用于鼠笼式异步电动机。

下面以四极变二极为例，说明定子绕组的变极原理。图 4.27 画出四极电机 U 相绕组的两个线圈，每个线圈代表 U 相绕组的一半，称为半相绕组。两个半相绕组顺向串联（头尾相接）时，根据线圈中的电流方向，可以分析出定子绕组产生四极磁场，即 $2p=4$，磁场方向如图 4.27（b）所示。

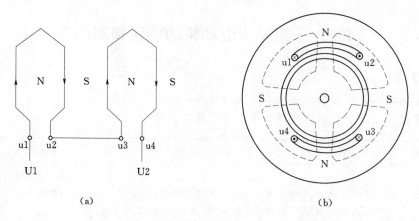

图 4.27　四极三相异步电动机定子 U 相绕组
(a) 两线圈正向串联；(b) 绕组布置及磁场

如果将两个半相绕组的连接方式改为如图 4.28 所示，使其中一个半相绕组 u3、u4 中的电流反向，这时定子绕组中产生二极磁场，即 $2p=2$。由此可见，使定子每相的一半绕组中电流改变方向，就可以改变磁极对数。

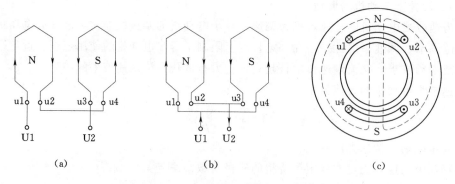

图 4.28　二极三相异步电动机的 U 相绕组
(a) 两线圈反向串联；(b) 线圈反向并联；(c) 绕组布置及磁场

变极前后三相绕组的相序发生了变化。若要保持电动机转向不变，应把接到电动机的三根电源线任意对调两根。

变极调速的优点是设备简单、运行可靠、机械特性较硬，可以实现恒转矩调速，也可以实现恒功率调速。缺点是转速只能是有限的几挡，为有级调速，调速平滑性较差。

2. 变频调速

变频调速是通过改变电源频率，来改变异步电动机的同步转速，从而实现改变电动机的转速。

通常把异步电动机的额定频率称为基频，变频调速时，可以从基频向下调节，也可以从基频向上调节。

（1）从基频向下调节。变频调速时，希望气隙磁通量 Φ_m 基本保持不变，这样，既可以保持磁路的饱和程度、励磁电流和电动机的功率因数基本不变，又可以保持电动机的最大转矩及过载能力不变。

如果忽略定子漏阻抗压降很小，则 $U_1 \approx E_1 = 4.44 f_1 N_1 k_{1w} \Phi_m$，要保持 Φ_m 不变，应使定子端电压与频率成比例调节，即

$$\frac{U_1}{f_1} = c(\text{常数}) \tag{4.59}$$

另外，最大电磁转矩近似等于

$$T_m = \frac{m_1 p U_1^2}{4\pi f_1 (x_1 + x_2')} \tag{4.60}$$

故若能使 $\dfrac{U_1}{f_1} = c$（常数），最大电磁转矩亦将保持不变。

（2）从基频向上调节。由于电源电压不能高于电动机的额定电压，因此当频率从额定频率向上调节时，电动机的端电压只能保持为额定电压。这样，频率 f_1 越高，主磁通 Φ_m 越低，最大转矩 T_m 越小。因此，从基频向上调节不适合拖动恒转矩负载，而适合拖动恒功率负载。

变频调速的主要优点是调速范围大、调速平滑、机械特性较硬、效率高。高性能的异步电动机变频调速系统的调速性能可与直流调速系统相媲美。但它需要一套专用变频电源，调速系统较复杂、设备投资较高。近年来随着晶闸管技术的发展，为获得变频电源提供了新的途径。晶闸管变频调速器的应用大大促进了变频调速的发展。变频调速是近代交流调速发展的主要方向之一。

3. 改变转差率调速

（1）绕线式异步电动机的转子串电阻调速。绕线式异步电动机的转子回路串接对称电阻的机械特性曲线如图 4.29 所示。从机械特性曲线上看，当负载转矩一定时，串不同的电阻，可

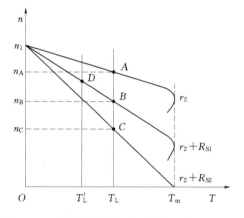

图 4.29 绕线式异步电动机的转子串电阻调速

以得到不同的转速，所串电阻越大，电动机的转速就越低。如图 4.29 所示，因为 $n_B > n_C$，所以 $R_{S1} < R_{S2}$。

绕线式异步电动机可以在转子回路串电阻来改善电动机的启动性能和改变电动机转速，但启动电阻是按短时通电设计的，而调速电阻是按长期通电设计的。

转子回路串电阻调速只适用于绕线式异步电动机，其优点是设备简单、操作方便，可在一定范围内平滑调速，调速过程中最大转矩不变，电动机过载能力不变。缺点是调速是有级的，不平滑的；低速时转差率较大，转子铜耗增加，电机效率降低，机械特性变软。这种调速方法多用于起重机一类对调速性能要求不高的恒转矩负载上。

（2）绕线式异步电动机的串级调速。串级调速就是在转子回路中串接一个与转子电动势 $\dot{E}_{2s}$ 同频率的附加电动势 $\dot{E}_{ad}$，通过改变 $\dot{E}_{ad}$ 幅值大小和相位，来实现调速，如图 4.30

所示。

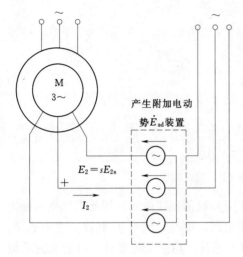

图 4.30 转子串 E_{ad} 的串级调速原理图

通过改变 $\dot{E}_{ad}$ 的大小和相位，转子电流 I_2 随之改变，电磁转矩也将随 I_2 而变化，最终使电动机的转速也随之变化。

串级调速完全克服了转子串电阻调速的缺点，它具有高效率、无级平滑调速、较硬的低速机械特性等优点。但串级调速获得附加电动势 $\dot{E}_{ad}$ 的装置比较复杂，成本较高，因此串级调速最适用于调速范围不太大的场合，如通风机和提升机等。

（3）调压调速。电动机的电磁转矩与端电压的平方成正比，因此改变电动机的端电压也可以达到调速的目的。电压降低，电磁转矩随之变小，转速也随之下降，电压越低，电动机的转速就越低。如图 4.31 中所示，因为 $U_1'<U_1$，所以 $n'<n$。

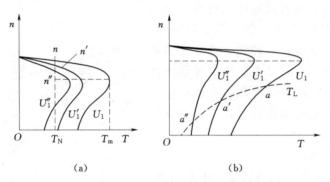

(a) (b)

图 4.31 鼠笼式异步电动机调压调速（$U_1>U_1'>U_1''$）

(a) 恒转矩负载调压调速；(b) 通风机负载调压调速

从图 4.31 可知，调压调速最适用于转矩随转速降低而减小的风机类负载，也可用于恒转矩负载，最不适合恒功率负载。

4.5.2 三相异步电动机的制动

电气制动就是电动机产生一个与电机旋转方向相反的电磁转矩，使电动机快速停车或阻止电动机转速增加。电气制动容易实现自动控制，所以在电力拖动系统中被广泛采用。

1. 能耗制动

异步电动机的能耗制动接线如图 4.32（a）所示。设电动机原来处于电动运行状态，转速为 n，能耗制动时断开开关 S1，将电动机从电网中断开，同时闭合开关 S2，此时直流电流流过定子绕组，于是定子绕组产生一个恒定磁场，转子因惯性而继续旋转并切割该恒定磁场，转子导体中便产生感应电动势及感应电流。由图 4.32（b）可以判定，转子感应电流与恒定磁场作用产生的电磁转矩与电机转向相反，为制动转矩，因此转速迅速下降，当转速下降至零时，转子感应电动势和感应电流均为零，制动结束。制动期间，转子的动能转变为电能消耗在转子回路的电阻上，所以称为能耗制动。

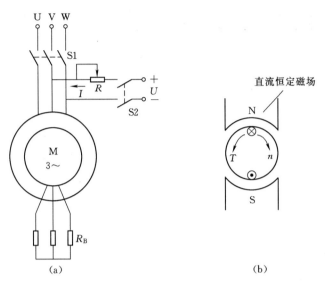

图 4.32 三相异步电动机的能耗制动

（a）接线图；（b）制动原理

2. 反接制动

电动机转子的转向和定子旋转磁场的转向相反，电动机运行在制动状态，这种制动称为反接制动。反接制动有以下两种方法：

（1）改变定子电源相序的反接制动（正转反接）。反接制动通过改变定子绕组上所加电源的相序来实现，如图 4.33 所示。

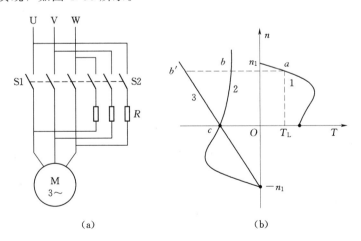

图 4.33 三相异步电动机定子绕组两相反接的反接制动

（a）接线图；（b）机械特性曲线

177

制动时把定子两相电源接线端对调，则定子电源相序改变，定子旋转磁场的转向发生了改变，电磁转矩的方向也随之改变，但由于惯性电机的旋转方向未变，所以电磁转矩变为制动性转矩，电动机在制动转矩作用下开始减速，当转速降为零时，制动结束。此时应切断电源，否则电动机可能反转。由于反接时，旋转磁场和转子的相对速度很大，故转子电流和定子电流都很大，为限制电流，常常在定子回路中串入限流电阻 R。

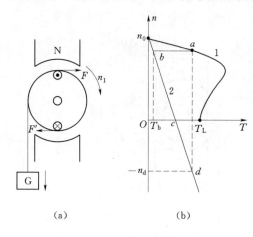

图 4.34　异步电动机倒拉反转的反接制动
(a) 接线图；(b) 机械特性曲线

（2）倒拉反转的反接制动（正接反转）。这种制动适用于绕线式异步电动机拖动位能性负载的情况，它能够使重物获得稳定的下放速度。

如图 4.34 所示，当电动机工作在 a 点时，在转子回路串入足够大的电阻 R，电动机的工作点从 a 点平移到 b 点，电动机开始减速运行，当运行到点 c 时，此时转速 n 为零，电磁转矩 T_c 小于 T_L，重物将电动机倒拉反向旋转，在重物作用下，电动机反向加速，电磁转矩逐步增大，直到点 d，$T_d = T_L$ 为止，电动机便以较低的转速 n_d 下放重物，在 cd 段，电磁转矩与电机转向相反，起制动作用，而此时负载转矩成为拖动转矩，拉着电动机反转，所以把这种制动称为倒拉反转的反接制动。调节转子回路电阻大小可以获得不同的重物下放的速度，所串电阻越大，获得下放重物的速度也越大。

反接制动中负载输入的机械功率转变成电功率后，连同定子传递的电磁功率一起全部消耗在转子回路的电阻上，因此反接制动的能量损耗比较大，且转差率大于 1。

3. 回馈制动

在电动机工作过程中，由于外来因素（如电动机下放重物）的影响，电动机转速 n 超过旋转磁场的同步转速 n_1，电动机进入发电运行状态，电磁转矩起制动作用，电机将机械能转变为电能回馈电网，所以称为回馈制动，故又称为再生制动或反馈制动。此时转差率 $s<0$。

回馈制动可将负载输入的机械能转换成电能回馈至电网，但仅当电动机转速 $n>n_1$ 时才能实现回馈制动。

小　结

异步电动机调速有变极调速、变频调速、变转差率转速。其中变转差率调速包括绕线式异步电动机的转子串电阻调速、串级调速和降压调速。

变极调速是通过改变定子绕组的接线方式来改变定子的极对数的，变极调速只适用于鼠笼式异步电动机。为保证变极前后电动机的转向不变，应任意对调两根电源线。

异步电动机电气制动的方法有能耗制动、反接制动、回馈制动。

习　　题

（1）三相异步电动机有哪几种调速方法？

（2）如何实现三相异步电动机的变极调速？变极调速前后若不改变电源相序，电机的转向是否发生变化？

（3）三相异步电动机有哪几种制动方法？每种方法下的转差率和能量传递关系有何不同？

（4）一台三相四极绕线式异步电动机，$n_N = 1465r/min$，转子每相电阻 $r_2 = 0.03\Omega$，若负载转矩不变，要求把转速降到 $n = 1080r/min$，试求转子回路每相应串多大电阻？

综 合 实 训

1. 实训目标

掌握三相异步电动机调速的方法及原理。

2. 实训要求

（1）熟悉三相异步电动机的各种调速原理接线图，并能正确接线。

（2）了解三相异步电动机的各种调速方法的特点及适用场合。

4.6　三相异步电动机的异常运行

【学习目标】

（1）理解何为三相异步电动机的异常运行。

（2）了解异常运行对三相异步电动机的影响。

（3）了解三相异步电动机的常见故障现象。

章节名称	能力要素	知识和技能要求	考核标准
三相异步电动机的异常运行	（1）了解何为三相异步电动机的异常运行。 （2）能说出异常运行对三相异步电动机的影响。 （3）了解三相异步电动机常见的故障现象	（1）了解何为三相异步电动机的异常运行。 （2）掌握异常运行对三相异步电动机的影响。 （3）了解三相异步电动机常见的故障现象	（1）重点考核内容： 1）异常运行对三相异步电动机的影响。 2）三相异步电动机常见的故障现象。 （2）考核方式：口试或笔试。 （3）占总成绩的比例：5%～10%

三相异步电动机在外加三相对称额定电压，频率为额定频率，电机三相绕组阻抗相等的条件下运行，为正常运行。但在实际运行中，电源三相电压不对称或不等于额定电压，频率不等于额定频率或电动机三相绕组阻抗不相等的可能性是存在的。如电源接有大的单相负载或发生两相短路，定子三相绕组中一相断线、一相接地或发生匝间短路，绕线式转

子绕组一相断线或鼠笼转子断条及其他机械故障等，都会使三相异步电动机处于异常运行状态。

4.6.1 三相异步电动机在非额定电压下的运行

电动机在实际运行过程中允许有一定的电压波动，但一般不能超过额定电压的 $\pm 5\%$，否则，会引起异步电动机过热。

1. $U_1 > U_N$ 时

如果 $U_1 > U_N$，则电动机中的主磁通 Φ_m 增大，磁路饱和程度增加，励磁电流将大大增加。从而导致电动机的功率因数减小，定子电流增大，铁芯损耗和定子铜耗增加，效率下降，温度升高。为保证电动机的安全运行，此时应适当减小负载。过高的电压，甚至会击穿电动机的绝缘。

2. $U_1 < U_N$ 时

当 $U_1 < U_N$ 时，主磁通 Φ_m 将减小。此时若负载转矩不变，电动机转速将下降，转子电流会增大，相应的定子电流也增大，电动机的铜耗增大，会引起电动机绕组发热，效率下降。当电压下降过多时，甚至出现 $T_m < T_2 + T_0$，引起转子停转而带来严重的后果。

但当电动机是空载或轻载运行，U_1 下降的幅值不是很大时，反而会有利。这是由于主磁通 Φ_m 的减小，励磁电流 $\dot{I}_0$ 也会随之减小，在定子电流 $\dot{I}_1 = \dot{I}_0 + (-\dot{I}_2')$ 中，$\dot{I}_0$ 起主要作用，此时，$\dot{I}_1$ 会随 $\dot{I}_0$ 的减小而减小，铁损耗和铜损耗减小，效率因此提高了。

4.6.2 三相异步电动机的缺相运行

电源的高压开关或低压开关一相的熔丝熔断、开关的一相接触不良、一相断线、定子绕组一相绕组接头松动、脱焊和断线，都会引起电动机的缺相运行。

以一相断线为例，分析其发生的后果。三相异步电动机的定子绕组接线有 Y 形和 △形两种接法。一相断线如图 4.35 中所示的四种情况。其中图 4.35（a）～（c）为单相运行，图 4.35（d）为两相运行。当异步电动机在断线前为额定负载运行，缺相后，如果这时电动机的最大转矩仍大于负载转矩，则电动机还能继续运行，由于电动机的负载不变，定子电流会超过额定值，转速会下降，噪音会增大，长时间运行会烧坏电动机。如果电动机的最大转矩小于负载转矩，这时电动机的转子会停转，由于这时电源电压仍加在电动机上，定子电流、转子电流将很大，如果不及时切断电源，将有可能烧毁运行相的定子绕组。

4.6.3 三相异步电动机在三相电压不对称时的运行

三相异步电动机在三相电压不对称条件下运行时常采用对称分量法分析。三相异步电动机定子绕组有 Y 形无中性线或 △形两种接法，所以线电压、相电流中均无零序分量。在分析时，把正序分量和负序分量都看成独立的系统，最后再用叠加原理将正序分量和负序分量叠加起来，即可得到电动机的实际运行情况。

设三相异步电动机在不对称电压下运行，将不对称的电压分解成正序电压分量和负序电压分量，它们分别产生正序电流和负序电流，并形成各自的旋转磁场。这两个旋转磁场的转速相等，方向相反，分别在转子上产生感应电动势和形成感应电流。感应电流和定子磁场相互作用，产生电磁力，形成电磁转矩。显然，这两个电磁转矩的方向是相反的，但

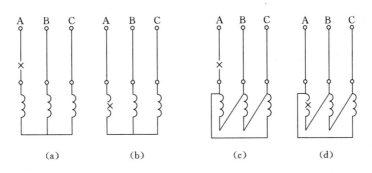

图 4.35　缺相运行接线示意图

大小不等，使得电动机的合成转矩 $T_+ + T_-$ 下降，使电动机转速降低，噪音增大。

由于三相异步电动机负序阻抗较小，即使在较小的负序电压下，也可能引起较大的负序电流，造成电动机发热。因此，要限制电源电压不对称的程度。

4.6.4　三相异步电动机的常见故障

1. 电动机通电后不能启动或带负载运行时转速低于额定值的可能原因

（1）缺相。电源未通；开关有一相或两相处于分断状态；熔断器熔丝熔断。

（2）电源电压太低。

（3）控制设备接线错误，或将△连接误接成星形，使电动机能空载启动，但不能满载运行。

（4）机械负载过大或传动机构被卡住。

（5）过负荷保护设备动作。

（6）定子或转子绕组短路。

（7）鼠笼式电动机转子断条或脱焊，电动机能空载启动，但不能加负载启动、运转。

（8）轴承损坏。

（9）润滑脂太硬。

（10）电动机内部首、尾端接错。

2. 电动机剧烈振动或异响的可能原因

（1）电动机地基不平或电动机的安装不符合要求。

（2）转子与定子摩擦。

（3）转子不平衡。

（4）滚动轴承在轴上装配不良或轴承损坏。

（5）轴承严重缺油。

（6）转子风叶与机壳或风扇罩碰撞。

（7）电动机缺相运行的嗡嗡声。

（8）电动机转子或轴上的联轴器、带轮、飞轮、齿轮等不平衡。

（9）轴承损坏。

3. 电动机温升过高或冒烟

（1）电动机过负荷。

（2）电源电压过高或过低。

（3）电动机通风不畅或积尘太多。

（4）环境温度过高。

（5）定子绕组有短路或接地故障。

（6）缺相运行。

（7）转子运转时与定子铁芯相摩擦，致使定子局部过热。

（8）电动机受潮或浸漆后未烘干。

（9）电动机启动频繁。

4. 轴承过热

（1）轴承损坏。

（2）轴承与轴配合过紧或过松。

（3）润滑油过多、过少或油太脏，混入铁屑等杂质。

（4）皮带过紧或联轴器装得不好。

（5）电动机两侧端盖或轴承端盖未装平。

5. 绕线式异步电动机的电刷下冒火花

（1）电刷装配过松。

（2）电刷或集电环表面因长时间磨损或灼伤凹凸不平。

（3）电刷偏离集电环中心位置。

6. 电动机三相电流不平衡

（1）三相电源电压不平衡。

（2）定子绕组中有部分线圈短路。

小　　结

三相异步电动机的异常运行主要包括：在非额定电压下运行、缺相运行和在不对称电压下运行。三相异步电动机在不对称电压下运行，主要问题是负序分量的影响，它产生反向的旋转磁场及反向电磁转矩，其结果使损耗增大、效率下降、转矩减小、定子个别相绕组过热、过载能力下降、电机振动、转速不匀，还产生电磁噪声等，故三相异步电动机不允许在严重不对称的电压下运行。

习　　题

（1）三相异步电动机在运行中，如果电源电压过高于或低于额定电压，会对电动机造成什么影响？

（2）三相异步电动机启动时，如电源一相断线，这时电动机能否启动？当定子绕组采用 Y 形或△形接线时，如果发生绕组一相断线，该电动机能否启动？如果在运行过程中电源或绕组发生一相断线，该电机还能否继续运转？此时能否带额定负载运行？

综 合 实 训

1. 实训目标

掌握三相异步电动机的日常维护、保养及一般故障处理方法。

2. 实训要求

（1）熟悉三相异步电动机启动前的检查内容。

（2）熟悉三相异步电动机运行中监护要点。

（3）熟悉三相异步电动机一般故障处理方法。

4.7 单相异步电动机

【学习目标】

（1）熟悉单相异步电动机的结构特点。

（2）理解单相异步电动机的工作原理。

（3）掌握单相异步电动机的启动方法。

（4）掌握单相异步电动机改变转向的方法。

章节名称	能力要素	知识和技能要求	考核标准
单相异步电动机	（1）能了解单相异步电动机的结构特点。 （2）能说出单相异步电动机的工作原理。 （3）能说出单相异步电动机的启动方法。 （4）能说出单相异步电动机改变转向的方法	（1）掌握单相异步电动机的结构特点。 （2）理解单相异步电动机的工作原理。 （3）掌握单相异步电动机的启动方法。 （4）掌握单相异步电动机改变转向的方法	（1）重点考核内容： 1）单相异步电动机的结构特点。 2）单相异步电动机的工作原理。 3）单相异步电动机的启动方法。 4）单相异步电动机改变转向的方法。 （2）考核方式：口试或笔试。 （3）占总成绩的比例：5%～10%

单相异步电动机广泛用于容量小于 1kW 及只有单相电源的场合，如家用电器、医疗设备等。从结构上看，单相异步电动机的结构和三相鼠笼式异步电动机相似，如图 4.36 所示。

4.7.1 单相异步电动机的工作原理

若单相异步电动机只有一个工作绕组，从理论分析可知，单相交流绕组通入单相交流电产生脉振磁动势，这个脉振磁动势可以分解为两个幅值相同，转速相等，旋转方向相反的旋转磁动势 F^+ 和 F^-。在气隙中建立与转子旋转方向相同的磁场被称为正转磁场，同时也在气隙中建立与转子旋转方向相反的磁场被称为反转磁场。这两个旋转磁场都切割转子导体，并分别在转子导体中产生感应电动势和感应电流。该电流与磁场相互作用产生正向和反向电磁转矩 T^+ 与 T^-，如图 4.37 所示。T^+ 企图使转子正转，T^- 企图使转子反转，这两个转矩叠加起来就是作用在电动机上的合成转矩

$$T = T^+ + T^-$$

无论是正向转矩 T^+ 还是反向转矩 T^-，它们的大小与转差率的关系和三相异步电动

机相同。若电动机的转速为 n，则对正向旋转磁场而言，转差率

$$s^+ = \frac{n_1 - n}{n_1} \tag{4.61}$$

$T^+ = f(s^+)$，与三相异步电动机的相同。

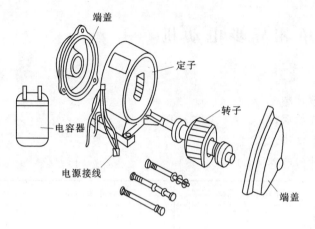

图 4.36 单相异步电动机的结构示意图

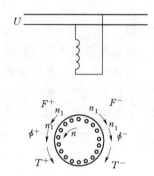

图 4.37 单相异步电动机的磁场和转矩

对反向旋转磁场而言，转差率

$$s^- = \frac{-n_1 - n}{-n_1} - = \frac{n_1 + n}{n_1} = 2 - s^+ \tag{4.62}$$

即当 $s^+ = 0$ 时，相当于 $s^- = 2$；当 $s^- = 0$ 时，相当于 $s^+ = 2$。

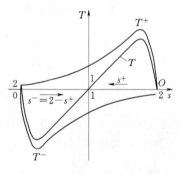

图 4.38 单相异步电动机的 T-s 曲线

单相异步电动机的 $T = f(s)$ 曲线是由 $T^+ = f(s^+)$ 与 $T^- = f(s^-)$ 两根特性曲线叠加而成的，如图 4.38 所示。由图可见，单相异步电动机有以下几个主要特点：

（1）当转子静止时，正、反旋转磁场均以 n_1 速度正、反两个方向切割转子绕组，在转子绕组中感应出大小相等而方向相反的电动势和电流，它们分别产生大小相等而方向相反的两个电磁转矩，使其合成电磁转矩为零。即启动瞬间，$n = 0$，$s^+ = s^- = 1$，$T = T^+ + T^- = 0$，说明单相异步电动机无启动转矩，如不采取其他措施，电动机就不能启动。

（2）当 $s \neq 1$ 时，$T = T^+ + T^- \neq 0$，T 无固定方向，它取决于 n 的正负。若用外力使电动机转动起来，当 $s^+ \neq 1$ 或 $s^- \neq 1$ 时，合成转矩不为零，此时若合成转矩大于负载转矩，则即使去掉外力，电动机也能旋转起来。因此，单相异步电动机虽无启动转矩，但一经启动，便可达到某一稳定工作转速，而旋转方向则取决于启动瞬间外力矩作用于转子的方向。

（3）由于反向转矩的作用，使合成转矩减小，最大转矩也随之减小，故单相异步电动机的过载能力较差，同时反向磁场在绕组中感应电流，增加了转子损耗，降低了电机效率。

由此可见，当三相异步电动机电源一相断线时，相等于一台单相异步电动机，所以不能启动。三相异步电动机在运行中一相断线，电机仍然能继续运转，但由于存在反向转矩，合成转矩减少，当负载转矩不变时，电动机转速会下降，转差率上升，使得定子、转子电流增加，损耗增加，效率下降，电动机温升增加等。

4.7.2 单相异步电动机的启动方法

单相异步电动机只有一个工作绕组，没有启动转矩，不能自行启动。为了使单相异步电动机能够自行启动，关键是启动时在电机内部建立一个旋转磁场，根据获得旋转磁场的方式不同，单相异步电动机的启动方法分为分相式启动和罩极式启动两种。

1. 分相式启动

在空间上不同相的绕组中通以时间不同相的电流，其合成磁场就为一个旋转磁场。分相式启动就是根据这个原理设计的，分为电阻分相启动和电容分相启动两种。

（1）电阻分相启动。电阻分相启动的原理接线图如图 4.39 所示，工作绕组和启动绕组在空间互差 90°电角度，它们由同一单相电源供电，S 为一离心开关，启动时，S 处于闭合状态，当转速达到一定数值时，S 由于机械离心作用而断开。

电动机的启动绕组采用较细的导线绕制，则它与工作绕组的电阻值不相等，两套绕组的阻抗值也就不等，流过这两套绕组的电流就存在一定得相位差，从而达到分相启动的目的。通常启动绕组按短时运行设计，所以启动绕组需要串接离心开关 S。

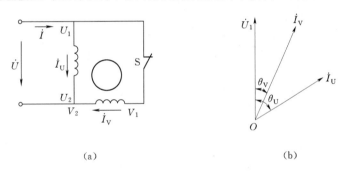

（a）   （b）

图 4.39　电阻分相启动

（a）接线图；（b）相量图

（2）电容分相启动。电容分相启动的原理接线如图 4.40 所示。启动绕组串接电容 C 和离心开关 S，电容 C 的接入使两相电流分相。启动时电动机为两相启动，当转速达到一定数值时，由于离心开关 S 的断开，使电动机进入单相运行。电动机的启动绕组和电容器按短时设计，电容器一般可选用交流电解电容，这种方法称为电容分相启动法。

对于电容分相启动的异步电动机，也可以启动绕组设计成长期接在电源上，这种电动机的接线图与图 4.40 相同，只是开关 S 一直是闭合的，它实质上是一台两相异步电动机。选择适当电容器及工作绕组和启动绕组匝数，可使气隙中磁场接近圆形的旋转磁场，使运行性能有较大改善。这种电动机称为电容运转电动机，又称电容电动机。

2. 罩极式启动

单相罩极式异步电动机的定子结构分为凸极式和隐极式两种。由于凸极式结构简单些，所以一般都采用凸极式结构。凸极式的工作绕组集中绕制，套在定子磁极上。在极靴

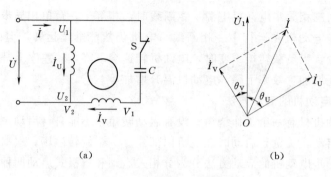

图 4.40 电容分相启动

(a) 接线图；(b) 相量图

表面的 $\frac{1}{4}\sim\frac{1}{3}$ 处开有小槽，并用短路铜环把这部分磁极罩起来，故称罩极式电动机。短路铜环起到了启动绕组的作用，称为启动绕组。罩极式电动机的转子仍做成鼠笼型，如图 4.41 所示。

当工作绕组接入单相交流电源后，在磁极内产生一脉振磁场，同时使短路环产生感应电动势和感应电流，因此短路环内将出现一个阻碍原来磁场变化的新磁场，从而使短路环内的合成磁场变化总是在相位上滞后于环外脉振磁场的变化，这样电机内部就形成一旋转磁场，达到分相启动目的。

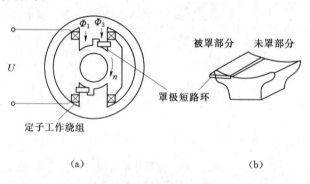

图 4.41 罩极式启动

(a) 结构示意图；(b) 定子磁极

由于这种分相方法的相位差不大，因此启动转矩也不大，所以罩极式启动方法只适合负载不大的场所。

4.7.3 单相异步电动机改变转向的方法

单相异步电动机在使用过程中常需要改变其转向，要使单相异步电动机改变转向必须使旋转磁场反转，有两种方法可以改变单相异步电动机的转向。

1. 改变分相电动机的转向

把工作绕组和启动绕组中任意一个绕组的首端和尾端对调，单相异步电动机则反转。其原因是把其中一个绕组反接后，该绕组磁场相位将反相，工作绕组和启动绕组磁场在时间上的相位差也发生改变，原来超前 90° 的将改变为滞后 90°，旋转磁场的方向改变了，转子的转向也随之改变。

2. 改变罩极式电动机的转向

罩极式单相异步电动机的旋转方向始终是从未罩部分转向被罩部分，罩极式异步电动机罩极部分固定，故不能用改变外部接线的方法来改变电动机的转向。如果想改变电动机的转向，需要拆下定子上凸极铁芯，调转方向后装进去，也就是把罩极部分从一侧换到另一侧，这样就可以使罩极式异步电动机反转。

小　　结

单相异步电动机由定子和转子两部分组成。

在只有工作绕组的单相异步电动机上通入单相交流电后产生的是脉振磁动势，使电动机启动时合成转矩为零，所以单相异步电动机不能自行启动。常用的启动方法有分相式启动和罩极式启动，它们都是形成两个在时间和空间上互差一定电角度的磁动势，以便在启动时形成一个单方向的旋转磁场，在电动机内产生一个单方向的电磁转矩，从而保证转子沿一个既定的方向旋转。

习　　题

（1）单相异步电动机能否自行启动？为什么？

（2）单相异步电动机有哪些启动方法？其原理是什么？

（3）如何改变分相式单相异步电动机和罩极式单相异步电动机的转向。

综 合 实 训

1. 实训目标

了解单相异步电动机的结构、工作原理以及其故障分析和检修。

2. 实训要求

掌握单相异步电动机如何启动及改变旋转方向，并能正确分析其故障原因和排除方法。

第5章 直 流 电 机

直流电机是直流电能和机械能相互转换的旋转电机，直流电机分为直流发电机和直流电动机。直流发电机把机械能转换成直流电能，而直流电动机则把直流电能转换成机械能。

直流发电机主要为直流电动机、交流发电机励磁以及在化学工业方面用作电解、电镀、电冶炼的低压大电流设备提供直流电源。

直流电动机调速性能好，调速范围广，易于平滑调速，调速时的能量损耗小。启动和制动转矩大，过载能力强，易于控制，可靠性高。广泛用于经常启动、制动和对调速性能要求高的机械设备上，如驱动矿井卷扬机、电力机车、船舶机械、轧钢机、机床、电气铁道牵引、高炉送料、造纸机械、纺织拖动、挖掘机械和起重设备中。

相对交流电机来说直流电机的主要缺点是：结构复杂、成本高、维护困难、换向困难，电机容量受到一定的限制，应用场合也受到限制。

5.1 直流电机的基本知识

【学习目标】

（1）掌握直流发电机和直流电动机的工作原理以及额定值。

（2）了解直流电机的基本结构。

（3）理解直流电机的铭牌和直流电机系列的含义。

（4）了解直流电机的励磁方式。

（5）了解直流电机的电枢电动势和电磁转矩。

章节名称	能力要素	知识和技能要求	考核标准
直流电机的基本知识	（1）能说出直流电机的基本工作原理。（2）能认识直流电机各主要部件，并知道其主要作用。（3）能读懂直流电机的铭牌。（4）能分辨直流电机的励磁方式	（1）掌握直流电机的基本工作原理。（2）了解直流电机的铁芯、绕组和主要部件的材料、结构形式和主要作用，以及正常时的状态。（3）理解直流电机的铭牌数据的含义。（4）根据励磁方式接线	（1）重点考核内容：1）直流电机的基本工作原理。2）直流电机各主要部件的结构及其主要作用。3）额定值之间的换算。（2）考核方式：口试或笔试。（3）占总成绩的比例：5%～10%

5.1.1 直流电机基本工作原理

主要介绍直流发电机的发电原理，直流电动机的旋转原理。直流发电机的绕组在恒定磁场中旋转，通过电磁感应产生交流电，经过换向装置，将交流电转变成直流电；直流电动机的转子绕组通过换向装置把电源送来的直流电转换成交流电，使绕组在磁场中受到单一方向磁场力的作用而形成一定方向的电磁转矩，使电动机旋转起来。下面分别对直流发电机和直流电动机的工作原理进行具体分析。

1. 直流发电机的工作原理

（1）直流发电机工作原理的基础。直流发电机的工作原理是建立在电磁感应定律基础之上的。电磁感应定律告诉我们，导体切割恒定磁场的磁力线，产生感应电动势。若磁力线、导体和运动方向三者相互垂直，则感应电动势的大小为 $e=Blv$，其方向由右手定则确定。

（2）直流发电机的工作原理。如图 5.1 是一个简单的发电机模型的工作原理图，由固定不动的定子部分和旋转的转子部分组成。

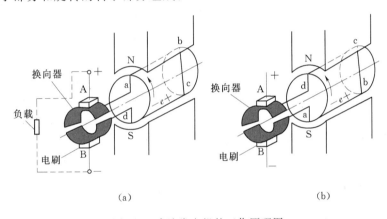

（a）　　　　　　　　　　　　　（b）

图 5.1　直流发电机的工作原理图

N、S 为一对固定的磁极（一般是电磁铁，也可以是永久磁铁），属于定子部分；两个磁极间装着一个可以转动的铁质材料的圆柱体，其表面上嵌放着一个线圈，属于转子部分。转子线圈的两个边分别为 ab、cd。我们把这个嵌放着线圈的圆柱体叫做电枢。如果 a、d 端是开路状态，用原动机拖动电枢，使之以恒速 n 沿逆时针方向旋转。由电磁感应定律可知每根导体中感应的电动势

$$e=Blv \tag{5.1}$$

式中：l 为导体的有效长度；v 为电枢的线速度；B 为导体所在位置处的磁通密度。

在图 5.1 的（a）图所示瞬间，ab 导体处于 N 极下，根据右手定则可以判定其电动势的方向由 b→a，而 cd 导体处于 S 极下，电动势的方向由 d→c。整个线圈的电动势为 2e，方向由 d→a。如果线圈转过 180°，如图 5.1（b）所示，ab 导体处于 S 极下，根据右手定则可以判定其电动势的方向由 a→b，而 cd 导体处于 N 极下，电动势的方向由 c→d。整个线圈的电动势的方向变为由 a→d，可见线圈电动势的方向是变化的，电动势的大小随时间按正弦规律变化。所以说，当线圈的 a、d 端是开路状态时，发电机是交流发电机。那么怎样才能使此交流发电机输出直流电动势呢？

我们把 a、d 两端分别接到两片彼此绝缘的圆弧形换向片上。换向片固定在转轴上，换向片构成的整体称为换向器，它固定在轴上，与轴一起旋转。为了把电枢线圈和外电路接通，在换向片上放置了在空间位置固定不动的电刷 A 和 B，电刷引出线接负载，如图 5.1 所示。电刷 A 只能和转到上面的一片换向片相接触，而电刷 B 只能和转到下面的一片换向片相接触。装了这种换向器以后，在电刷 A、B 之间得到的电动势就是单向的了。为什么呢？我们来分析一下：当 ab 导体处在 N 极下的时候，由右手定则可知，电动势的方向为 b→a→A，电刷 A 的极性为"＋"。cd 导体处在 S 极下，电动势的方向为 B→d→c，电刷 B 的极性为"－"，负载（接于电刷 A、B 上）上的电流方向是由 A 流向 B。当电枢转过 180°时，元件的两个有效边的位置互相调换，此时电刷 A 通过换向片与处于 N 极下的 cd 导体相连，cd 导体的电动势反向变为 c→d→A，电刷 A 的极性为"＋"。电刷 B 通过换向片与处于 S 极下的 ab 导体相连，ab 导体的电动势反向变为 B→a→b，电刷 B 的极性为"－"。

可见，通过换向器的作用，使电刷 A 始终与 N 极下的线圈边相连，极性始终为"＋"；使电刷 B 始终与 S 极下的线圈边相连，极性始终为"－"。所以当电枢在磁场中旋转时，线圈中的电动势虽然是交变的，但电刷之间的电动势却是一个方向不变的脉振电动势。由于两个电刷间的电动势波动太大，不能用作直流电源。实际的直流发电机的电枢上嵌放着连接在一起的多个线圈，电动势的脉动程度会很小，近似为直流电动势，相应的发电机是直流发电机。

2. 直流电动机的工作原理

（1）直流电动机工作原理的基础。直流电机的工作原理是建立在电磁力定律的基础之上。根据实验可知，若磁场与载流导体互相垂直，则作用在导体上的电磁力应为

$$f = Bil \tag{5.2}$$

式中：B 为磁场的磁感应强度，Wb/m^2；i 为导体中的电流，A；l 为导体的有效长度，m；f 的单位是牛。电磁力的方向用左手定则判断。

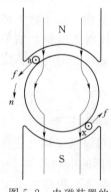

（2）直流电动机的工作原理。电动机要作连续的旋转运动，载流导体在磁场中所受到的电磁力就需形成一种方向不变的转矩。我们看一下图 5.2，它是一种简单的电磁装置，它能否使导体所受的电磁力形成一种转矩呢？

图 5.2 中两个磁极间装着一个电枢，N 极和 S 极形成的磁力线。当线圈中流过直流电流（由 a 边流入，x 边流出）时，两个线圈边均受到电磁力，力的方向由左手定则判断如图 5.2 所示。两个力形成一个逆时针方向的电磁转矩。线圈在此力矩的作用下开始转动。当线圈转过 180°，a 边转到 S 极下，x 边转到 N 极下时，由于两边中的电流方向不变，但电流所处的磁场的方向相反了，那么电枢所受的力矩变成顺时针。可见电枢受到的力矩的方向是交变的。这种

图 5.2 电磁装置的简单模型

电磁转矩只能使电枢来回摆动，达不到连续转动的目的。怎样保持电枢的连续转动呢？

我们可以不断改变磁场的方向，也可以改变电枢电流的方向。但改变磁场的方向需要

和电枢的转动同步，实现起来比较困难。因此通常要改变电枢电流的方向，也就是当线圈边在不同极性磁极下，及时改变电枢电流的方向，即进行所谓的"换向"。实现换向的装置叫做换向器，它和发电机中的换向器是一样的，如图 5.3（a）、（b）所示。同样，电刷 A 只能和转到上面的一片换向片相接触，而电刷 B 只能和转到下面的一片换向片相接触。装了这种换向器以后，如将直流电压加在电刷两端，使电流从正极性电刷 A 流入，经线圈 abcd 或 dcba 从负极性电刷 B 流出。由于电流总是经 N 极下的导体流进去而从 S 极下的导体流出来，根据电磁力定律可知，上下两根导体受电磁力作用而形成的电磁转矩始终是逆时针方向，带动轴上的负载按逆时针方向旋转。这样就解决了图 5.2 中电枢受到的力矩是交变的问题。需要注意的是此种情况下直流电动机电枢线圈中的电流的方向是交变的，但产生的电磁转矩却是单方向的，这正是由于有换向器的原因。自从直流电机问世以来，人们一直从理论和实践两方面进行研究，企图从一个无换向装置的电枢线圈回路中直接引出直流电，结果所有的尝试都失败了。事实上，这里和"永动机"的问题一样，是不可能实现的。

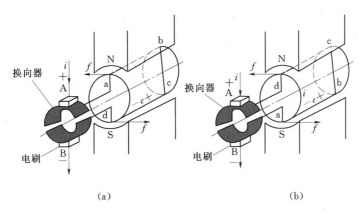

图 5.3　直流电动机的工作原理图

从以上分析可以看出，用原动机拖动直流电机的电枢，使之以一定的速度旋转，两电刷端就可以输出直流电动势，接上负载就能输出电能，电机把机械能变换成电能，成为发电机；如果在直流电机的两电刷上，接上直流电源，使电枢流过电流，电枢在磁场中受到电磁转矩而旋转，拖动生产机械，电机把电能转换成机械能，成为电动机。这种同一台电机，既能作发电机又能作电动机运行的原理，在电机理论中称为可逆原理。

5.1.2　直流电机的基本结构

小型直流电机的基本结构如图 5.4 所示，从上节直流电机的基本原理可知，直流电机由两大部分组成：静止的定子和旋转的转子两大部分。定子和转子之间因为有相对运动所以需要有一定的间隙，称为气隙。定子的作用是用来产生磁场和作为电机的机械支撑，由主磁极、换向极、机座、端盖、电刷装置等部件组成。转子上用来感应电动势而实现能量转换的部分称为电枢，它是由电枢绕组和电枢铁芯组成，另外转子上还装有换向器、转轴、风扇等部件。在理论上，磁极和电枢这两部分，可任选其一放在定子上，而把另一个放在转子上。可是，如把电刷放在转子上，电刷装置就要和转子一起转动，给电刷的维护带来困难，并且容易出故障。所以直流电机的电枢绕组都装在转子上，而磁极装在静止不动的定子上。这样就便于对静止的电刷装置进行维护。图5.5为直流电机的横剖面示意图。现对直流电机各主要部件的基本结构、材料及其作用简要介绍如下。

1. 定子

（1）主磁极。在一般的直流电机中，主磁极（简称主极）是一种电磁铁。其结构如图5.6所示，由铁芯和绕组两大部分组成。为减小涡流损耗，铁芯一般由1～1.5mm厚的低碳钢板冲片叠压而成，叠片用铆钉铆成整体。铁芯下部称为极靴或极掌，它比极身（套绕组的铁芯部分）宽，这样设计是为了让气隙磁场分布更合理，另外极靴还起固定绕组的作用。此绕组实际就是励磁绕组，套在极身上，常采用串联方式，通过电流后产生磁场，绕组与磁极之间用绝缘纸、蜡布或云母纸绝缘，层间亦用云母纸绝缘。磁极的极性呈N极和S极交替排列，这取决于励磁绕组的连接方式。整个磁极用螺钉固定在机座上，机座和磁极铁芯之间叠放一些铁垫片，用来调整定、转子间的气隙。

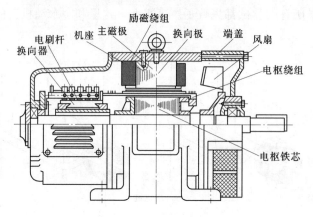

图 5.4　小型直流电机的结构

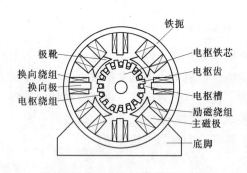

图 5.5　直流电机的横剖面示意图

主磁极的作用是用来产生气隙磁场并使电枢表面的气隙磁通密度按一定波形沿空间分布。

（2）换向极。安装换向极是为了改善直流电机的换向问题。如图5.7是换向极的结构图，它由换向极铁芯和套在铁芯上的换向极绕组构成：换向极铁芯用整块扁钢或硅钢片叠成，对于换向要求高的场合，也需用钢片经绝缘叠装而成。换向极绕组一般用几匝粗的扁铜线绕成，并与主磁极绕组电路相串联。换向极装在两相邻主极之间并用螺钉固定于机座上，如图5.5所示。

容量大于1kW的直流电机，一般都装有换向极。有几个主磁极就有几个换向极，个别的小电机，换向极的数目可少于主磁极的数目。

换向极的作用是改善电机的换向性能，减小电刷下的火花。

（3）机座。大型直流电机的机座通常用铸钢件或钢板卷焊而成，以保证良好的导磁性能和机械强度（钢比铁导磁性能好），而小型电机的机座通常是铸铝的。机座的作用有两个方面：一是用来固定主极、换向极和端盖等部件，并通过底脚将电机固定在基础上，起机械支撑的作用。二是电机主磁路的一部分，机座中有磁通经过的部分称为磁轭。为了使磁路中的磁通密度不会太高，要求磁轭有一定的截面积，这就使得直流电机在机械强度上富余一些。

（4）端盖。端盖一般用铸铁制成，在后端盖上设有观察窗，可观察火花的大小。端盖装在电机机座两端，其作用是：保护电机免受外部机械破坏，同时用来支撑轴承、固定刷架。

（5）电刷装置。图5.8为电刷与刷握装置。它由刷杆座、刷杆、刷握、电刷和汇流条等组成。刷杆座固定在端盖或轴承内盖上，小型直流电机的各刷杆支臂都装在一个可以转动的刷杆座上，松开螺钉，转动刷杆座，确定电刷的位置后，拧紧螺钉，固定刷杆座。大型和中型电机的每个刷杆座是可以单独调整的，调整位置以后将它固定；刷杆固定在刷杆座上，每根刷杆上装有一个或几个刷握；电刷是由石墨等材料制成的导电块，放在刷握中，其顶上有一弹簧压板或恒压弹簧（可使电刷在换向器上保持一定的接触压力），对于电流较大的电机，每个刷杆支臂上装有一组并联的电刷，同极性刷杆上的电流汇集到一起后，引向外部。刷握、刷杆、刷杆座之间彼此绝缘。电刷组的数目一般等于主磁极的数目，各电刷组在换向器表面的分布应是距离相等的，电刷的位置通过电刷座的调整进行确定。电刷的后面有一铜辫，是由细铜丝编织而成的，其作用是引出电流。

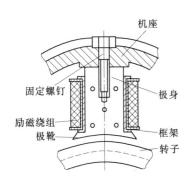

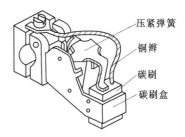

图5.6 直流电机的主磁极结构　　　图5.7 换向极的结构　　　图5.8 电刷装置的结构

电刷装置的作用是和其他部件配合把直流电压、电流引出（或引入）旋转电枢。电刷装置的质量对直流电机的工作有直接影响。

2. 转子

（1）电枢铁芯。如图5.9所示，电枢铁芯一般用厚0.5mm的低硅硅钢片或冷轧硅钢片叠压而成，两面涂有绝缘漆，如有氧化膜可不用涂漆，这样是为了减少磁滞和涡流损耗，提高效率。每张冲片冲有槽和轴向通风孔。叠成的铁芯两端用夹件和螺杆紧固成圆柱形，在铁芯的外圆周上有均匀分布的槽，内嵌电枢绕组。对于容量较大的电机，为了加强冷却，把电枢铁芯沿轴向分成数段，段与段之间留有宽10mm的径向通风道，它和轴向通风孔都形成风路，降低了电机绕组和铁芯的温升。整个铁芯固定在转子支架或转轴上。

小容量的电机，电枢铁芯上装有风翼，大容量的电机装有风扇。

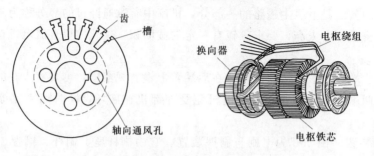

图 5.9　电枢冲片和电枢铁芯

电枢铁芯的作用是作为磁通的通路和嵌放电枢绕组。

（2）电枢绕组。直流电机的电枢绕组是由许多线圈组成的，这些线圈叫做绕组元件，每个绕组元件的两端分别接在两个换向片上，通过换向片把这些独立的线圈互相连接在一起，形成闭合回路。绕组导线的截面积取决于元件内通过的电流的大小，几个千瓦以下小容量电机的电枢绕组的线圈用绝缘圆形截面导线绕制，大容量的用矩形截面导线绕制。绕组嵌放在电枢铁芯的槽内，线圈与铁芯之间以及上下层之间均要妥善绝缘，槽口用槽楔固定，如图 5.10 所示。铁芯槽两端伸出的绕组端部用镀锌钢丝或玻璃丝带绑扎，以防止离心力将线圈从槽中甩出。电枢绕组的作用是感应电动势和通过电流，是电机实现机电能量转换的关键部分。

（3）换向器。换向器的结构形式，是由电机的电压、功率和转速决定的。以拱形换向器和塑料换向器较为常见。

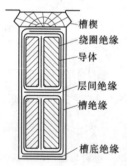

图 5.10　电枢槽内绝缘

图 5.11 为拱形换向器的结构图，它是由许多换向片组成的一个圆筒（工作表面光滑便于和电刷滑动接触），套入钢套筒上。换向片是带有燕尾的铜片，片间用云母隔开，换向片的燕尾嵌在两端的 V 形钢环内。V 形钢环与换向片之间用 V 形云母环进行绝缘。换向器应采用具有良好的导电性、导热性、耐磨性、耐电弧性和良好机械强度的材料，常用电解铜经冷拉而成的梯形铜排，也有银铜、镉铜、稀土铜合金等。为节省铜材，换向片上装有升高片，常用韧性好的紫铜板和紫铜带制成，线圈出线端焊在升高片上的小槽中。由于拱形换向器结构复杂，目前小型直流电机已广泛采用塑料换向器。常用的是下列两种：酚醛树脂玻璃纤维热压塑料（这是 B 级绝缘材料）和聚酰亚胺玻璃纤维压塑料（适用于 H 级换向器）。图5.12（a）所示为不加套筒的结构，换向片和云母片都热压在塑料中，塑料有孔可安装于轴上，此种结构用在 $D<80mm$ 的小换向器中。图 5.12（b）所示为有钢套的塑料换向器，塑料内部加钢套，套筒套在轴上，换向片槽部有加强环，用来增加塑料的强度，这种结构用于 $D<300mm$ 的塑料换向器。

换向器是直流电机的重要部件之一，作用是将电枢线圈中的交流变换为电刷间的直流或反之。换向器质量的好坏，直接影响电机的运行性能。

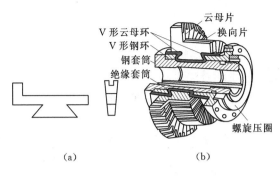

图 5.11　拱形换向器的结构

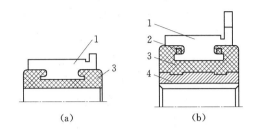

图 5.12　塑料换向器
1—换向片；2—加强环；3—塑料；4—套筒

5.1.3　直流电机的额定值

　　每台直流电机机座的醒目位置上都有一个铭牌，如图 5.13 所示。上面标注着一些主要额定数据及电机产品数据，供用户参考，是正确使用电机的依据。铭牌上标注的数据主要有：电机的型号、额定值、绝缘等级、励磁电流及励磁方式，另外还有生产厂商和出厂数据。现对这些铭牌数据分别介绍如下。

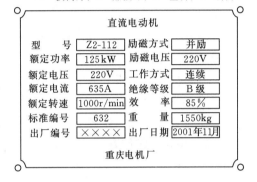

直流电动机			
型　　号	Z2-112	励磁方式	并励
额定功率	125kW	励磁电压	220V
额定电压	220V	工作方式	连续
额定电流	635A	绝缘等级	B 级
额定转速	1000r/min	效　率	85%
标准编号	632	重　量	1550kg
出厂编号	××××	出厂日期	2001年11月
重庆电机厂			

图 5.13　直流电动机的铭牌

　　1. 产品型号

　　产品型号表示电机的结构和使用特点，国产电机的型号多采用汉语拼音的大写字母及阿拉伯数字表示，其格式为：第一部分取直流电机全名称中关键汉字的第一个拼音字母表示产品的代号，第二部分用阿拉伯数字表示设计序号，第三部分是机座代号，用阿拉伯数字表示，第四部分也是阿拉伯数字，表示电枢铁芯长度。现举例说明如下：

```
                    Z2 -112
直流电动机 ──┘    └── 电枢铁芯长度代号(1 为普通铁芯,2 为长铁芯)
设计序号(第二次设计) ──┘    └── 机座代号
```

　　Z 系列电机除 Z2 系列外，还有 Z2、Z3、Z4 系列直流电机，另有：

　　ZF 系列：直流发电机。

　　ZJ 系列：精密机床用直流电动机。

　　ZTD 系列：中速电梯用直流电动机。

　　ZTDD：低速电梯用直流电动机。

　　ZT 系列：广调速直流电动机。

　　ZQ 系列：直流牵引电动机。

　　ZH 系列：船用直流电动机。

　　ZA 系列：防暴安全型直流电动机。

　　ZC 系列：电铲用起重直流发电机。

　　ZZJ 系列：冶金起重用直流电动机。

其他系列直流电机可参见电机手册。

2. 额定数据

(1) 额定功率 P_N。指电机厂家规定的电机在额定条件下长期运行所允许的输出功率。一般用 kW 作为 P_N 的单位。额定功率对直流发电机和直流电动机来说是不同的。直流发电机的功率是指电刷间输出的供给负载的电功率，$P_N = U_N I_N$；而直流电动机的额定功率是指轴上输出的机械功率，$P_N = U_N I_N \eta_N$。

(2) 额定电压 U_N。指在额定运行条件下，电机的输出（对发电机来说）或输入电压（对电动机来说）。U_N 的单位为 V。

(3) 额定电流 I_N。是指在额定电压和额定功率条件下电机的电流值。I_N 的单位是 A。

(4) 额定转速 n_N。是指在额定电压、额定电流、额定功率条件下电机的转速。n_N 的单位是 r/min。

(5) 额定励磁电流 I_{fN}。是指在额定电压、额定电流、额定转速和额定功率条件下通过电机励磁绕组的电流。

(6) 励磁方式。是指直流电机的电枢绕组和励磁绕组的连接方式。按励磁绕组和电枢绕组的供电关系，可把直流电动机分为他励、并励、串励和复励四种方式。

除以上标识外，电机铭牌上还标有额定温升、工作方式、出厂日期、出厂编号等。

5.1.4 直流电机的励磁方式

直流电机的励磁方式是指直流电机的电枢绕组和励磁绕组的连接方式。不同的连接方式对电机的运行特性将存在较大的差异。按励磁绕组和电枢绕组的连接关系，直流电机的励磁方式可分为他励、并励、串励和复励四种方式。下面以直流发电机为例简单分析其励磁方式。

(1) 他励直流发电机。如图 5.14（a）所示，励磁绕组和电枢绕组的电源是各自独立的，其特点是电枢电流 I_a 等于负载电流 I（即 $I = I_a$），和励磁电流 I_f 无关。

(2) 并励直流发电机。如图 5.14（b）所示，励磁绕组与电枢绕组是并联关系，根据电流的参考方向可知 I_a、I 和 I_f 有 $I_a = I + I_f$ 成立。

(3) 串励直流发电机。如图 5.14（c）所示，励磁绕组和电枢绕组是串联关系，此时有 $I_a = I = I_f$ 成立。

(4) 复励直流发电机。如图 5.14（d）所示，有两个励磁绕组，一个和电枢绕组串联，另一个和电枢绕组并联。当串励绕组产生的磁动势和并励绕组产生的磁动势方向相同，二者相加时，称为积复励；当串励绕组产生的磁动势和并励绕组产生的磁动势方向相反，两者相减时，称为差复励。

一般直流电机的主要励磁方式是他励、并励和复励，很少采用串励的方式。对于直流发电机来说，由于串励、并励和复励时的励磁电流是电机自己供给的，所以又总称为自励发电机，直流电动机则不存在自励的称呼。有关直流电动机励磁方式读者可仿照图 5.14 画出。

5.1.5 直流电机的电枢电动势和电磁转矩

直流电机工作时，无论是发电机还是电动机，其电枢中都会产生感应电动势和电磁转矩。发电机产生电枢电动势，对外输出直流电能；电动机的电枢电动势为反电动势，它和外加电压及电阻压降相平衡。电磁转矩指的是电枢绕组中的载流导体在磁场中所受的电磁

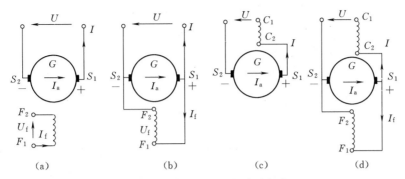

图 5.14 直流发电机的励磁方式

（a）他励直流发电机；（b）并励直流发电机；（c）串励直流发电机；（d）复励直流发电机

力对电枢轴心形成的转矩。下面分别对感应电动势和电磁转矩进行简单介绍。

1. 直流电机的电枢电动势

直流电机的电枢电动势的表达式为

$$E_a = C_e \Phi n \tag{5.3}$$

式中：$C_e = \dfrac{pN}{60a}$ 为电动势常数；Φ 为每极磁通；n 为转子的转速；p 为电机的磁极对数；N 为总导体数；a 为并联支路的对数。

在成品电机中，p、N 和 a 都是常量，如 Φ 的单位是 Wb，则 E_a 的单位是 V。

2. 直流电机的电磁转矩

通过前面对直流电机的基本工作原理的分析可以知道，当电枢绕组中有电流流过时，载流导体在气隙磁场中将受到电磁力的作用，该力对电枢轴心所形成的转矩称为电磁转矩。

直流电机的电磁转矩的表达式为

$$T = \frac{pN}{2\pi a}\Phi I_a = C_T \Phi I_a \tag{5.4}$$

式中：$C_T = \dfrac{pN}{2\pi a}$ 为转矩常数；Φ 为每极磁通；I_a 为电枢电流；p 为电机的磁极对数；N 为总导体数；a 为并联支路的对数。

在成品电机中，p、N 和 a 都是常量，如果 Φ 的单位为 Wb，I_a 的单位为 A，T 的单位为 N·m。

小　　结

直流电机是一种能使直流电能和机械能相互转换的机械，直流发电机可将机械能转换成电能，直流电动机可将电能转换成机械能。

直流电机的结构是由定子和转子两大部分组成，定子与转子之间留有一定的空气隙。定子的作用主要是形成磁场、作为机械支撑并起防护作用。转子上用来感应电动势而实现能量转换的部分称为电枢，它是由电枢绕组和电枢铁芯组成。转子的作用是产生感应电动势、形成电流、实现机械能和电能的相互转换。

直流电机的铭牌是正确使用电机的依据，铭牌上标注的数据主要有：电机的型号、额定值、绝缘等级、励磁电流及励磁方式，另外还有生产厂商和出厂数据。

直流电机的电枢电动势的表达式为

$$E_a = C_e \Phi n$$

直流电机的电磁转矩的表达式为

$$T = \frac{pN}{2\pi a} \Phi I_a = C_T \Phi I_a$$

直流发电机的励磁方式是指直流发电机的电枢绕组和励磁绕组的连接方式。按励磁绕组和电枢绕组的供电关系，直流发电动机的励磁方式可分为他励、并励、串励和复励四种方式。

习 题

（1）简述直流电机的基本结构，并说明各部分的作用。

（2）分别说出下面两种情况下，电刷两端电压的性质。

1）磁极固定，电枢和电刷同时旋转。

2）电枢固定，电刷和磁极同时旋转。

（3）简述直流电机的铭牌主要显示了哪些内容。

（4）直流电机中，换向器起了什么作用？

（5）如果直流电动机的电枢绕组装在定子上，磁极装在转子上，那么换向器和电刷应安装在什么位置？

（6）一台直流发电机的额定功率 $P_N = 200\text{kW}$，额定电压 $U_N = 220\text{V}$，额定转速 $n_N = 1500\text{r/min}$，额定效率 $\eta_N = 85\%$，求该发电机的额定电流 I_N 和额定输入功率 P_1。

（7）一台直流电动机的额定功率 $P_N = 7.5\text{kW}$，额定电压 $U_N = 220\text{V}$，额定转速 $n_N = 1450\text{r/min}$，额定效率 $\eta_N = 90\%$，求电动机的额定电流 I_N 及额定负载时的输入功率 P_1。

综 合 实 训

1. 实训目标

（1）掌握直流电动机正确使用方法。

（2）掌握直流电动机的绕组结构和连接方式。

（3）熟悉直流电机的结构。

2. 实训要求

（1）能够正确安装和使用常用的直流电动机。

（2）测量直流电动机电枢绕组的直流电阻。

（3）掌握电机常用仪表、工具的性能和使用方法。

5.2 直 流 电 动 机

【学习目标】

（1）掌握直流电动机的基本方程式。

（2）认识直流电动机的启动方法。

（3）了解直流电动机的机械特性。

章节名称	能力要素	知识和技能要求	考核标准
直流电动机	（1）能说出直流电动机的基本方程式。 （2）能认识直流电动机的启动方法。 （3）能用直流电动机的机械特性分析问题	（1）掌握直流电动机的基本方程式。 （2）了解直流电动机的机械特性。 （3）认识直流电动机的启动方法	（1）重点考核内容： 1）直流电机的基本方程式的应用。 2）直流电动机的启动方法的应用。 （2）考核方式：口试或笔试。 （3）占总成绩的比例：5%～10%

5.2.1 直流电动机的基本方程式

本节介绍的直流电动机的基本方程式主要指电动势平衡方程式、转矩平衡方程式和功率平衡方程式。这三种方程式表达了直流电动机运行时的电磁关系和能量传递关系，可用它们来分析电动机的运行特性。下面以并励直流电动机为例，分别对各基本方程式进行讨论。

1. 电动势平衡方程式

图 5.15 是并励直流电动机的原理图，U 是电源的输入电压，I 是输入电流，E_a 是感应电动势，I_a 是电枢电流，因为 E_a 和 I_a 是反向的，所以称 E_a 是反电动势。根据给定的参考方向可列出以下电动势平衡方程式

$$U = E_a + I_a r_a + 2\Delta U_b = E_a + I_a R_a \tag{5.5}$$

式中：r_a 为电枢回路所有绕组的总电阻；$2\Delta U_b$ 为正、负电刷的接触总压降；$R_a = r_a + \dfrac{2\Delta U_b}{I_a}$ 为电枢回路中所有电阻的总和。

由上式可以看出，直流电动机中 $E_a < U$，而在直流发电机中 $E_a > U$，因此可通过 E_a 和 U 的大小关系判定直流电机的运行状态。电机的运行是可逆的，同一台电机既可作发电机运行也可作电动机运行。

2. 转矩平衡方程式

由直流电动机的工作原理可知，电磁转矩 T 是由电枢电流 I_a 与气隙磁场相互作用产生。电动机的电磁转矩 T 是驱动转矩。它必须与轴上负载制动转矩 T_2 和空载制动转矩 T_0 相平衡，才能稳定运行。故

$$T = T_2 + T_0 \tag{5.6}$$

可见，直流电动机中 $T > T_2$，其转向由 T_M 决定；而在发电机中，原动机的驱动转矩 $T_1 > T$，其转向由原动机作用力矩 T_1 决定。

3. 功率平衡方程式

对于旋转的物体来说，其功率等于每秒内转矩对旋转体所做的功，即转矩和转子的机

械角速度 Ω 的乘积等于机械功率，所以由直流电动机的转矩平衡方程式可推出功率平衡方程式。把式（5.7）两边乘以 Ω 得

$$T\Omega = T_2\Omega + T_0\Omega$$
$$P_{\mathrm{M}} = P_2 + p_0 \tag{5.7}$$

式中：$P_{\mathrm{M}} = T\Omega$ 为电磁功率；P_2 为电动机轴上输出的机械功率；$p_0 = T_0\Omega$ 为电动机的空载损耗功率。另外

$$p_0 = p_{\mathrm{Fe}} + p_\Omega + p_{\mathrm{ad}} \tag{5.8}$$

式中：p_{Fe} 为铁耗，主要包括电枢轭部和齿部的磁滞损耗及涡流损耗，它们是由主磁通在旋转的电枢铁芯内部交变所引起；p_Ω 为机械损耗，包括轴承、电刷的摩擦损耗和空气摩擦损耗；p_{ad} 为附加损耗，是由于电枢的齿槽等因素引起的，因其产生的原因复杂，难以准确计算，所以通常取为额定功率的 $0.5\% \sim 1\%$。

另

$$P_{\mathrm{M}} = T\Omega = \frac{pN}{2\pi a}\Phi I_{\mathrm{a}} \frac{2\pi n}{60} = E_{\mathrm{a}} I_{\mathrm{a}} \tag{5.9}$$

上式说明，电磁功率是电机功率与机械功率相互转换的部分，它既可表示成机械功率 $T\Omega$，也可表示成电功率 $E_{\mathrm{a}} I_{\mathrm{a}}$。

将式（5.5）变形为 $E_{\mathrm{a}} = U - I_{\mathrm{a}} r_{\mathrm{a}} - 2\Delta U_{\mathrm{b}}$ 两边乘以电枢电流 I_{a}，可得

$$E_{\mathrm{a}} I_{\mathrm{a}} = U I_{\mathrm{a}} - I_{\mathrm{a}}^2 r_{\mathrm{a}} - 2\Delta U_{\mathrm{b}} I_{\mathrm{a}}$$

对并励电动机而言，$I_{\mathrm{a}} = I - I_{\mathrm{f}}$ 代入上式中，可有

$$P_{\mathrm{M}} = E_{\mathrm{a}} I_{\mathrm{a}} = U I - U I_{\mathrm{f}} - I_{\mathrm{a}}^2 r_{\mathrm{a}} - 2\Delta U_{\mathrm{b}} I_{\mathrm{a}}$$
$$= P_1 - p_{\mathrm{Cuf}} - p_{\mathrm{Cua}} - p_{\mathrm{Cub}} \tag{5.10}$$

式中：$P_1 = UI$ 为电动机的输入电功率；$p_{\mathrm{Cua}} = I_{\mathrm{a}}^2 r_{\mathrm{a}}$ 为电枢绕组的铜耗；$p_{\mathrm{Cub}} = 2\Delta U_{\mathrm{b}} I_{\mathrm{a}}$ 为电刷接触损耗；$p_{\mathrm{Cuf}} = U I_{\mathrm{f}}$ 为励磁绕组的铜耗。

另有

$$P_{\mathrm{M}} = P_2 + p_\Omega + p_{\mathrm{Fe}} + p_{\mathrm{ad}} \tag{5.11}$$

将以上两式合并可得并励直流电动机的功率平衡方程式为

$$P_1 = p_{\mathrm{Cua}} + p_{\mathrm{Cub}} + p_{\mathrm{Cuf}} + p_\Omega + p_{\mathrm{Fe}} + p_{\mathrm{ad}} + P_2$$
$$= P_2 + \sum p \tag{5.12}$$

并励直流电动机的功率传递图如图 5.16 所示。

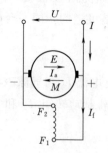
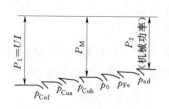

图 5.15 并励直流电动机的原理图　　　图 5.16 并励直流电动机的功率传递图

直流电动机的效率为

$$\eta = \frac{P_2}{P_1} \times 100\% = \frac{P_1 - \sum p}{P_1} \times 100\% = \left(1 - \frac{\sum p}{P_2 + \sum p}\right) \times 100\% \tag{5.13}$$

【例 5.1】 一台并励直流电动机，其额定电压 $U_N = 220V$，额定电流 $I_N = 80A$，电枢电阻 $r_a = 0.01\Omega$，电刷接触压降 $2\Delta U_b = 2V$，励磁回路总电阻 $R_f = 110\Omega$，附加损耗 $p_{ad} = 0.01P_N$，效率 $\eta_N = 85\%$，额定转速 $n_N = 1000r/min$。求：

（1）额定输入功率 P_1 额定输出功率 P_2。

（2）总损耗 $\sum P$ 和 $p_{Fe} + p_\Omega$

（3）电磁功率和电磁转矩

解：（1）额定输入功率　　$P_1 = U_N I_N = 220 \times 80 = 17600(W)$

额定输出功率　　　　　　$P_2 = P_1 \eta_N = 17600 \times 85\% = 14960(W)$

（2）总损耗　　　　　　$\sum P = P_1 - P_2 = 17600 - 14960 = 2640(W)$

因为额定功率　　　　　　$P_N = P_2$，

所以附加损耗　　　　　　$p_{ad} = 0.01P_N = 0.01P_2 = 0.01 \times 14960 = 149.6(W)$

额定励磁电流　　　　　　$I_{fN} = U_N/R_f = 220/110 = 2(A)$

额定电枢电流　　　　　　$I_{aN} = I_N - I_f = 80 - 2 = 78(A)$

$$p_{Cua} = I_{aN}^2 r_a = 78^2 \times 0.01 = 60.84(W)$$

$$p_{Cub} = 2\Delta U_b I_{aN} = 2 \times 78 = 156(W)$$

$$p_{Cuf} = U_N^2/R_f = 220^2/110 = 440(W)$$

$$p_{Fe} + p_\Omega = \sum P - p_{ad} - p_{Cua} - p_{Cub} - p_{Cuf}$$
$$= 2640 - 149.6 - 60.84 - 156 - 440 = 1833.56(W)$$

（3）电磁功率　　　　　$P_M = P_1 - p_{Cua} - p_{Cub} - p_{Cuf}$
$$= 17600 - 60.84 - 156 - 440 = 16943.16 \ (W)$$

$$\Omega = 2\pi n/60 = 2\pi \times 1000/60 = 104.72(rad/s)$$

电磁转矩　　　　　　　　$T = P_M/\Omega = 161.79 \ (N \cdot m)$

5.2.2 直流电动机的机械特性

机械特性是指直流电动机的电枢电压 U_N、励磁电流 I_f 和电枢回路电阻 $R_a + R_j$（R_j 为电枢回路所串电阻）均为定值时，$n = f(T)$ 的关系曲线。因为转速和转矩都是机械量，所以把它称为机械特性。当 $U = U_N$，$I_f = I_{fn}$，$R_j = 0$ 时的机械特性称为固有机械特性，此特性是电动机自然固有的，能反映电动机的本来面目。改变上面 3 个量中的其中一个所得的机械特性，叫做人为机械特性。机械特性是直流电动机的一个重要特性。

1. 并励直流电动机的机械特性

把 $E_a = C_e\Phi n$ 代入 $U = E_a + I_a R_a$ 可得到直流电动机的转速特性

$$n = \frac{U - I_a R_a}{C_e\Phi} \tag{5.14}$$

把 $I_a = T/C_T\Phi$ 代入上面公式，可得并励电动机的机械特性为

$$n = \frac{U}{C_e\Phi} - \frac{R_a}{C_e C_T \Phi^2} T \tag{5.15}$$

如在电枢回路中并联一电阻 R_j，有

$$n = \frac{U}{C_e\Phi} - \frac{R_a + R_j}{C_e C_T \Phi^2} T \tag{5.16}$$

当不考虑电枢反应的影响时，励磁电流 I_f 为定植，则 Φ 为常数，所以机械特性曲线是一条直线。式（5.10）又可表示为

$$n = n_0 - \beta T \tag{5.17}$$

式中：$n_0 = \dfrac{U}{C_e \Phi}$ 为理想空载转速；$\beta = \dfrac{R_a + R_j}{C_e C_T \Phi^2}$ 为机械特性的斜率。

（1）固有机械特性。在固有机械特性条件下，$n_0 = \dfrac{U_N}{C_e \Phi}$，$\beta = \dfrac{R_a}{C_e C_T \Phi^2}$，固有机械特性是一条略向下倾斜的直线，见图 5.17（a）中的曲线 1。由于 R_a 值很小，特性斜率 β 值很小，通常 βT 值只有 n_0 值的百分之几到百分之十几，所以固有机械特性又称硬特性。

（2）人为机械特性。

1）电枢串电阻时的人为机械特性。保持 $U = U_N$，$I_f = I_{fN}$ 不变，在电枢回路串入电阻 R_j，这时与固有机械特性相比，n_0 没变，k 随 R_j 的增加而增加，n 随 T 增加而很快下降，并且 R_j 越大，特性曲线下降越快，见图 5.17（a）中的 1、2、3、4 条特性曲线，它们对应的串联电阻分别为 $R_{j1} = 0$、R_{j2}、R_{j3}、R_{j4}，且依次增大。可以看出随着 R_j 的加大，特性变软。

2）减小电枢电压时的人为机械特性。保持 $I_f = I_{fN}$，$R_j = 0$ 不变，改变 U 的取值，这时电动机变为他励，励磁电流不受 U 变化的影响。当 U 的取值不同时，机械特性的斜率不变，只是 n_0 随 U 减少而减小，可得到一组平行的人为机械特性，见图 5.17（b）特性线 1、2、3、4，它们对应的电枢电压分别为 U_1、$U_2 = U_N$、U_3、U_4，且依次减小。

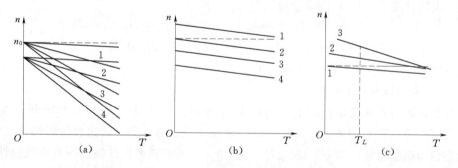

图 5.17　并励直流电动机的机械特性

3）减小励磁电流时的人为机械特性。保持 $U = U_N$，$R_j = 0$ 不变，改变励磁回路调节电阻 r_j，励磁电流也跟着变化，磁通 Φ 也就改变了。如励磁电流 I_f 变为 I_{f1}，且 $I_{f1} < I_{fN}$，即 $\Phi_1 < \Phi_N$，特性曲线的斜率和 n_0 点均会发生改变。I_f 越小，n_0 越大，直线斜率 k 也越大，故改变励磁电流 I_f 得到一组特性较软的人为特性曲线，见图 5.17（c）中的特性线 1、2、3，它们对应的励磁电流分别为 $I_{f1} = I_{fN}$、I_{f2}、I_{f3}，且依次减小。

需要说明的是，电机额定运行时，磁路已饱和，所以增大励磁电流，磁通不会明显加大，而且励磁电流太大，容易烧坏励磁绕组，所以只能减小励磁电流改变直流电机的机械特性。

当负载较小时，电动机的电磁转矩不是很大，由图 5.17（c）可以看出，电动机转速随磁通的减小而升高，当负载转矩很大时，电动机的转速随磁通的减小而减小，但是这时

的电枢电流已经太大,电动机不允许在这么大的电流下工作。所以可认为,实际工作中的电动机的转速随磁通的减小而升高。

在前面两种人为机械特性中,因为磁通保持不变,电磁转矩和电流成正比,所以机械特性曲线 $n=f(T)$ 和转速特性曲线 $n=f(I_a)$ 的形状是一样的。可是减小磁通的人为特性,磁通是变化的,机械特性曲线和转速特性曲线就不一样了,其转速特性曲线如图 5.18 所示。它们是一组通过横坐标上某点 I_1 的直线,直线 1 对应的磁通为额定磁通 Φ_N,直线 2、3 对应的磁通是依次减小的,可见,磁通越小,转速特性越软。

2. 串励直流电动机的机械特性

串励电动机中,因为 $I_F=I_a$,所以随着负载变化,气隙磁通变化较大,对应的机械特性也有显著变化。分两种情况讨论如下:

(1) 当电机所带负载低于额定负载时,电机的磁路处于不饱和状态,气隙磁通 Φ 和电枢电流 I_a 成正比,即 $\Phi=CI_a$(C 为比例常数),故

$$T=C_T\Phi I_a=C_T C I_a^2 \tag{5.18}$$

可得

$$I_a=\sqrt{\frac{T}{C_T C}} \tag{5.19}$$

将式 (5.15) 和 $\Phi=CI_a$ 代入转速公式 (5.10) 中,则可以推导出串励电动机的机械特性为

$$n=\frac{U}{C_e\sqrt{\frac{C}{C_T}T}}-\frac{R_a+R_j}{C_e C} \tag{5.20}$$

所以磁路不饱和时,串励电动机的机械特性为双曲线,这是轻负载的情况。当负载增加时,转速 n 将很快下降。

(2) 如果电动机所带负载远大于额定负载时,磁路处于饱和状态,可认为磁通 Φ 为定值,令 $\Phi=C_1$,则

$$I_a=\frac{T}{C_T C_1} \tag{5.21}$$

把上式代入转速特性公式中可得

$$n=\frac{U}{C_e C_1}-\frac{R_a+R_j}{C_e C_T C_1^2}T \tag{5.22}$$

此时电动机的机械特性是一条直线,随电磁转矩 T 的增加,转速 n 下降缓慢。

综上所述,当电磁转矩小于额定值时,电动机的机械特性为软特性;当电磁转矩超过额定值以后,机械特性变为一条硬度较大的缓慢下降的直线,不再是双曲线了。当 R_j 取不同值时,电动机的机械特性见图 5.19,$R_j=0$ 时为固有机械特性曲线,$0<R_{j1}<R_{j2}$。

需要说明的是,积复励电动机的机械特性介于并励电动机和串励电动机的机械特性之间。

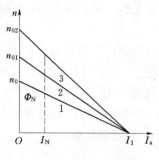

图 5.18 转速特性

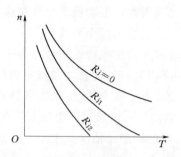

图 5.19 串励直流电动机的机械特性

小 结

直流电动机的基本方程式归纳如下：

电动势平衡方程式 $\qquad U = E_a + I_a R_a$

转矩平衡方程式 $\qquad T = T_2 + T_0$

功率平衡方程式 $\qquad P_1 = P_M + p_{Cua} + p_{Cub} + p_{Cuf}$

$$P_M = T\Omega = P_2 + p_{Fe} + p_\Omega + p_{ad}$$

$$P_2 = T_2 \Omega$$

由基本方程式可分析直流电机的特性及进行定量计算。

机械特性是电动机运行中很重要的特性，它反映了电动机最重要的两个物理量——转速和转矩之间的关系，由此可以了解电动机与已知负载的机械特性是否匹配、整个机组能否稳定运行。当 $U = U_N$，$I_f = I_{fn}$，$R_j = 0$ 时的机械特性称为固有机械特性，此特性是电动机自然具有的，能反映电动机的本来面目。改变上面三个量中的一个所得的机械特性，称为人为机械特性。

习 题

（1）怎样判断直流电机的运行状态是发电机状态还是电动机状态？

（2）并励直流电动机的启动电流是由什么决定的？正常运行时的电枢电流是由什么决定的？

（3）直流电动机的电磁转矩是驱动转矩，其转速应随电磁转矩的增大而上升，可直流电动机的机械特性曲线却表明，随电磁转矩的增大，转速是下降的，这不是自相矛盾吗？

（4）一台带额定负载运行的并励直流电动机，其额定数据为：$U_N = 220V$，$I_N = 80A$。电枢电阻 $r_a = 0.01\Omega$，电刷接触压降 $2\Delta U_b = 2V$，励磁回路总电阻 $R_f = 110\Omega$，附加损耗 $p_{ad} = 0.01 P_N$，效率 $\eta_N = 85\%$。求：

1）额定输入功率和额定输出功率。

2）总损耗。

3）铁耗和机械损耗之和。

（5）一台并励直流电动机在 $U_N = 220V$、$I_N = 80A$ 的情况下运行，在 15℃时电枢绕组电阻 $r_a = 0.08\Omega$，一对电刷接触电阻上的压降为 2V，励磁绕组电阻 $r_f = 88.8\Omega$，额定负载

时的效率 $\eta_N = 85\%$。求：

1）额定输入功率。

2）额定输出功率。

3）总损耗。

4）电枢回路铜耗和励磁回路铜耗。

5）接触损耗。

6）附加损耗、机械损耗和铁耗之和。

<h2 style="text-align:center">综 合 实 训</h2>

1．实训目标

测取并励直流电动机的机械特性。

2．实训要求

掌握并励直流电动机的启动方法，测量相关数据。

5.3 直流电动机的启动调速和制动

【学习目标】

（1）掌握直流电动机的启动方法。

（2）掌握直流电动机的调速方法。

（3）理解直流电动机的制动方法。

章节名称	能力要素	知识和技能要求	考核标准
直流电动机的启动调速和制动	（1）能正确启动直流电动机。 （2）能采用正确的调速方法	（1）掌握直流电动机启动方法。 （2）理解直流电动机调速和制动方法	（1）重点考核内容： 1）启动方法应用。 2）调速和制动方法的应用。 （2）考核方式：口试或笔试。 （3）占总成绩的比例：5%～10%

5.3.1 直流电动机的启动和改变转向

1．直流电动机的启动

所谓启动是指直流电动机接通电源，转子由静止开始加速直到稳定运转的过程。电动机在启动瞬间的电枢电流叫作启动电流，用 I_{st} 表示。启动瞬间产生的电磁转矩称为启动转矩，用 T_{st} 表示。

直流电动机启动的一般要求如下：

（1）启动转矩要足够大，以便带动负载，缩短启动时间。

（2）启动电流要限制在一定的范围内，避免对电机及电源产生危害。

（3）启动设备要简单、可靠。

直接启动、电枢串变阻器启动和降压启动是直流电动机的三种启动方法。下面以并励电动机为例分别说明如下：

（1）直接启动。直接将直流电动机接到额定电压的电源上启动，叫直接启动（实际就是全压启动）。如图 5.20 所示。启动时，应先将并励绕组通电，后接入电枢回路，因此必须先合上开关 K_1，并调节励磁电阻，使励磁电流最大。磁场建立后，再闭合 K_2，将额定电压直接加在电枢绕组上，电机开始启动。在电动机启动瞬间，$n=0$，$E_a=C_e\Phi_n=0$，这时启动电流

$$I_{st}=\frac{U}{R_a} \tag{5.23}$$

启动转矩

$$T_{st}=C_T\Phi I_{st} \tag{5.24}$$

直接启动过程中，i_a 和 n 随时间的变化情况如图 5.21 所示。刚开始启动时，电流 i_a 和电磁转矩 T 上升很快，当 $T>T_0$（空载转矩）时，电动机开始转动，同时产生反电动势 e。随着转速的上升，反电动势不断增大，电流上升减慢，达到最大值 I_{st} 后就开始下降，转矩随之减小，此后转速上升缓慢，当 $T=T_0$ 时，转速稳定不变，电流也保持为空载电流 I_{a0}，启动过程完成。

直接启动不需增加启动设备，操作方便，有大的启动转矩，可是启动电流过大，达到 $(10\sim20)I_N$。易使电机温升过高，不利电机自身换向，对绕组和转轴产生较大的机械冲击，并且还会使电网电压产生很大波动，影响电网上其他用户的设备正常工作。因此直接启动只适用于很小容量的直流电动机，对较大容量的电动机要采用其他方法启动。

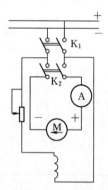

图 5.20　并励直流电动机
的直接启动

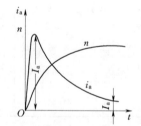

图 5.21　直接启动的电枢电流
和转速变化曲线

（2）电枢电路串变阻器启动。串变阻器启动就是启动时在电枢电路串入启动电阻 R_{st}（可变电阻）以限制启动电流，随着转速上升，逐步逐极切除变阻器。

启动电流
$$I_{st}\approx\frac{U_N}{R_a+R_{st}}=\frac{U_N}{R_1} \tag{5.25}$$

式中：R_1 为启动时第一级电枢回路的总电阻。

为保证有较大的启动转矩，缩短启动时间，启动电流被限定在一定的范围内，一般取

$I_{st} = (1.3 \sim 1.6)I_N$。

开始启动时，启动电流最大。随着电动机转速的升高，反电动势逐渐变大，启动电流逐渐变小，等下降到规定的最小值时，将启动电阻切除一级，启动电流又回升到最大值，依次按电流的变化切除其他级电阻，完成电动机的启动过程。启动电阻的级数越多，启动过程就越平稳，但设备投资增加。

对小容量的直流电动机，常用三点启动器，如图 5.22
所示。启动时，手柄置于触点 1 上（不用时处于 0 位置），
接通励磁电源的同时，在电枢回路串入全部电阻，开始启
动电机。移动手柄，每过一个触点，即切除一级电阻，当
手柄移到最后一个触点 5 时，电阻全部切除，启动手柄被
电磁铁吸住。如果电机工作过程中停电，和手柄相连的弹
簧可将其拉回到启动前的 0 位置，起到保护作用。

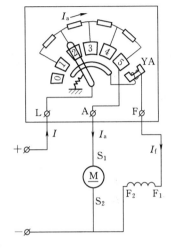

图 5.22　三点启动器的原理图

串变阻器启动所需设备不多，但较笨重，能量损耗大，
在中、小型直流电动机启动中应用广泛。大型电机中常用
降压启动。

（3）降压启动。降低电压可有效地减小启动电流，因
为 $I_{st} = \dfrac{U}{R_a}$。当直流电源的电压能调节时，可以对电动机进
行降压启动。刚启动时，启动电流较小，随着电机转速的
升高，反电动势逐渐加大，这就需要逐渐升高电源电压，保持启动电流和启动转矩的数值
基本不变，使电动机转速按需要的加速度上升，满足启动时间的需要。

直流的发电机—电动机组通常作为可调压的直流电源，也就是用一台直流发电机给
一台直流电动机供电。通过调节发电机的励磁电流，改变发电机的输出电压，从而改
变电动机电枢的端电压。如今，晶闸管技术高度发展，晶闸管整流电源正逐步取代直
流发电机。

降压启动的优点是启动电流小，能耗小，启动平稳；缺点是需要专用电源，设备投资
较大。因而降压启动多用于容量较大的直流电动机。

【例 5.2】 一台他励直流电动机的额定值为 $U_N = 440V$，$I_N = 76.2A$。电枢电阻 $R_a = 0.393\Omega$。求：

（1）电动机直接启动时的启动电流与额定电流的比值。

（2）如采用串电阻启动，启动电流为 1.5 的额定电流，应在电枢电路串入多大的
电阻？

解：（1）直接启动时的启动电流　　　$I_{st} = \dfrac{U_N}{R_a} = \dfrac{440}{0.393} = 1119.59(A)$

启动电流和额定电流的比值　　　$\dfrac{I_{st}}{I_N} = \dfrac{1119.59}{76.2} = 14.69$

（2）　　　　　　　　　　$1.5I_N = 1.5 \times 76.2 = 114.3(A)$

电枢回路总电阻为　　　　　$R_a + R_j = \dfrac{U_N}{1.5I_N} = \dfrac{440}{114.3} = 3.85(\Omega)$

串入的电阻 $R_j = 3.85 - R_a = 3.85 - 0.393 = 3.457(\Omega)$

2. 改变转向

在电力拖动装置工作过程中，由于生产的要求，常常需要改变电动机的转向。如起重机的提升和下放重物、轧钢机对工件的来回碾压、龙门刨的往复动作等。直流电动机的旋转方向是由气隙磁场和电枢电流的方向共同决定的。所以改变电动机转矩方向有两种方法：

（1）电枢绕组反接（即改变电枢电流的方向）。实际操作就是改变电枢两端的电压极性或把电枢绕组两端反接。

（2）励磁绕组反接（即改变气隙磁场的方向）；实际操作就是改变绕组两端的励磁电压的极性或把绕组两端反接。

如果同时改变励磁磁场和电枢电流的方向，电动机的转向不会改变。由于励磁绕组匝数较多，电感较大，反向励磁的建立过程缓慢，从而使反转过程不能迅速进行，所以通常多采用反接电枢绕组的方法。如果电动机正转时，转矩和转速的方向为正；反转时，转矩和转速应为负，那么电动机反转后的机械特性应在第三象限内。

5.3.2 直流电动机的调速和制动

直流电动机启动之后进入工作过程，根据工作需要我们要对电动机进行调速，以满足生产要求；完成工作任务，要尽快让电动机停止运行，要对其进行制动。

1. 直流电动机的调速

为了提高生产效率和保证产品质量，并符合生产工艺，要求生产机械在不同的情况下有不同的工作速度，这种人为地改变和控制机组转速的方法，称为调速。

例如车床在工作时，低转速用来粗加工工件，高转速用来进行精加工；又如电车，进出站时的速度要慢，正常行驶时的速度要快。

值得注意的是，由负载变化引起的转速变化和调速是两个不同的概念。负载变化引起的转速变化是自然进行的，直流电动机工作点只在一条机械特性曲线上变化。而调速是人为地改变电气参数，使电机的运行点由一条机械特性转变到另一条机械特性上，从而在某一负载下得到不同的转速，以满足生产需要。所以说调速方法，就是改变电动机机械特性的方法。

取并励直流电动机拖动恒转矩负载为研究对象，由式 $n = \dfrac{U}{C_e\Phi} - \dfrac{R_a + R_j}{C_e C_T \Phi^2} T$ 可以看出，有以下三种调速方法：电枢回路串电阻调速、改变电枢端电压调速、改变励磁电流调速。现分别介绍如下：

（1）电枢回路串电阻调速。用图 5.23 来说明电枢回路串电阻调速的原理和过程。其中曲线 1 是直流电动机的固有机械特性，曲线 2 为串入 R_{j1} 后的人工机械特性，曲线 3 为串入 R_{j2} 后的人工机械特性，曲线 4 是负载的机械特性。假设直流电动机拖动的是恒转矩负载 T_L，运行于曲线 1 上的 A 点，其转速为 n_N。当电枢回路串入电阻 R_{j1}，并稳定运行于人工机械特性上的 B 点后，转速下降为 n_1。R_j 的值越大，稳定转速越低。电流 i_a 和转速 n 随时间的变化规律如图 5.24 所示。

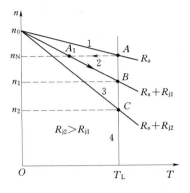

图 5.23 电枢回路串电阻调速

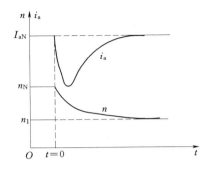

图 5.24 恒转矩负载时的电枢串电阻调速

直流电动机的具体调速过程如下：运行于 A 点的直流电动机，其电磁转矩 $T = T_L$，转速为 n_N，串入电阻 R_{j1} 后，机械特性变为曲线 2，由于串入电阻的瞬间，电机的转速不变，故反电动势不变，此时电枢电流 I_a 和电磁转矩会减小，工作点平移到 A_1 点，相应的电磁转矩 $T < T_L$，所以电动机的转速开始减小，反电动势 E_a 减小，而 I_a 和 T 要增大，则工作点沿曲线 2 由 A_1 移到 B 点，此时 $T = T_L$，电机以转速 n_1 工作在新的平衡点。

电枢回路串电阻调速的优点是设备简单，操作方便，调速电阻可兼作启动电阻。缺点是 R_j 上电流较大，能量损耗大，效率低。而且转速越低，串入的电阻越大，损耗就越大，效率越低。所以，电枢串电阻调速多用于对调速性能要求不高的生产机械上，如电动机车、吊车等。

(2) 改变电枢端电压调速。此种方法只能是降低电枢端电压调速，因为电动机的工作电压是不允许超过额定值的。调速的原理可用图 5.25 来表示。调速过程中的电流和转速的变化和图 5.24 相似。

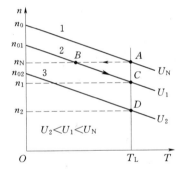

图 5.25 改变电枢端电压的调速

当电源电压为额定值时，电动机带额定负载 T_L 运行于固有特性曲线 1 上的 A 点，对应的转速是 n_N。现将电源电压下调，工作点移到人工机械特性曲线上的 C 点，转速减小为 n_1，如继续降低电压，则机械特性曲线和工作点继续下移。

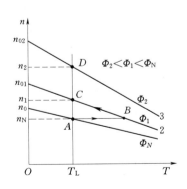

图 5.26 改变磁通的调速

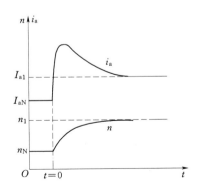

图 5.27 恒转矩负载的弱磁调速

209

降压调速的具体过程分析如下：直流电动机在 A 点稳定运行时，电磁转矩 $T = T_L$，转速为额定转速 n_N。电压下调后，机械特性变为曲线 2。因为降压瞬时，电机的转速不变，所以反电动势不变。根据直流电动机电动势平衡方程式可知，I_a 和 T 会很快减小，工作点左移到 B 点。而 B 点对应的 $T < T_L$，电动机转速 n 下降，E_a 变小，而 I_a 和 T 增大，工作点由 B 点沿曲线 2 移到 C 点，此时 $T = T_L$，电动机以转速 n_1 稳定运行。

如电压平滑变化，可得到平滑调速，实现无级调速。调压调速的调速范围宽，能耗小。缺点是需要专用电源，设备投资大。

发电机—电动机组是早期的调压调速设备，启动和调速都比较平滑，能耗小、操作方便，易于反转，调速范围宽。其缺点是系统容量大，投资高，机组运转噪声大。所以现在已被晶闸管—直流电动机系统所取代。

调压调速系统常用于轧钢机、机床等对调速性能要求高的生产设备。

（3）改变励磁电流调速。改变励磁电流目的是为了改变磁通的大小，而磁通的改变只能从额定值往下调。原因有两点：一是直流电动机额定运行时，磁路基本是饱和的，如励磁电流增加很多，磁路会过饱和，这样会影响电动机的性能。二是磁路饱和后，虽然励磁电流增加很多，但磁通的增量很少。所以说调节磁通的调速就是弱磁调速。其调节原理可根据图 5.26 分析如下。

调速前，直流电动机在固有特性曲线 1（此时的磁通为 Φ_N）上的 A 点带恒转矩负载 T_L 稳定运行，转速为额定转速 n_N。现在增大励磁回路中的电阻，则励磁电流减小，磁通减小到 Φ，电动机的机械特性曲线变为直线 2。励磁电流变化的瞬间，转速保持不变，反电动势 E_a 随磁通 Φ 降低而减小，则电枢电流 I_a 增大，因为 I_a 的变化比 Φ 的减小要显著，所以电磁转矩总体上是增大的，这就使工作点右移到 B 点，此处的 $T > T_L$，电动机加速旋转，n 不断上升，E_a 随之增大，I_a 和 T 减小，工作点沿直线 2 上移到 C 点，此时有 $T = T_L$，电动机处于新的平衡状态，以转速 n_1 稳定运行。从而达到调速的目的。如继续减小励磁电流到某值，电动机会以另一较高速度稳定运行。调速过程中电流和转速的变化如图 5.27 所示。

改变励磁电流调速的优点是：由于励磁电流小，能耗小，效率高，设备简单，控制方便。但在 T 一定时，Φ 减少，I_a 增大，故不宜将 Φ 减少过多。但对恒功率负载而言，Φ 减少，n 增高，T 减少，I_a 变化不大，故此方法适用于此类负载。

【例 5.3】 一台他励直流电动机，$P_N = 29\text{kW}$，$U_N = 440\text{V}$，$I_N = 76.2\text{A}$，$n_N = 1050\text{r}/\text{min}$，$R_a = 0.393\Omega$。电动机带额定恒转矩负载运行，如果负载是不变，且认为磁路是不饱和的，试求：

（1）电枢电路串入 1.533Ω 的电阻后，电机的稳定转速。

（2）电枢电路不串电阻，降低电枢电压至 220V 后，电机的稳定转速。

（3）电枢电路不串电阻，减小磁通至额定磁通的 0.9 倍，电机的稳定转速。

解： 当电动机带额定负载运行时

$$C_e\Phi_N = \frac{U_N - I_N R_a}{n_N} = \frac{440 - 76.2 \times 0.393}{1050} = 0.391$$

（1）电枢电路串入电阻后，因为带恒转矩负载，所以电动机的电磁转矩不变。另外，因是他励电机，故磁通不变，仍为 Φ_N。那么由公式 $T=C_T\Phi I_a$ 可知电枢电流不变，仍为 I_N。通过分析可求电机的稳定转速为

$$n=\frac{E}{C_e\Phi_N}=\frac{U_N-I_N(R_a+R_j)}{C_e\Phi_N}=\frac{440-76.2\times(0.393+1.533)}{0.391}=750 \text{ r/min}$$

（2）降低电枢电压至 220V 后，电机的稳定转速

$$n=\frac{U-I_NR_a}{C_e\Phi_N}=\frac{220-76.2\times0.393}{0.391}=486 \text{ r/min}$$

（3）因为负载不变，所以电动机的电磁转矩不变，则有

$$C_T\Phi_N I_N=C_T\Phi I_a$$

可得

$$I_a=\frac{\Phi_N}{\Phi}I_N=\frac{\Phi_N}{0.9\Phi_N}\times76.2=84.67 \text{ A}$$

那么

$$n=\frac{U_N-I_aR_a}{C_e\Phi}=\frac{440-84.67\times0.393}{0.9\times0.391}=1156 \text{ r/min}$$

2. 直流电动机的制动

在电力拖动系统中，有时需要电动机快速停车或者由高速运行迅速转为低速运行，这时就需要对电动机进行制动。常用的制动方法有机械的（用抱闸）或电磁的。电磁制动就是使电动机产生一个与旋转方向相反的电磁转矩 T 而获得。这种制动方法制动转矩大，制动强度控制也比较容易，电力拖动系统多采用这种方法，也可以与机械制动配合使用。

必须指出，当一台生产机械工作完毕需要停车时，最简单的方法是断开电枢电源，让系统在摩擦阻转矩的作用下，转速慢慢下降至零而停车，称为自由停车。自由停车一般较慢，如风机一类的负载，停车时间长短是无所谓的；有些机械则不然，如电车，若不能紧急停车，就会出大事故。如希望加快制动过程，就要人为地对电动机进行制动。

他励直流电动机的制动有能耗制动、反接制动和回馈制动三种方式。下面分别讨论各种制动的物理过程、机械特性及制动电阻的计算。

（1）能耗制动。图 5.28 为他励直流电动机能耗制动的接线图，当开关 S 接电源时，电动机处于电动工作状态，此时电动机的电枢电流、电枢电动势、电磁转矩和转速的方向如图中实线所示。当需要制动时，保持励磁电流不变，将电枢两端的电源断开，接到制动电阻 R_B 上。

能耗制动的接线和操作都比较简单，在制动过程中电动机已从电网断开，不需从电网输入电功率，因而比较经济。而且用这种方法实现停车比较准确。但也存在着一定的缺点，随着转速的下降，制动电流和制动转矩也随之减小，制动效果变差。若为了使电机能更快地停转，可以在转速降到一定程度时，切除一部分制动电阻（二级能耗制动），使制动转矩增大，加强制动作用，也可以与机械制动配合使用。

（2）反接制动。反接制动可以用两种方法来实现，即电压反接与倒拉反转反接制动。

1）电压反接制动。图 5.29 为电压反接制动的接线图。当开关 S 投向"电动"侧时，电动机在正常电动状态运行，电动机的转速 n、电动势 E_a、电枢电流 I_a、电磁转矩 T 的方向如图中实线所示。若将开关 S 投向"制动"侧，这时加到电枢绕组两端电源电压极性便和电动运行时相反。

当电动机转速接近零时，要及时断电，防止反转。

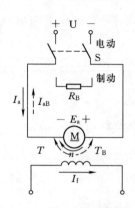 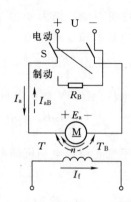

图 5.28　能耗制动接线图　　　　　图 5.29　电压反接制动接线图

2) 倒拉反转反接制动。倒拉反转的反接制动仅适用于位能性恒转矩负载。现以起重机下放重物为例说明电机倒拉反转反接制动时工作点的变化情况。

图 5.30 (a) 标出了正向电动状态（提升重物）时电动机的各物理量方向，此时电动机工作在固有机械特性图 5.30 (c) 上的 A 点，这时在保持电动机接线不变的情况下，在电枢回路串入一个较大的电阻 R_B，这时的人为机械特性如图 5.30 (c) 中的直线 $n_0 D$ 所示，在串入电阻的瞬间，由于系统的惯性，转速不能突变，工作点由固有特性上的 A 点沿水平方向跳跃到人为特性上的 B 点，这时电动机产生的电磁转矩 T_B 小于负载转矩 T_L，电动机开始减速，反电动势随之减小，与此同时电枢电流和电磁转矩又随反电动势减小而重新增加。工作点沿人为特性由 B 点向 C 点变化，到达 C 点时，$n=0$，因电动机的电磁转矩仍小于负载转矩 T_L，所以在负载位能转矩作用下，将电动机倒拉而开始反转，其旋转方向变为下放重物的方向。

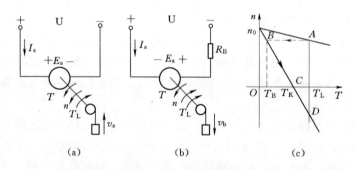

图 5.30　倒拉反转反接制动
(a) 正向电动；(b) 倒拉反转；(c) 机械特性

由于电枢电流方向未变，这时电动机电磁转矩方向也不变，但因旋转方向已改变，所以电磁转矩为制动转矩，电动机处于制动状态。随着电机反向转速的增加，E_a 增大，电枢电流 I_a 和制动的电磁转矩 T 也相应增大，当到达 D 点时，电磁转矩与负载转矩平衡，电机便以稳定的转速匀速下放重物。

倒拉反转反接时，电网仍向电动机输送功率，同时下放重物时的机械位能转变为电能，这两部分电能都消耗在电阻 R_A+R_B 上，由此看出反接制动在电能利用方面也是不经济的。

212

（3）回馈制动（再生制动）。在电动状态下运行的电动机，如遇到起重机下放重物或电车下坡时，使电动机的转速高于理想空载转速，电动机便处于回馈制动状态。

回馈制动时，由于有功率回馈到电网，因此与能耗制动和反接制动相比，从能量观点看，是比较经济的。

小　结

启动、调速、制动是直流电动机使用中不可避免的过程。为了保证启动电流不超过允许值和启动转矩不低于所需值，一般采用在电枢回路串变阻器启动或降压启动的方法。在宽广范围内平滑而经济地调速是直流电动机的突出优点。常用的调速方法有电枢回路串电阻调速、改变电枢端电压调速、改变励磁电流调速。他励直流电动机的制动有能耗制动、反接制动和回馈制动三种方式。

在电力拖动装置工作过程中，由于生产的要求，常常需要改变电动机的转向。改变电动机转矩方向有两种方法：电枢绕组反接和励磁绕组反接。

习　题

（1）用哪些方法可改变直流电动机的转向？

（2）有一台他励直流电动机带额定负载运行，其额定数据为：$P_N = 22kW$，$U_N = 220V$，$I_N = 116A$，$n_N = 1500r/min$，$R_a = 0.175\Omega$。如果负载不变，且不计磁路饱和的影响，试求：

1）电枢电路串入 0.575Ω 的电阻后，电动机的稳定转速。

2）电枢电路不串电阻，降低电枢电压到 110V，电动机的稳定转速。

3）电枢电路不串电阻，减小磁通至额定磁通的 0.9 倍，电动机的稳定转速。

（3）一他励直流电动机的 $U_N = 220V$，$I_{an} = 30.4A$，$n_N = 1500r/min$，电枢回路总电阻 $R_a = 0.45\Omega$，要在额定负载下，把电动机的转速降到 1000r/min，求：

1）电枢回路串电阻调速时，应接入的电阻值。

2）降压调速时，电压应降到多大？

（4）一台并励直流电动机在某负载转矩时转速为 1000r/min，电枢电流为 40A，电枢回路总电阻 $R_a = 0.045\Omega$，电网电压为 110V。当负载转矩增大到原来 4 倍时，电枢电流及转速各为多少（忽略电枢反应）？

（5）一台 Z2-52 型并励直流电动机，$P_N = 7.5kW$，$U_N = 110V$，$I_N = 82.2A$，$n_N = 1500r/min$，$R_a = 0.1014\Omega$，$R_1 = 46.7\Omega$，忽略电枢反应，求：

1）当电枢电流为 60A 时的转速。

2）若负载为恒转矩，当主磁通减少 15% 时，求达到稳定时的电枢电流及其转速。

综　合　实　训

1. 实训目标

测取并励直流电动机的调速特性。

2. 实训要求

掌握并励直流电动机的启动和调速方法，测量相关数据。

参 考 文 献

［1］ 肖兰，马爱芳．电机与拖动［M］．北京：中国水利水电出版社，2004.

［2］ 胡虔生，胡敏强．电机学［M］．北京：中国电力出版社，2009.

［3］ 胡虔生．电机学习题解析［M］．北京：中国电力出版社，2006.

［4］ 曾令全．电机学［M］北京：机械工业出版社，2009.

［5］ 朱志良，袁德生．电机与变压器［M］．北京：机械工业出版社，2012.

［6］ 金续曾．三相异步电动机使用与维修［M］．北京：中国电力出版社，2003.

［7］ 潘品英．单相电动机的修理［M］．北京：机械工业出版社，2010.

［8］ 胡幸鸣．电机及拖动基础［M］．北京：机械工业出版社，2008.

［9］ 牛维扬．电机学［M］．北京：中国电力出版社，1998.

［10］ 魏涤非，戴源生．电机技术［M］．北京：中国水利水电出版社，2004.

［11］ 赵承荻，罗伟．电机及应用［M］．北京：高等教育出版社，2009.

［12］ 许晓峰．电机及拖动［M］．北京：高等教育出版社，2007.